安世亞太 PERA GLOBAL　先进设计与智能制造丛书

热流系统建模仿真与应用

沈雄　吕宇凌　姚慧敏　崔亮　刘存◇编著

电子工业出版社·

Publishing House of Electronics Industry

北京·BEIJING

内 容 简 介

全书共 8 章，在绪论之后先介绍了热流系统的基本方程。基于热流系统的复杂性，接下来采用大量章节讲解了热流系统的组件，并在部分章的最后一节进行软件模拟的案例讲解。第 2 章介绍了热流系统建模仿真的理论基础，第 3 章介绍了 Flownex 各种形式的传热组件，第 4 章介绍了泵、涡轮与汽轮机组件，第 5 章介绍了节流组件与阀门组件，第 6 章介绍了储液组件，第 7 章介绍了热流系统流体输配管网，第 8 章介绍了 HVAC 系统的建模和仿真。

本书适合作为相关专业的参考书，也适合从事相关工作的工程技术人员学习参考。

图书在版编目（CIP）数据

热流系统建模仿真与应用 / 沈雄等编著. -- 北京：
电子工业出版社，2025. 1. -- （先进设计与智能制造丛
书）. -- ISBN 978-7-121-49727-8

Ⅰ. O414.1；TP391.92

中国国家版本馆 CIP 数据核字第 20256MC440 号

责任编辑：刘小琳　　　　　　文字编辑：赵娜　牛嘉斐
印　　刷：三河市双峰印刷装订有限公司
装　　订：三河市双峰印刷装订有限公司
出版发行：电子工业出版社
　　　　　北京市海淀区万寿路 173 信箱　　邮编：100036
开　　本：787×1092　1/16　印张：19.25　字数：499.2 千字
版　　次：2025 年 1 月第 1 版
印　　次：2025 年 1 月第 1 次印刷
定　　价：98.00 元

凡所购买电子工业出版社图书有缺损问题，请向购买书店调换。若书店售缺，请与本社发行部联系，联系及邮购电话：（010）88254888，88258888。

质量投诉请发邮件至 zlts@phei.com.cn，盗版侵权举报请发邮件至 dbqq@phei.com.cn。

本书咨询联系方式：liuxl@phei.com.cn，（010）88254538。

前　言

热流系统在人类生产和生活中十分常见且非常重要。常见的热流系统包括空调系统、汽车热流系统、电厂热平衡系统、循环冷却水管理、飞机乘员舱热流系统等。随着计算机仿真技术的兴起，建模仿真与应用工具逐渐在热流系统中得到应用，并有效协助研究和设计人员解决实际工作中的问题。

本书的目标读者为初学热流系统仿真的人员。为方便其快速入门，本书结合主流的热流系统模拟软件——商业版 Flownex 软件进行深入讲解。该软件由南非 M-Tech Industrial 公司开发，在世界热流系统的应用仿真软件（主要是核工业热流系统）领域处于领头羊地位。该软件可以结合工艺流程，以组件为核心建立复杂系统的仿真网络，重点关注每个部件的主要性能及各部件对总体性能的影响。该软件具备齐全的材质库和模型库，能够较全面地覆盖热流系统的特征环节，且在大系统耦合计算方面与其他仿真软件相比具有较大的优势。

本书的目的是结合 Flownex 软件总结热流系统建模仿真的问题，在写作过程中，并没有局限在热流系统的仿真方面，而是对热流系统的组件原理进行了讲解，并将 Flownex 与 Ansys 结合，使用了大量的案例分析热流系统的应用问题。

全书共 8 章，在绪论之后先介绍了热流系统的基本方程。基于热流系统的复杂性，接下来采用大量章节讲解了热流系统的组件，并在部分章的最后一节进行软件模拟的案例讲解。第 2 章介绍了热流系统建模仿真的理论基础，第 3 章介绍了 Flownex 各种形式的传热组件，第 4 章介绍了泵、涡轮与汽轮机组件，第 5 章介绍了节流组件与阀门组件，第 6 章介绍了储液组件，第 7 章介绍了热流系统流体输配管网，第 8 章介绍了 HVAC 系统的建模和仿真。

本书由天津大学副研究员沈雄、硕士研究生吕宇凌、硕士研究生姚慧敏、安世亚太科技股份有限公司工程师崔亮、中国电建集团北京勘测设计研究院有限公司暖通总工刘存合作编写，希望能对读者起到参考作用。

安世亚太科技股份有限公司资助了本书的出版，并在编写的过程中为本书提供了软件支持与方向指导，在此表示衷心的感谢。

虽然在本书的编写过程中我们尽了最大的努力，试图清晰地为大家讲解热流系统的组件与模拟，但由于水平有限，错误和不妥之处仍然在所难免，恳请读者在学习使用的过程中给予批评指正。

编著者

2024 年 6 月

目　录

第 1 章　绪论

能源与人们的生产和生活息息相关，随着生产和生活的发展，能源消耗不断增加。近年来"热流系统"逐渐成为在社会不同领域的不同环节均可以看到的词汇。常见的针对热流系统的研究包括许多方面，如汽车热流系统、电池热流系统、电子产品热流系统等。热流系统涉及传热学、热力学等众多学科领域，基于仿真、分析与优化过程并逐渐成为复杂工程系统设计的重要支撑，给研究工作带来极大的便利。本章给出系统与热流系统的定义，并简述了热流系统的发展概况，便于读者从整体的角度理解热流系统。

1.1　系统与系统建模仿真

1.1.1　系统

系统一般定义为由若干要素以"定结构"形式连接构成的具有某种功能的有机整体。系统要素之间或系统与环境之间通常存在物质流、能量流和信息流的交互。系统含义广泛，宇宙万物凡是具有要素、结构和功能属性的整体都可称为系统。系统种类繁多，可以粗分为自然系统、人工系统和复合系统，也可以分为工程系统和物理系统。工程系统也称为技术系统，一般属于人工系统，是指在工程中为实现规定功能由相互关联的若干要素以一定结构形式构成的装置。物理系统也是个常用的相关概念，其含义比工程系统宽泛，可以是人工系统、自然系统或复合系统。

1.1.2　系统建模

系统模型是对实际系统的一种抽象，是对系统本质（或系统某些特性）的一种描述。系统模型具有与系统相似的特性。好的系统模型能够反映实际系统的主要特征和运动规律。系统建模一般包括物理建模和数学建模两个步骤，相应的模型称为物理模型和数学模型。物理建模又称实体建模，是根据系统之间的相似性而建立起来的物理模型，如建筑模型等。数学模型包括原始系统数学模型和仿真系统数学模型。原始系统数学模型是对系统的原始数学描述。仿真系统数学模型是一种适合于在计算机上演算的模型，主要是指根据计算机的运算特点、仿真方式、计算方法、精度要求将原始系统数学模型转换为计算机程序。

随着工业实践和科学技术的发展，现代机电产品日趋复杂，其通常是由机械、电子、液压、控制等不同领域子系统构成的复杂系统。设计是现代机电产品制造产业链的上游环节和产品创新的源头。仿真与理论、实验成为人类认识世界的三种主要方式，基于仿真的分析与优化逐渐成为复杂工程系统设计的重要支撑手段。

1.1.3　系统仿真

系统仿真就是根据系统分析的目的[1]，在分析系统各要素性质及其相互关系的基础上，建立能描述系统结构或行为过程的，且具有一定逻辑关系或数量关系的仿真模型，据此进行实验或定量分析，以获得正确决策所需的各种信息。系统仿真模拟是采用计算机对现实进行模仿的虚拟实验过程，是科学计算领域的一个方面。要熟练应用仿真模拟技术解决问题，需要掌握相关的专业知识，还要学习建模的方法和技巧，了解模型的假设条件和局限性，才有可能在合适的时机应用合适的建模方法和软件工具完成工作。

1.2　热流系统简介

热流是单位时间通过某一面积的热量，是具有方向的矢量。对热流系统来说，热管理是指对一个系统或关键部件的热量或温度的控制管理。热流体系统涉及传热学、流体力学和热力学等学科领域，其原理和基于其原理设计制造的设备深深影响着人类活动，广泛应用于工业生产和日常生活。

能源与人们的生产、生活息息相关，人们生产、生活的需求不断增加，对应的能源消耗也不断上升。在这样的能源背景下，有必要对热流系统进行分析，分析系统关键部位的详细情况，根据仿真结果设置最佳系统布局。

常见的针对热流系统的研究包括汽车热流系统、电池热流系统、电子产品（手机、CPU等）热流系统，还有电厂热平衡过程、循环冷却水管理、飞机乘员舱热流系统等。

1.2.1　电池热流系统

电池是电动汽车、电子产品等的储能组件，其散热性关乎设备产品的安全性能。因此，研究电池热流系统十分有必要，如果电池不能及时散热，将造成设备局部温度过高，对电池的可靠性、使用寿命等有很大的负面影响。因此行业内正积极开展电池热流系统的研究，结合温度场研究电池的热流系统，采取适当办法对局部过热进行散热以提高电池的可靠性。

电动汽车是未来汽车的发展趋势，其高效、节能、环保的特点正逐渐被更多人认可。车载动力电池是电动汽车重要的储能组件，是电动汽车发展的技术关键。为提高电动汽车电池的性能，提高其在外界温度较高环境中的适用性，有效地提高车载电池的使用寿命，针对车载电池的局部热流管理研究具有重大意义。

针对电池管理系统（Battery Management System，BMS）的研究受到广泛的关注。1981年第一辆电动汽车出现，此后电动汽车不断发展。基于能源危机，在可持续发展理念的背景下，电动汽车成为人们关注的焦点。通过建立模型，研发电池管理系统，用 BMS 对电动汽车的蓄电池状态进行监控管理，以提升电池使用效率并延长其使用寿命[2]。如图 1-1 所示，国外一些知名汽车制造商和电池供应商对各类车载电池进行研究分析，研发出较多典型车载电池管理系统，系统对 $1\sim n$ 号电池进行管理，将每个电池的电压信号和温度信号反馈至 BMS 中心控制器，采用 RS-232 通信协议将信号输出至安全管理模块和其他 CAN 接口模块，并连接至负载传感器和充电机、热管理模块等进行控制。较典型的包括 EVI 系统、SmartGuard 系统、BADICOACH 系统和 BATTNIAN 系统等。面对数据的大量采集及电池内部状态的复杂情况，目前针对 BMS 系统的主要研究方向是对电池电压进行检测，并采集电池的电压及温度，以进行 BMS 研究。

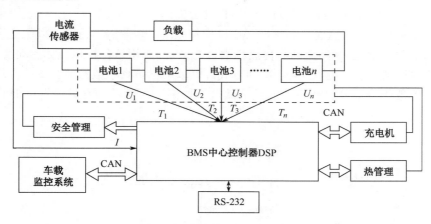

图 1-1　BMS 结构示意图[2]

"十五"期间我国开设电动汽车研究项目，积极地研究电池管理系统。李军求[3]等采取电池性能模型结合热分析模型的方式，研究锂离子电池的温度适应性及不同边界条件下不同生热速率时电池的热情况，结合仿真与实验，对热流系统展开研究。聂磊[4]等提出采用蜂窝型单面吹胀铝板作为电池冷板，将电池热管理系统（Battery Thermal Management System，BTMS）与供热通风及空气调节（Heating, Ventilation and Air Conditioning，HVAC）耦合，利用制冷剂气化潜热处理电池热需负荷，通过实验致力于解决充电过程中发热量大的问题。

2011 年，通用汽车推出了一款增程式电动汽车"雪佛兰伏特"，将电池、乘员舱的热管理系统通过空调系统联系起来，可以同时满足电池和乘员舱的制冷/制热需求，如图 1-2 所示，当环境温度很低时，"C"回路导通，电池被水暖 PTC 加热，可以快速达到适宜的温度；当环境温度很高时，"B"回路导通，从冷凝器出来的低温冷却液可以快速带走电池的热量；当环境温度适中时，"A"回路导通，电池散热器足够使电池的温度保持在适宜范围内。

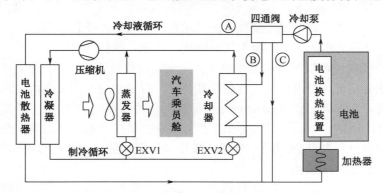

图 1-2　通用汽车提出的集成热管理系统

1.2.2　建筑 HVAC 系统

在建筑环境中，系统设备或人员等产生的热量会通过冷却系统、排气系统等耗散至外界环境，应关注全设备的冷却情况，为设备运营正常运转提供一个可以快速冷却的舒适环境，还应注意避免出现过冷现象。冷却系统力求降低系统热负荷，室内环境温度分布合理并保证设备运行安全。冷却系统的冷却能力在一定程度上受到外界环境的影响，是热流系统的一个研究重点。监测设备局部温度分布情况，通过冷却系统实现降温、调温，以保证设备正常工作。HVAC系统是一个复杂的流动与传热相耦合的系统。利用软件模拟流体流动及传热过程，以探究合适的控制温度范围[5]。对于冷却方式，可以根据仿真模拟探求合适的冷却方式，以便达到更好的散热冷却效果和更佳的经济效益。如图1-3所示为常见建筑空调的热流系统示意图。

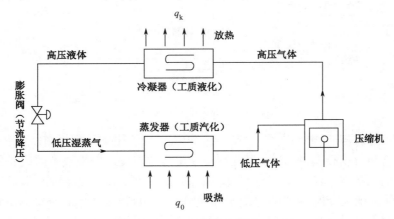

图 1-3　常见建筑空调的热流系统示意图

1.2.3　飞机热流系统

飞机热流系统是研究飞机能量系统的一个主要方面，需要考虑复杂的实际环境，使飞机各部分温度、热负荷等达到标准要求。从热量产生到局部冷却降温的全部过程都要严格管理，同时飞机机舱环境的热舒适性也是一个研究方向。为了使人员拥有更好的舒适感，通过仿真计算机舱环境温度，辅以人体生理条件，控制多种因素以期营造一个适宜的飞机内部环境。热量来自多个方面，如何调节温度变化，使其达到一个适宜的变化范围，是飞机热流系统关注的重点。如图1-4所示为飞机座舱引气与制冷的热流系统构成。

借助仿真模拟软件可以对飞机舱内的气体流动与温度场变化进行演示，可以对舱内的环境更加直观地进行研究，对内环境进行控制和优化，对余热进行回收和综合利用，对系统进行更好的综合管理。20世纪，Sundstrand航空航天公司与Wright实验室开发了集成热能管理评估软件，可以评估多种热能管理方法以期获得更高效的飞机设计方案。众多研究表明飞机热流系统正被关注，热流管理是一个系统或设备从设计到运行的过程中需要关注的一环，并越来越成为人们关注的重点。

以上内容足以表明热流系统涵盖范围之广，在项目中针对热流系统开展研究可以有效地提高余热利用，并有针对性地对局部乃至全局温度场分布进行分析监控管理，以使系统达到最佳工作状态。

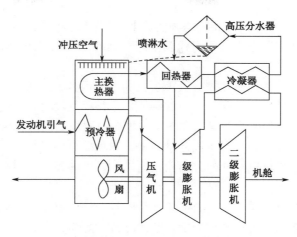

图 1-4 飞机座舱引气与制冷的热流系统构成[6]

1.3 热流系统性能的建模与仿真

热流系统通常比较复杂，一般由多个子系统构成，主要包括热能系统——做功或能量源，热传递系统——能量传递渠道，流动系统——热质传递过程的媒介等。这些子系统相互协作以保证整个系统可以实现全方位的功能。系统的性能是一个多角度的概念，除考虑具体的技术功能外，还需要综合考虑成本、资源消耗等方面。在本书中，热流系统的性能主要考虑其工程技术性能，即在满足工艺要求的基础上尽可能地降低运行能耗，提高系统能效，以应对日益紧张的能源现状。

对于热流系统的预测和评价可以采用两种方法：一是实测和实验，对系统在正常运行工况下进行直接测量。这种方法一般运用于系统竣工后的工程验收与运行期间的性能检测，也可在实验室中完成系统的测量，但因为费用太高，较少使用。二是采用模拟计算，采用数学模型对实际建筑和系统的物理特性进行描述，从而对系统的性能进行预测和评价。模拟的方法不需要进入系统进行实际检测，可用于设计中的虚拟建模，也可以计算和分析相同工况下成千上万的变量，这些都是实验方法很难做到的。即使是实测可以完成的工作，模拟仿真所需要的费用、人力和时间成本一般也会低很多，对于尺寸比较大的系统，或者是危险系数比较高的场合（如核电系统），模拟仿真可能是唯一可行的评价方法。

热流系统性能仿真要采用一系列数学模型，对涉及系统的基本物理原理进行描述和表达，且必须满足工程实际情况的约束条件。这些数学模型构成了系统性能仿真模型，用于再现系统运行的真实情况。模型建立之后，设计人员可以设定不同的应用场景，进行一系列模拟试验，其方法与物理模型试验相似，需要实验者对实验进行规划，设定系统、测试点和实验工况，且遵循相关标准规范。

热流系统模型具有不同的形式，通常主要包含热质传递、工程热力学、流体力学等相关数学模型。这些数学模型有线性或非线性的、静态或动态的、离散或连续的、确定性或随机性等不同类型。模型可以是一维的线性传热过程，也可以是包含时间量的三维传热过程。系统仿真模型可以根据时间或空间的尺度进行分类，其中空间尺度可以包括区域级（城市及小区）、单元级（建筑单元）等。也可以根据系统架构划分为分布式或集中式等。根据时间尺度可以划分为稳态模型、准稳态模型和瞬态模型。对于稳态模型可以建立一个方程组进行求解；对于准静态模型可以建立若干个方程组代表不同时刻的运行工况进行求解；对于瞬态方程则需进行逐时求解。

　　热流系统模型还可分为黑箱模型、灰箱模型和白箱模型。在黑箱模型中，系统输入和输出的关系可通过统计方法或机械学习等方法得到。这类模型没有运用物理原理，常用方法包括多元回归、神经网络、降维模型等。在灰箱模型中，可以运用一部分已知的物理原理，但特性参数和变量关系仍然需要统计方法才能得到。白箱模型中运用的是已知的物理原理，在通常情况下，物理过程是可以获知的。白箱模型称为"玻璃模型"或显式模型，而黑箱模型则被称为隐式模型。

　　一般情况下，即使是白箱模型，由于该模型的复杂性，也需要通过简化。要对实际问题进行简化，需要对问题本身进行详细分析，判断是否满足简化条件，以下系统原则上不适合采用模拟方法[6]：

　　（1）用解析法就可以求解；

　　（2）用简单的实验和测试方法就可以求解；

　　（3）建模的费用超出预算；

　　（4）无法获取足够、充分的数据和资源用于建模；

　　（5）模型无法进行验证和检验；

　　（6）系统过于复杂，不清楚其物理过程。

　　对实际问题的简化过程，必然会造成仿真模型的不确定性。

　　（1）模拟与实测之间的误差。其产生原因包括模型的不确定性、工具的缺陷、模拟人员的错误等。由经过培训的专业人员来完成模拟工作，模型的输入根据实际的系统运行数据并采用实时监测数据和能耗账单进行校验，可以减少模拟的误差。

　　（2）环境因素是造成模拟与实测误差的一个非常重要的原因，而对环境因素进行准确预测是非常困难的。

　　（3）不同模拟环境和工况带来的影响。很多的研究工作致力于开发可以在特殊工况条件下的交互环境软件或程序，其中包括飞机、汽车和航天器等暖通系统，这些特殊环境给模拟技术和验证手段带来了不少挑战。

　　（4）新技术的革新与发展也给仿真模拟带来挑战。包括高性能导热材料、新能源技术、新型制冷剂、新型空调系统的综合应用，都给建模、仿真和验证带来困难，有些问题目前的模拟工具已经无法胜任，需要开发新的模拟工具。

1.4　热流系统建模仿真软件

1.4.1　通用工程软件

　　由于热流系统性能模拟的本质是利用计算机求解表征系统运行的数学模型，支持显式方程的建立与求解的通用工程软件也可用于这一特定学科。通用工程软件往往具有一系列强大的应用工具和交互环境，可提供较为全面的功能，如矩阵计算、有限元分析、数据可视化与系统建模与仿真等。通常，这些通用工具允许用户在其中建立构成模型的方程式并求解，具有较强的灵活性与通用性；但它们的使用往往对专业知识有较高的要求，在某些情况下，还需要具备一定的编程技能。常用的做法是在通用工程软件中建立系统部件模型，然后将其组合为系统。

应用较为广泛的通用工程软件有 Matlab、ANSYS、Strand7、COMSOL Multiphysics 和 Abaqus，其中许多都包含应用于特定领域的专业工具箱。例如，Matlab 附带的 Simulink 环境，可以访问可定制模型库，广泛应用于控制算法的设计与分析中；ANSYS 为某些特定领域提供了一系列工具；COMSOL Multiphysics 具有用于电气、机械、流体流动和化学分析的附加模块。一些通用软件已经开发了专门用于支持建筑性能模拟的组件与工具。如 Matlab/Simulink 的 SIMBAD（建筑与设备模拟器）组件库和国际建筑物理工具箱（IBPT）；Matlab/ Simulink 和 COMSOL Multiphysics 都可以访问 HAMlab 模型和工具箱，可以完成热流过程的仿真计算[7]。

Modelica 是一种特殊的通用工程建模语言，在建筑模拟领域受到了广泛的关注。需要注意的是，Modelica 是一种语言而非工具，利用 Modelica 语言建立的模型仍然需要在环境中进行模拟。目前常用的能提供 Modelica 建模与仿真环境的工具有 Dymola、MapleSim、OpenModelica、SimulationX 和 Vertex 等。Modelica 是一种面向对象、基于方程的语言。此外，Modelica 采用非因果建模，其子模型之间信息流的方向不是预定义的，而在传统命令式软件中，模块的输入/输出及它们的连接关系，都有严格规则。这种基于方程的结构可方便地通过预定义的组件实现大型复杂物理系统的建模。用户图形界面(GUI)和组件图标进一步增强了 Modelica 语言的可用性。目前 Modelica 已有不同的开源库可用于热流系统的建模，国际能源署正在进行 Modelica 模型的持续开发工作。

1.4.2　CFD（计算流体力学）模型

热流系统仿真模拟类软件可以作为工具，采用数值模拟的手段对热流系统进行模拟研究，利用一维与三维联合仿真的方法进行热流系统分析，既能得到关键位置的详细情况，又能得到系统的仿真结果，这给研究工作带来极大的便利。

例如，在建筑模拟领域，对于热流系统的末端，部分通风与渗透的问题可采用较简单的节点模型或区域模型（也称为多区域模型）解决。CFD 模型常用于对建筑内部及周围流场与温度场的模拟，求解气流与温度分布、污染物扩散等问题。由于 CFD 模型能够将可能的影响因素，如浮力、分层及紊流考虑在内，其准确度较上述简单模型有所提升。CFD 模拟通常基于 Navier-Stokes 运动方程（N-S 方程），包含一系列模型：雷诺时均 N-S (RANS)方程、大涡模拟（LES）、分离涡流模型（DES）和直接数值模拟（DNS）等。模型的选择视具体流体运动过程与特性而定。

在 CFD 建模时，首先需要对研究对象的几何特性进行描述，其研究对象可从房间尺度到城市尺度，各个尺度均有涉及。其次，对控制体内的流体进行离散化处理，该过程称为网格划分。由于 CFD 是计算密集型的，网格的定义与分辨率对计算结果有重要影响，因此，如何通过合理的网格划分实现空间分辨率与时间尺度之间的平衡是该过程的难点，目前主要可通过网格独立性检验和使用专用网格生成工具包实现网格的合理划分。最后，需要对 CFD 模型的边界条件进行定义，包括对入口参数、温度效应的设置及对表面空气动力学粗糙度的定义。CFD 建模的关键在于选择合适的湍流模型，常见的有 $k-\varepsilon$ 湍流模型，进一步的湍流模型有 $k-w$ 模型、v2f、LVEL、RSM 和 kw-SST（剪切应力传输）模型。除此之外，还必须确定建筑开口、烟囱等影响气流的因素，如建筑内部的热源情况等。工程分析软件 ANSYS 内置专用的 CFD 工具，其中 CFX 和 Fluent 常用于模拟。而其他开源软件，如 OPENFOAM 等也正在逐步嵌入热流系统的建模仿真中。

1.4.3　商业软件

采用商业软件对热流系统进行仿真，对初学者来说是常见的手段。这些商业软件包括 Flownex 软件和 ANSYS Simploer 等。其中 Flownex 是在 ISO9001 和 ASME-NQA-1 认证的质量体系内开发的，该软件通过了核工业验证和确认，可以解决多方面的仿真模拟计算问题。软件基于流体动力学和传热学内容，可以完成一维至三维的热流系统仿真优化分析。目前，该软件已根据大部分核能标准和质量程序进行了审计。核能标准被认为是工业界最严格的法规之一。该软件通过的认证包括 2007 年南非国家核监管机构审查、PBMR[1]设计和安全认证、2008 美国西屋电气公司 NQA 认证、2009 年 ISO9001 认证。

Flownex 软件始于 1986 年，是一款应用广泛的热流系统仿真软件。最早基于 Hardy-Cross 方法的代码，用于解决航空带式输送机系统的空气分配网络问题。1988 年，该方法被扩展到处理完整的飞机空调系统和燃油系统。IPCM 求解算法于 1990 年开发，1992 年被命名为 Flownet，劳斯莱斯使用 Flownet4.0 模拟飞机燃烧系统。1997 年，该程序获得了进行瞬态流动的能力，1999 年，Flownet4.9 被扩展进行 PBMR 模拟。2000 年，Flownet5.2 中添加了气体混合物和传导传热组件。1999 年，M-Tech 公司与 PBMR 签订了重新开发 Flownet 的合同。该软件基于 C++编写，采用面向对象式编程，使用关系数据库来存储网络数据及特征库，如风扇和泵曲线、涡轮和压缩机图等，并严格遵循 ISO9001 质量框架重新开发代码。2001 年，软件改名为 Flownex。同年晚些时候，Flownex®Nuclear6.0 发布。后期发展包括增加旋转部件、子网络模型。2004 年增加均质两相流模型，用于两相流计算。2005 年增加集总电阻管道组件，2006 年加入动态生成、代码维护和组编辑功能，以及灵敏度分析、数学求解器、可视化组件（如剖面显示）、压缩机和涡轮组件功率特性分析组件、图层设置、方程式分析组件、燃烧计算、角喷射流和径向压力梯度计算、大弯曲视图和层组件等。2008 年，该软件集成了工程仿真环境，构成一套全面的电厂仿真、分析和优化工具的一部分。Flownex 也用于核安全相关计算。

只有合格的代码才能用于有效的软件验证和确认比较。同样，实验的质量控制必须符合相关标准，才能有资格在验证和确认活动中使用。基于上述原因，要找到任何适用于 Flownex 验证和确认的软件代码或实验是一项挑战。例如，在 PBMR 的例子中，Flownex 用于计算预期运行模式和状态及事故条件下反应堆堆芯和布雷顿循环的质量流量、温度和压力，它用于稳态和瞬态模拟。模拟结果反馈到设计过程中，决定工厂的工艺布局、材料选择和操作原理。这些模拟的准确性对于确定电厂的运行安全性、经济可行性和保护至关重要。为确保组件的仿真结果在各种末端上都得到验证，需要对单个部件及用于稳态和瞬态分析的集成部件系统

---

[1] PBMR: Pebble Bed Modular Reactor，是球床模块高温气冷堆的简称。高温气冷堆采用涂敷颗粒燃料，以石墨作慢化剂。根据堆芯形状，高温气冷堆分球床高温气冷堆和棱柱状高温气冷堆。

进行验证和确认。

随着仿真在工业领域的逐渐深入，企业对仿真的需求也越来越高，不仅需要对零件、部件进行详细的仿真、设计和优化，也需要对系统的性能进行分析。三维的 CAE 分析能够很好地完成前一部分工作，而对于复杂系统性能的分析或系统长时间运行调试过程的仿真则显得力不从心；一维热流体系统仿真软件能够有效克服建模时间长、仿真计算量大的困难。因此，结合工艺流程，以一维组件为核心建立复杂系统的仿真网络，重点关注每个部件的主要性能及各部件对总体性能的影响。

除上述瞬态仿真和部件仿真的功能外，Flownex 软件还可为当前可用的系统和子系统级仿真提供完整的解决方案。主要功能包括系统的稳态和动态仿真，这些仿真可以根据不同系统形式进行组合，如液体系统、燃气系统、气体混合、两相系统、相变两相流、固液两相流、系统传热、机械传动系统、变速系统、控制系统、电气系统、Excel 工作簿、用户编码和脚本等。

1.4.4 联合仿真

热流系统仿真中另一个特殊的领域是联合仿真。由于模拟的目的不同，单一软件工具往往侧重于某个特定领域，对于一些跨领域的研究，如电子控制系统与热流系统这两个不同领域的物理问题的相互作用，单一软件往往很难胜任，这种情况需要使用耦合模型或联合仿真。联合仿真分为以下四种情况：第一种，模拟工具独立运行，仅将模拟结果进行耦合；第二种，模拟工具间共享输入参数，但在模拟过程中不发生交互；第三种，不同模拟工具在模拟过程中进行数据与信息的交换，如环境参数可与 CFD 模型进行数据交换，利用 CFD 模型计算所得末端空气温度；第四种，将不同领域的模型完全集成到一种工具上，如将 CFD 模型嵌入电子系统仿真软件。后两种方式通常被认为是更为合理的协同模拟方式，需要保证模型间的收敛性、稳定性，同时需要平衡模拟速度。在耦合模型中，可能有一个主模型，另一个为副模型，模型间的交互可以通过中间平台处理和协调。此外，模型的底层需要有较好的一致性，例如，如果在热网模型中使用 CFD 对末端房间的热环境进行研究，则需要将 CFD 网格的节点与整个热网络连接。基于功能模型接口（FMI）标准的功能模型单元（FMU）可将模型和方程封装，将一个模型导入另一个模型。

1.5 模型的检验、验证与校验

对性能仿真模型的检验、验证与校验有助于保证模拟质量。其中，检验的定义是确定模型能准确表征开发人员对模型的概念描述和模型求解的过程。更通俗地讲，模型检验的目的是确保实际计算机代码完成了软件开发人员希望其执行的操作。验证是从模型预期用途的角度来确定模型对真实世界表达的准确程度。在系统性能模拟领域，需确保物理过程与模型描述之间的良好映射。一般有三种验证方法。

（1）实验验证：将模拟结果与实验测试数据进行比较。实验数据可能来自对运行数据的监控，也可能来自一些专用测试设施。在某些情况下，也可使用两者的合成数据来补充实验数据。

（2）分析验证：将模拟结果与已知的分析结果进行比较。

（3）比较验证：将一系列模拟工具的模拟结果进行交叉比较，最好包括使用广泛并且公认较先进的模拟工具。

为得到更可信的结果，三种方法可并行使用。

区分"软件检验"和"模型验证"是很重要的。软件检验是为保证仿真软件的完整性和一致性。而仿真结果的准确性不仅取决于软件本身的完整性，还取决于软件建立仿真模型的方式，以及特定组件模型数据的输入/输出方式，这些都属于计算模型检验的范畴。计算模型检验是实现仿真软件应用的前提，该过程一般由软件开发者负责，检验工作包括制定计算模型验证的方式、物理过程的描述、组件输入的有效性等。软件或程序中模型的检验、验证与校验需要对"守恒性"或"最坏情况"进行密切关注。如系统在某些操作条件下，流速过高会造成管道材料侵蚀或气蚀，流速低会造成管路失压或冷却流量不足的问题，因此，在验证中需要考虑最不利流速，"最坏情况"完全取决于物理过程，软件检验和确认工作构成了计算模型验证和确认的基础。随后，便可以执行用户特定的计算。

以 Flownex 为例，它是在 MTech Industrial（设计机构）实施的 ISO9001:2000 和 NQA1 质量管理体系[2]中开发的，软件检验内容包括：

- 测试计划和程序；
- 代码审查、用户测试；
- 自动化测试和回归测试。

软件检验过程通常不止测试单个系统，有时会超过 1000 个。检验还需要确保新版本与前一版本计算相比，结果更稳定且更准确。这个过程往往需要经历较长的时间，才能形成高度稳定的软件版本，如 Flownex 经历了 40 多年的版本更新，才走向成熟。在这个过程中，"检验"是指确保物理控制方程已正确转换为计算机代码的过程，或即使在手工计算的情况下，也能保证计算过程的正确性。"验证"被定义为证明代码或计算方法适用的证据，主要是确定验证模型的结果与基准一致。为确保 Flownex 中每个组件的计算结果均得到验证，需要对单个组件及用于稳态和动态分析的集成组件系统进行验证。验证重点是使用最少量的案例进行有效验证。这一切都是根据监管准则和相关国际标准采用透明和可追踪的方式进行的。验证是构成软件开发过程的一部分内容，包括构成软件工程过程的验证及组件模型或推导理论的相关验证。如 Flownex 的验证是通过比较理论模型结果和其他基准数据（如分析数据、实验数据、工厂数据及从光谱、XNet 和 Star CD 等其他代码计算数据）获得的，以确保 Flownex 符合 HTGR 分析的最新要求，也符合国际标准，如 CRP-5、ICAPP 和 HTR-TN。

校验是指在计算模型中调整物理参数使其与实验或实测数据尽可能接近的过程。通过校验过程，可获得较优的参数值，使模型与实验观测结果更好地吻合。常用的模型校验方法有三种：

（1）人工迭代校验，这种方式依赖于用户经验，通过试错过程对模型进行调整，也称为启发式校验。

（2）利用图形与统计学的校验方法，这种方法通常更结构化，容易"按图索骥"。

（3）自动校验方法，使用机器学习技术(如遗传算法)来获得预测数据和测量数据之间的最佳吻合方式。

---

[2]NQA1 质量管理体系：NQA 指英国国家质量保证有限公司，是世界领先的认证机构之一，公司建立于 1988 年，完全隶属于英国国家电气安装监察委员会（NICEIC），是一家非营利性机构。

第 2 章　热流系统建模仿真的理论基础

掌握热流系统的数学语言描述是研究热流系统建模的关键，在分析问题时通过数学方程可以有更直观地理解。本章着重讲述传输过程中的质量、动量、能量守恒方程的表达形式，给出两相流理论及均值模型、非牛顿流体理论、烟理论的基本内涵，同时讲述两相流求解过程的参数设定问题，便于读者从数学模型入手，掌握热流系统建模仿真的理论基础。

2.1　通用控制方程

2.1.1　控制方程的通用形式

质量守恒、动量守恒、能量守恒这三个守恒定律支配着热流系统中的输运过程。这些是自然的基本规律，在自然和人为系统中普遍适用。守恒定律用数学语言通过偏微分方程组描述。微分方程组是一个耦合方程组，必须用恰当的求解算法求解。求解过程的一个重要步骤是为网络指定边界条件，在动态模拟的情况下，指定初始条件。引入附加方程以数学方式完成控制方程组，即独立方程个数必须与未知变量一样多。求解的变量通常称为因变量，是热流系统设计和分析中特别重要的变量，包括流速、压力和温度。

在处理分析和传输过程时，需要使用一个参考框架作为基础，从中可以构造和描述控制方程。流体力学中常用的两种坐标系为拉格朗日坐标系和欧拉坐标系，拉格朗日坐标系中的守恒方程并不特别适用于热流系统的建模，欧拉坐标系下的方程更适合于数值分析。

为便于对各控制方程进行分析，并用同一程序对各控制方程进行求解，现建立各基本控制方程的通用形式。尽管在质量守恒、动量守恒、能量守恒方程中因变量各不相同，但它们均反映了单位时间、单位体积内物理量的守恒性质。如果用 φ 表示通用变量，则各控制方程可以表示成以下通用形式：

$$\frac{\partial(\rho\varphi)}{\partial t} + \operatorname{div}(\rho V \varphi) = \operatorname{div}(\Gamma_\varphi \operatorname{grad}\varphi) + S_\varphi \tag{2-1}$$

其展开形式为

$$\frac{\partial(\rho\varphi)}{\partial t} + \frac{\partial(\rho u\varphi)}{\partial x} + \frac{\partial(\rho v\varphi)}{\partial y} + \frac{\partial(\rho w\varphi)}{\partial z}$$
$$= \frac{\partial}{\partial x}\left(\Gamma_\varphi \frac{\partial\varphi}{\partial x}\right) + \frac{\partial}{\partial y}\left(\Gamma_\varphi \frac{\partial\varphi}{\partial y}\right) + \frac{\partial}{\partial z}\left(\Gamma_\varphi \frac{\partial\varphi}{\partial z}\right) + S_\varphi \tag{2-2}$$

式中，φ 为通用变量，可以表示 u, v, w, T 等变量；Γ_φ 为扩散系数；S_φ 为源项。式（2-1）中各项依次为瞬态项（Transient Term）、对流项（Convective Term）、扩散项（Diffusive Term）和源项（Source Term）。对于特定的方程，具有特定的形式，表 2-1 给出了三个符号与各特定方程的对应关系。

表 2-1　三个符号与各特定方程的对应关系

控制方程	符号		
	φ	Γ_{φ}	S_{φ}
连续方程	1	0	0
动量方程	u_i	μ	$-\dfrac{\partial p}{\partial x_i}+s_i$
能量方程	T	$\dfrac{k}{c}$	S_T
组分方程	C_s	$D_s\rho$	S_s

2.1.2　质量守恒方程

$$\frac{\mathrm{d}M}{\mathrm{d}t}=\oint_{CS}(\rho V\cdot \mathrm{d}A)+\frac{\partial}{\partial t}\int_{CV}\rho \mathrm{d}v=0 \qquad (2\text{-}3)$$

式（2-3）通常被称为连续性方程或质量守恒方程。控制体积内的质量只能在控制体积内没有质量源的情况下控制面流入或流出的质量。图 2-1 所示为通过表面质量控制的质量流量。需要注意的是，面积矢量始终向外，指向远离控制体积的方向，速度矢量与流线对齐。通过控制面 dA 的质量由式（2-4）给出。

$$\dot{m}=\oint_{CS}\rho V\cdot \mathrm{d}A \qquad (2\text{-}4)$$

注意，式（2-4）表示向外的面积矢量，流出控制体积的质量流量为正；因此，式（2-3）中的表面积分用来表示通过控制表面的质量净流出量。式（2-3）中的体积积分表示控制体积内质量的增加率。

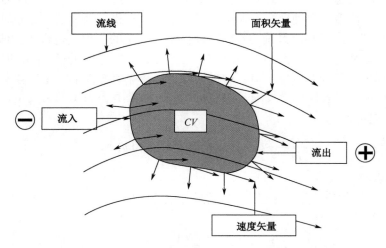

图 2-1　通过控制体表面的质量流

式（2-3）是积分形式的，其中包含体积积分和表面积分。通过将欧拉坐标系中的控制体积缩小为微分体积，并应用高斯散度定理将曲面积分转化为体积积分，得到了连续性方程的微分形式，如式（2-5）所示。

$$\frac{\partial \rho}{\partial t} + \nabla \cdot (\rho V) = 0 \tag{2-5}$$

质量守恒方程的一般方程以一维坐标系写成，形式如下：

$$\frac{\partial \rho}{\partial t} + \frac{\partial}{\partial x}(\rho V) = 0 \tag{2-6}$$

在式（2-6）中，V 是 x 方向的流速，如沿管道长度的流速。ρ 是流体密度。式（2-6）适用于时间相关模拟，其中密度或速度在模拟期间可能发生变化。

考虑图 2-2 所示的一维控制体，可以认为控制体是三维的，但是一维假设适用于这种控制体，假设变量仅在流动方向上变化，给定点的数值被视为控制体横截面区域的平均值。控制体显示不同的横截面区域，以保持解释的一般性。下标 i 和 e 代表控制体的进口和出口。

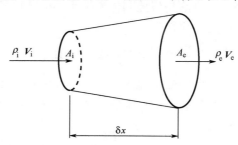

图 2-2　一维控制体的数学表达

将式（2-2）积分到一维控制体积和时间上，得到离散连续性方程。

对于不随时间变化的稳态流动，式（2-7）可以通过去除时间导数来简化。流动是稳定的，因此密度不是时间的函数。

$$\frac{\partial}{\partial x}(\rho V) = 0 \tag{2-7}$$

在控制量方面，式（2-7）以离散形式表示为：

$$\rho_e V_e A_e - \rho_i V_i A_i = 0 \tag{2-8}$$

在式（2-8）中，$\rho V A$ 是流经表面积 A 的质量流。其中，流出视为正方向，流入视为负方向。

在模拟密度为常数的不可压缩流动时，可以进一步简化式（2-8）的形式。式（2-8）的左侧和右侧除以密度，从而得出一维稳定不可压缩的连续性方程。

$$\frac{\partial V}{\partial x} = 0 \tag{2-9}$$

从式（2-9）中删除密度，可以简化为不可压缩流动方程：

$$V_e A_e - V_i A_i = 0 \tag{2-10}$$

式（2-10）中的 VA 表示通过面 A 的体积通量。

2.1.3　动量守恒方程

在欧拉坐标系中，任意有限控制体的动量方程由式（2-11）给出。动量方程与连续性方程式（2-7）的一般形式相同，只是在动量方程中，控制体上的合力被引入右侧，速度与通过控制面的质量流相同。式（2-11）中的表面积分表示控制体积外动量通过控制面的净流出量。此外，考虑了控制体积内的线性动量，而不是像连续性方程那样只考虑质量。因此，式（2-11）

中的体积积分表示控制体积内动量的增加率。式（2-11）右侧的力项，包括作用于控制容积内流体的质量力和作用于控制面上的表面力。因此，式（2-11）可以用质量力和表面力来表示。

$$\frac{\mathrm{d}(m\boldsymbol{V})}{\mathrm{d}t} = \oint_{CS} \boldsymbol{V}(\rho\boldsymbol{V}\cdot\mathrm{d}\boldsymbol{A}) + \frac{\partial}{\partial t}\int_{CV}\rho\boldsymbol{V}\mathrm{d}v = \sum\boldsymbol{F} \tag{2-11}$$

$$\oint_{CS}\boldsymbol{V}(\rho\boldsymbol{V}\cdot\mathrm{d}\boldsymbol{A}) + \frac{\partial}{\partial t}\int_{CV}\rho\boldsymbol{V}\mathrm{d}v = \oint_{CS}\boldsymbol{T}\cdot\mathrm{d}\boldsymbol{A} + \oint_{CS}\boldsymbol{B}\cdot\mathrm{d}v \tag{2-12}$$

式（2-12）表示作用于控制面上单位面积的应力张量和作用于控制容积内流体的质量力。应力张量包含控制面上由于摩擦力产生的剪应力和由于控制面上的压力而产生的法向应力，一个典型的质量力是作用在控制容积内流体上的重力。与连续性方程类似，动量方程也可以由积分形式转换为微分形式，方法是将控制体积缩小为微分体积，并利用高斯散度定理将式（2-12）中的表面积分转化为体积积分。

$$\frac{\partial(\rho\boldsymbol{V})}{\partial t} + \nabla\cdot(\rho\boldsymbol{V}\boldsymbol{V}) = \nabla\cdot\boldsymbol{T} + \boldsymbol{B} \tag{2-13}$$

注意，式（2-13）是描述三维空间中线性动量守恒的向量方程。

通过简化式（2-11）可以获得管道中一维流动的动量守恒方程：

$$\frac{\partial(\rho V)}{\partial t} + \frac{\partial(\rho V^2)}{\partial x} = -\frac{\partial p}{\partial x} - \rho g\frac{\partial z}{\partial x} - \frac{f\rho|V|V}{2D} \tag{2-14}$$

式（2-11）的左边包含瞬态流动的时间导数和对流项，而右边包含作用在控制体上的各种力。

右侧第一项为压力梯度源项，负号表示流动是由高压区向低压区发生的。第二项是由重力引起的体积力，最后一项模拟了由剪应力引起的摩擦力。摩擦力的作用方向总是与流向相反。f 为摩擦系数，D 为管道直径。

通过部分微分式（2-14）的前两项，从动量方程中提取连续性方程也是可取的。

$$V\left(\frac{\partial\rho}{\partial t} + \frac{\partial(\rho V)}{\partial x}\right) + \rho\frac{\partial V}{\partial t} + \rho V\frac{\partial V}{\partial x} = -\frac{\partial p}{\partial x} - \rho g\frac{\partial z}{\partial x} - \frac{f\rho|V|V}{2D} \tag{2-15}$$

式（2-15）中括号中的项是连续性方程的左边，等于零。一维流的动量方程可以非守恒形式写为：

$$\rho\frac{\partial V}{\partial t} + \rho V\frac{\partial V}{\partial x} = -\frac{\partial p}{\partial x} - \rho g\frac{\partial z}{\partial x} - \frac{f\rho|V|V}{2D} \tag{2-16}$$

对于式（2-16）的解，有可压缩流和不可压缩流的区分。

2.1.3.1　不可压缩流动

对于不可压缩的流动，式（2-16）中的对流项用动能表示。与压力梯度项和重力项一起，被归为总压力项（压力滞止）项。

$$\rho\frac{\partial V}{\partial t} + \rho V\frac{\partial(p + 0.5\rho V^2 + \rho gz)}{\partial x} = -\frac{f\rho|V|V}{2D} \tag{2-17}$$

式（2-17）中的第二项包含括号中的总压力，可以写为

$$\rho\frac{\partial V}{\partial t} + \frac{\partial p_\mathrm{o}}{\partial x} = -\frac{f\rho|V|V}{2D} \tag{2-18}$$

对于稳定流动，式（2-18）中的第一项将减少到零，不可压缩流的动量方程将化简为

$$\frac{\partial p_o}{\partial x} = -\frac{f\rho|V|V}{2D} \tag{2-19}$$

对于长度为 L 的管道，式（2-19）可以写成：

$$(p_{oe} - p_{oi}) = -\frac{f\rho|V|V}{2D} \tag{2-20}$$

2.1.3.2　可压缩流动

对于可压缩流式（2-16）用滞止（总）压力 p_o 和滞止温度 T_o 表示。下面给出动量方程可压缩流公式，即

$$\rho V \frac{\partial V}{\partial x} + \frac{\partial p}{\partial x} = \frac{p}{p_o}\frac{\partial p_o}{\partial x} + \frac{\rho V^2}{2T_o}\frac{\partial T_o}{\partial x} \tag{2-21}$$

将式（2-21）代入式（2-16）可生成可压缩流动的一维动量方程：

$$\rho\frac{\partial V}{\partial t} + \frac{p}{p_o}\frac{\partial p_o}{\partial x} + \frac{\rho V^2}{2T_o}\frac{\partial T_o}{\partial x} = -\rho g\frac{\partial z}{\partial x} - \frac{f\rho|V|V}{2D} \tag{2-22}$$

在式（2-18）中 p_o 项不包含引力项。式（2-22）中的总压力和温度为马赫数的函数。

$$p_o = p\left(1 + \frac{\gamma-1}{2}M^2\right)^{\frac{\gamma}{\gamma-1}} \tag{2-23}$$

$$T_o = T\left(1 + \frac{\gamma-1}{2}M^2\right) \tag{2-24}$$

对于稳定可压缩流动，式（2-22）可简化为

$$\frac{p}{p_o}\frac{\partial p_o}{\partial x} + \frac{\rho V^2}{2T_o}\frac{\partial T_o}{\partial x} = -\rho g\frac{\partial z}{\partial x} - \frac{f\rho|V|V}{2D} \tag{2-25}$$

对于长度为 L 的管道，式（2-25）可以表示为

$$\frac{\overline{p}}{p_o}(p_{oe}-p_{oi}) + \frac{\overline{\rho V^2}}{2\overline{T_o}}(T_{oe}-T_{oi}) = -\overline{\rho}g(z_e-z_i) - \frac{fL\overline{\rho|V|V}}{2D} \tag{2-26}$$

在式（2-26）中，变量上方的横线表示计算中使用了该变量在整个控制体内的平均值。

2.1.4　能量守恒方程

$$\frac{\mathrm{d}(me)}{\mathrm{d}t} = \oint_{CS} e(\rho V \cdot \mathrm{d}A) + \frac{\partial}{\partial t}\int_{CV}\rho e\mathrm{d}v = \dot{Q}_H - \dot{W} \tag{2-27}$$

式（2-27）为欧拉坐标系中固定体积控制体的能量守恒方程。式（2-27）是由控制容积内流体的一般传热速率 $\dot{Q}_H$ 和控制容积内流体对环境的功率 $\dot{W}$ 表示的。控制体积的热传递可以通过三种不同的方式进行，包括热传导、热对流和热辐射。

能量方程也可以用微分形式来写，方法是将控制体积缩小为微分体积。式（2-27）则简化为

$$\frac{\partial(\rho e)}{\partial t} + \nabla\cdot(\rho Ve) = \dot{Q}_H - \dot{W} \tag{2-28}$$

需要注意的是，尽管式（2-28）右侧的含义与式（2-27）的右侧相同，但在需要了解所涉及的基本连续体物理知识的微分元素级别上进行了规定。幸运的是，控制微分方程总是在一个有限的控制体积上积分，允许在一般的宏观条件下，通过控制面来规定进出控制体积的热传递率和功传递率。

一维流动的能量方程用比滞焓 h_o 可表示为

$$\frac{\partial[\rho(h_\mathrm{o}+gz)-p]}{\partial t}+\frac{\partial[\rho V(h_\mathrm{o}+gz)]}{\partial x}=\dot{Q}_\mathrm{H}-\dot{W} \tag{2-29}$$

比滞止焓为

$$h_\mathrm{o}=h+0.5V^2 \tag{2-30}$$

其中，比焓为

$$h=u+pv \tag{2-31}$$

式中，v 为流体的比体积。注意 $v=\dfrac{1}{\rho}$，故 $\rho v=1$。式（2-29）相当于式（2-28）的一维方程。

与动量方程类似，最好从能量方程中提取连续性方程。通过在式（2-29）中从第一个和第二个项中删除 gz 项，对这些项进行分部微分：

$$gz\left(\frac{\partial p}{\partial t}+\frac{\partial(\rho V)}{\partial x}\right)+\frac{\partial(\rho h_\mathrm{o})}{\partial t}+\rho\frac{\partial(gz)}{\partial t}-\frac{\partial p}{\partial t}+\frac{\partial(\rho V h_\mathrm{o})}{\partial x}+\rho V\frac{\partial(gz)}{\partial x}=\dot{Q}_\mathrm{H}-\dot{W} \tag{2-32}$$

式（2-32）中的第一项减小为零，式（2-32）中第三项也是零，因为高度和重力加速度都是时间无关的。因此，能量方程可以写为

$$\frac{\partial(\rho h_\mathrm{o})}{\partial t}-\frac{\partial p}{\partial t}+\frac{\partial(\rho V h_\mathrm{o})}{\partial x}+\frac{\partial(gz)}{\partial x}=\dot{Q}_\mathrm{H}-\dot{W} \tag{2-33}$$

式（2-32）为求解 h_o 的能量方程。为了理解温度的重要性，对于液体和理想气体，可以只写：

$$\mathrm{d}h_\mathrm{o}=c_p\mathrm{d}T_\mathrm{o} \tag{2-34}$$

因此，可以将式（2-33）表示为滞止温度：

$$\frac{\partial(\rho c_p T_\mathrm{o})}{\partial t}-\frac{\partial p}{\partial t}+\frac{\partial(\rho V c_p T_\mathrm{o})}{\partial x}+\rho g V\frac{\partial z}{\partial x}=\dot{Q}_\mathrm{H}-\dot{W} \tag{2-35}$$

对于稳定流动，式（2-35）可化简为

$$\frac{\partial(\rho V c_p T_\mathrm{o})}{\partial x}+\rho g V\frac{\partial z}{\partial x}=\dot{Q}_\mathrm{H}-\dot{W} \tag{2-36}$$

2.2　两相流理论及均质模型

2.2.1　两相流理论

两相流是指由两相物质（至少一相为流体）组成的流动系统，它是在闪烁、沸腾、凝结三个过程中出现的现象，在热流系统中比较常见。上述三个过程通常存在于单流体双相流系统中。图 2-3 所示为闪烁、沸腾和凝结过程的压力-焓图。

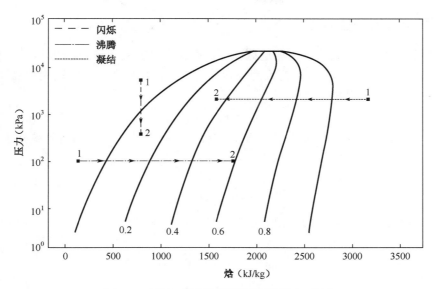

图 2-3　闪烁、沸腾和凝结过程的压力−焓图

当液体的压力降低（绝热）低于给定温度的饱和压力时，就会出现闪烁。当系统被加热且流体达到给定压力的饱和温度时（等压过程），就会发生沸腾。当蒸汽冷却并达到蒸汽饱和温度时，就会发生冷凝（等压过程）。两相流由质量、动量和能量守恒方程控制。

当两种不可混溶的流体混合时，冷凝就会发生。这种两相流系统常在石油工业中出现，大气中的空气通过泄漏的管道或阀门进入充满液体的系统时也会出现此类两相流系统。

在上述三种过程中，液体和气体根据系统条件以流动状态排列。这些流动状态/模式对系统的传热特性和压力降有显著影响。

两相流模拟中采用的不同建模方法对应不同的计算方法。接下来将讨论可用于两相流建模的不同方法及每个流程的要求。

（1）混合模型；

（2）没有接口交换的分离模型；

（3）具有接口交换的分离模型。

混合模型方法可进一步分为均质法和漂移通量法。

均质混合模型又称为均匀混合模型，该方法假定液和气相均匀分布在流道的横截面区域，压力、温度和速度的相位相等，没有明显的流动状态/模式，用单相本构方程和关联式可以实现混合。

在漂移通量混合模型中，实现了四个守恒方程：混合物的质量、动量和能量守恒，以及气态相的附加质量守恒方程。大量实验数据对空隙率进行了经验关联。这些相关性适用于不同的流机制/模式，并且易于实现。

没有界面交换建模方法的分离模型通常用于两相流系统，其中没有质量、动量或能量在相位之间变化。实现了六个守恒方程，即每个相的质量、动量和能量守恒方程。

具有界面交换的分离模型考虑了相位之间的质量、动量和能量交换。当液体蒸发成气体或气体被浓缩成液体时，可以在相之间进行质量转移。动量传递与界面剪切或相间的压差有关。当相间由于温差不同进行热量交换时，就会发生能量转移。

2.2.2　均质模型的守恒方程

均质模型假设两相均匀分布在流道截面上，没有明显的流动形态。因此，该模型是一个混合模型，实现了三个守恒方程，假设两相流体的性质及气体和液体的速度和温度在流动的横截面积上是相等的。这意味着：

$$\overline{V}_{L} = \overline{V}_{G} = V_{H} \tag{2-37}$$

式中，V_H 是两相均匀速度。此外，等同平均气体和液体速度，平均均匀体积分数（$\overline{\alpha}_H$）由下式给出：

$$\overline{\alpha}_{H} = \frac{\rho_{L}\overline{x}}{\rho_{L}\overline{x} + \rho_{G}(1-\overline{x})} \tag{2-38}$$

在一般守恒方程中，对均匀模型的有效流体性质定义如下：

比容：

$$\overline{v} = v_{L}(1-\overline{x}) + v_{G}\overline{x} \tag{2-39}$$

密度：

$$\overline{\rho} = (1-\overline{\alpha})\rho_{L} + \overline{\alpha}\rho_{G}$$

$$= \frac{1-\overline{x}}{\rho_{L}} + \frac{\overline{x}}{\rho_{G}} \tag{2-40}$$

$$\overline{\rho} = \overline{\rho}_{M} = \overline{\rho}_{KE} = \rho_{H} \tag{2-41}$$

焓：

$$\overline{H} = H_{L}(1-\overline{x}) + H_{G}\overline{x} = H_{H} \tag{2-42}$$

热力学质量计算如下：

$$\overline{x} = \frac{\overline{H} - H_{L}}{H_{G} - H_{L}} \tag{2-43}$$

$$G = \rho_{H}V_{H} = \left[\rho_{L}(1-\overline{\alpha}) + + \rho_{G}\overline{\alpha}\right]V_{H} \tag{2-44}$$

由式（2-39）和式（2-40）计算的密度完全相同，对于齐次模型，所有密度都会降低到一个值。

为清晰起见，下标 H 在后续章节中被删除：

$$\rho = \rho_{H}$$

$$V = V_{H}$$

$$H = H_{H}$$

2.2.2.1　均匀两相流的质量守恒定律

假设截面面积在流道长度上保持不变，可表示为

$$\frac{\partial}{\partial t}(\rho A) + \frac{\partial}{\partial s}(\rho V A) = 0 \tag{2-45}$$

将上述方程对控制体积积分，得到

$$V\frac{\partial}{\partial t}(\rho) = \rho_{i}V_{i}A_{i} - \rho_{e}V_{e}A_{e} = \dot{m}_{i} - \dot{m}_{e} \tag{2-46}$$

对该方程在有限时间步长上积分，得到的瞬态一维齐次两相质量守恒方程为

$$\rho = \rho^{\mathrm{o}} + \frac{\Delta t}{V}\left[\kappa\left(\dot{m}_{\mathrm{i}} - \dot{m}_{\mathrm{e}}\right) + \left(1-\kappa\right)\left(\dot{m}_{\mathrm{i}}^{\mathrm{o}} - \dot{m}_{\mathrm{e}}^{\mathrm{o}}\right)\right] \tag{2-47}$$

式中，κ 为瞬态加权因子（Crank-Nicolson），用于设置先前和连续时间步长属性。带上标 o 表示前一个时间步长的值。

2.2.2.2　均匀两相流的动量守恒定律

均匀两相流动量守恒方程可以写成

$$\frac{1}{A}\frac{\partial}{\partial t}\left(\rho V A\right) + \frac{1}{A}\frac{\partial}{\partial s}\left(\rho V^2 A\right) = -\frac{\partial p}{\partial s} - \frac{\overline{\tau}_w P}{A} - \rho g \frac{\partial z}{\partial s} \tag{2-48}$$

定义一个假设的总压：

$$\tilde{p}_{\mathrm{o}} = p + \frac{1}{2}\rho V^2 \tag{2-49}$$

将式（2-49）代入式（2-48）可得出：

$$\tilde{p}_{\mathrm{oi}} - \tilde{p}_{\mathrm{oe}} = \rho\Delta s \frac{\partial V}{\partial t} + \frac{\rho^2 V^2 A^2\left(\rho_{\mathrm{i}} - \rho_{\mathrm{e}}\right)}{2\rho_{\mathrm{i}}\rho_{\mathrm{e}}A_{\mathrm{i}}A_{\mathrm{e}}} + \frac{\overline{\tau}_w P\Delta s}{A} + \rho g\left(z_{\mathrm{e}} - z_{\mathrm{i}}\right) \tag{2-50}$$

任何类型的流动，当流动停止时保持等熵将获得的总压力 p_{o}。尽管对于不可压缩流动 p_{o} 等于 $\tilde{p}_{\mathrm{o}}$，但通常不能写成 $p_{\mathrm{o}} = \tilde{p}_{\mathrm{o}}$。对于气体、蒸气和两相流的低速流动，$p_{\mathrm{o}} = \tilde{p}_{\mathrm{o}}$ 也很重要。

对于单组分两相流体混合物，总压力确定如下：

- 利用流体的热力学性质表，确定焓 h 和静压的熵 p。
- 确定总焓 $h_{\mathrm{o}} = h + \frac{1}{2}V^2$。
- 使用热力学性质表确定 p_{o}，给定 h_{o} 和 s。

由于求解器基于总压力，将式（2-29）转换为以下形式：

$$\begin{aligned}
p_{\mathrm{oi}} - p_{\mathrm{oe}} &= \rho\Delta s \frac{\partial V}{\partial t} + \frac{\rho^2 V^2 A^2\left(\rho_{\mathrm{i}} - \rho_{\mathrm{e}}\right)}{2\rho_{\mathrm{i}}\rho_{\mathrm{e}}A_{\mathrm{i}}A_{\mathrm{e}}} + \frac{\overline{\tau}_w P\Delta s}{A} + \\
&\quad \rho g\left(z_{\mathrm{e}} - z_{\mathrm{i}}\right) + \left(p_{\mathrm{oi}} - \tilde{p}_{\mathrm{oi}}\right) - \left(p_{\mathrm{oe}} - \tilde{p}_{\mathrm{oe}}\right)
\end{aligned} \tag{2-51}$$

使

$$\delta_{\mathrm{o}} = p_{\mathrm{o}} - \tilde{p}_{\mathrm{o}} \tag{2-52}$$

将式（2-52）代入式（2-51），并针对 $\dfrac{\partial V}{\partial t}$ 求解式（2-51），得到

$$\frac{\partial V}{\partial t} = \frac{1}{\rho\Delta s}\left\{ p_{\mathrm{oi}} - p_{\mathrm{oe}} - \frac{\rho^2 V^2 A^2\left(\rho_{\mathrm{i}} - \rho_{\mathrm{e}}\right)}{2\rho_{\mathrm{i}}\rho_{\mathrm{e}}A_{\mathrm{i}}A_{\mathrm{e}}} - \frac{\overline{\tau}_w P\Delta s}{A} - \rho g\left(z_{\mathrm{e}} - z_{\mathrm{i}}\right) - \delta_{\mathrm{oi}} + \delta_{\mathrm{oe}} \right\} \tag{2-53}$$

在一段时间内对式（2-53）积分得到

$$V - V^{\mathrm{o}} = \frac{\Delta t}{\Delta s}\left[\frac{\kappa}{\rho}\left\{ p_{\mathrm{oi}} - p_{\mathrm{oe}} - \frac{\rho^2 V^2 A^2\left(\rho_i - \rho_e\right)}{2\rho_{\mathrm{i}}\rho_{\mathrm{e}}A_{\mathrm{i}}A_{\mathrm{e}}} - \frac{\overline{\tau}_w P\Delta s}{A} - \rho g\left(z_{\mathrm{e}} - z_{\mathrm{i}}\right) - \delta_{\mathrm{oi}} + \delta_{\mathrm{oe}} \right\} + $$

$$\frac{1-\kappa}{\rho^{\mathrm{o}}}\left\{p_{\mathrm{oi}} - p_{\mathrm{oe}} - \frac{\rho^2 V^2 A^2\left(\rho_{\mathrm{i}} - \rho_{\mathrm{e}}\right)}{2\rho_{\mathrm{i}}\rho_{\mathrm{e}} A_{\mathrm{i}} A_{\mathrm{e}}} - \frac{\bar{\tau}_w P\Delta s}{A} - \rho g\left(z_{\mathrm{e}} - z_{\mathrm{i}}\right) - \delta_{\mathrm{oi}} + \delta_{\mathrm{oe}}\right\}^{\mathrm{o}}\Bigg] \quad (2\text{-}54)$$

带上标 o 表示前一时间步长的值，无上标的值表示新（当前）时间步长的值。κ 是瞬态加权因子，$\kappa=1$ 时，时间积分是完全隐式的；$\kappa=0$ 时，时间积分是完全显式的；$\kappa=0.5$ 时，时间积分方案等效于 Crank-Nicholson 方法。

对于纯液体流动及低速流动（气体、蒸气或两相）δ_{o} 应该记住式（2-52）～式（2-54）的结论。壁面剪应力 τ_w 是根据雷诺数计算的，齐次雷诺数使用下式计算：

$$Re = \frac{\rho V D_{\mathrm{H}}}{\mu} \quad (2\text{-}55)$$

式中，D_{H} 是水力半径。

2.2.2.3　均匀两相能量守恒定律

对于恒定的截面积，能量方程可以写为

$$\begin{aligned}
&\frac{\partial}{\partial t}\left(\rho H\right) + \frac{1}{A}\frac{\partial}{\partial s}\left(\rho V H A\right) + \frac{1}{2}\frac{\partial}{\partial t}\left(\rho V^2\right) + \frac{1}{2A}\frac{\partial}{\partial s}\left(\rho V^3 A\right) \\
&= \frac{P_h q''}{A} + q''' + \frac{\partial p}{\partial t} - g\rho V\frac{\partial z}{\partial s}
\end{aligned} \quad (2\text{-}56)$$

从式（2-56）的右边减去质量守恒方程，可以定义如下总焓：

$$H_{\mathrm{o}} = H + \frac{1}{2}V_{\mathrm{H}}^2 \quad (2\text{-}57)$$

将获得以下能量守恒方程：

$$\frac{\partial}{\partial t}\left(\rho H_{\mathrm{o}}\right) + \frac{1}{A}\frac{\partial}{\partial s}\left(\rho V A H_{\mathrm{o}}\right) = \frac{P_h q''}{A} + q''' + \frac{\partial p}{\partial t} - \frac{g}{A}\frac{\partial}{\partial s}\left(z\rho V A\right) \quad (2\text{-}58)$$

将该方程除以控制体积和时间，得到如下的瞬态一维均匀两相能量守恒方程：

$$\begin{aligned}
\rho H_{\mathrm{o}} - \rho^{\mathrm{o}} H_{\mathrm{o}}^{\mathrm{o}} = \frac{\Delta t}{A\Delta s}\Bigg[&\kappa\left\{\dot{m}_{\mathrm{i}} H_{\mathrm{oi}} - \dot{m}_{\mathrm{e}} H_{\mathrm{oe}} + P_h q''\Delta s + A\Delta s\frac{\partial p}{\partial t} - g\left(\dot{m}_{\mathrm{e}} z_{\mathrm{e}} - \dot{m}_{\mathrm{i}} z_{\mathrm{i}}\right)\right\} + \\
&\left(1-\kappa\right)\left\{\dot{m}_{\mathrm{i}} H_{\mathrm{oi}} - \dot{m}_{\mathrm{e}} H_{\mathrm{oe}} + P_h q''\Delta s + A\Delta s\frac{\partial p}{\partial t} - g\left(\dot{m}_{\mathrm{e}} z_{\mathrm{e}} - \dot{m}_{\mathrm{i}} z_{\mathrm{i}}\right)\right\}^{\mathrm{o}}\Bigg]
\end{aligned} \quad (2\text{-}59)$$

2.3　非牛顿流体的基本理论

非牛顿流体是热流系统中常见的物质形态。慢速/非固液混合物的沉降通常可以用非牛顿流体模型很好地描述，但固液混合物的沉降需要不同的计算方法。

浓度相对较低的细颗粒通常是油漆涂料或烟气脱硫液，建模时选择黏度增加的牛顿流体。当颗粒较粗且浓度低于 30% 时，混合物被归类为沉降固液混合物。在颗粒小且浓度较高时，混合物是非牛顿流体，如牙膏或矿山回填物。

图 2-4 显示了不同固液混合物的分类模型。

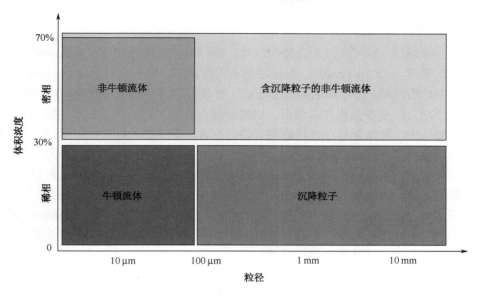

图 2-4　不同固液混合物的分类模型

如图 2-5 所示为用于不同固液混合物类型的模型，可以是非牛顿流体，也可以是固液混合物的沉降。

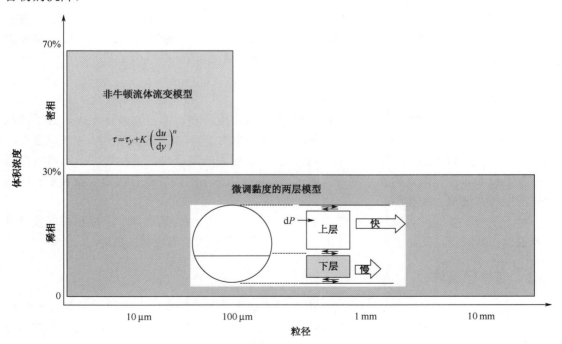

图 2-5　用于不同固液混合物类型的模型

决定固液混合物特性的两个主要参数是固液混合物颗粒沉降速度和固体浓度。相应地，固液混合物被分为不同的类别，如不固液混合物的沉降、慢固液混合物的沉降和固液混合物的沉降。

1. 慢速/不固液混合物的沉降

对于非牛顿流体，如不固液混合物的沉降，颗粒沉降速度通常小于 0.1 mm/s（砂密度颗粒 d=10 μm，密度为 2650 kg/m³）。在布朗运动的作用下，颗粒保持悬浮状态，即使在层流中，混合物也是均匀的。固相和液相结合形成一种具有液体性质的混合物，这种性质与纯液相性质非常不同，即使在低固体浓度下，这些固液混合物也可能表现出非牛顿力学行为。

在水平管道中，固体颗粒在管道截面上均匀分布，不存在垂直浓度梯度。经过长时间的静止状态，固相和液相才会分离。

由于固体颗粒均匀分布在管道上，这些固液混合物通常被称为均质固液混合物。这一术语是不严格准确的，因为固液混合物是由不同相组成的，因此永远不可能是真正的均质。

对于沉降较慢的固液混合物，颗粒沉降速度一般大于 0.1 mm/s，小于 1 mm/s（砂密度颗粒 d=32 μm，密度为 2650 kg/m³）。由于布朗运动的存在，颗粒在层流中不会明显地保持悬浮状态。在静止状态下，固体颗粒缓慢沉降。

2. 固液混合物的沉降

对于固液混合物的沉降，固相、液相是分开的，通常认为液体的性质不会因固体的存在而改变，粒子由湍流混合和粒子间碰撞支撑。

固液混合物颗粒沉降速度大于 1.5 mm/s（一般情况下，颗粒尺寸大于 75 μm 或切割直径）。除非有足够的湍流使粒子悬浮，否则这些粒子将显著沉降。在静止状态下，固相、液相容易分离。沉降混合物的主要特征是浓度梯度向水平管道的底部增加，通常称为非均质固液混合物。

3. 混合固液混合物

混合状态下的固液混合物含有广泛的粒径和/或密度分布。微粒与液体混合形成了运载工具。车辆可以是牛顿型或非牛顿型，较粗的颗粒在车内运输，根据流动条件，由车辆黏度、湍流混合和/或粒子间碰撞支持。这意味着混合状态的固液混合物在某种程度上可以看作带有黏度牛顿或非牛顿流体的固液混合物的沉降。混合状态下的固液混合物是工业和采矿应用中最常见的固液混合物类型。

对于具有牛顿底液且输送浓度低于 35%左右的固液混合物，通过调节密度和黏度使细颗粒被包含在底液中，而超过一定尺寸的颗粒则被视为普通固液混合物的沉降。

2.3.1　非牛顿流体

非牛顿流体是指剪切应力和剪切速率之间不是线性关系的流体。慢速/非固液混合物的沉降大多可以建模为均质不可压缩非牛顿流体。文献[8]中认为，Herschel-Bulkley 伪塑性流体模型具有广泛的适用性和通用性。宾汉流体、黏塑性流体和牛顿流体只是 Herschel-Bulkley 模型的特例。Herschel-Bulkley 流体模型用式（2-60）中的三个特征参数描述流体的剪切阻力。

$$\tau_0 = \tau_y + K\left(\frac{\mathrm{d}u}{\mathrm{d}y}\right)^n \tag{2-60}$$

式中，τ_0 是局部剪切应力；τ_y 是屈服应力；K 是流体稠度指数（等于牛顿流体的黏度）；n 是剪切速率指数，导数代表垂直于流动方向的速度梯度，即剪切速率。

τ_y、K、n 是颗粒尺寸和形状分布、本底流体黏度、颗粒间化学键和相互作用、固体浓度等的复合函数。由于变量的数量和关系的复杂性，表征参数最好通过现场黏度测定法确定，而不是作为所有可能的输入参数的函数来计算。因此，在建模时将固液混合物的沉降定义为纯的不可压缩液体，其黏度仅由 τ_y、K、n 决定。

固液混合物的湍流摩擦系数要求在非牛顿流体的定义中指定第 85 百分位的颗粒直径，因为它会对粗糙雷诺数产生影响。在非固液混合物颗粒组成的非牛顿流体中，管道壁面粗糙度将用于粗糙雷诺数的计算。

2.3.1.1　层流摩擦系数

如果满足压力梯度准则，层流摩擦系数需要输入变量：$\rho, V, D, (\tau_y, K, n)$，括号内的项代表黏度。

达西摩擦系数由管壁剪应力计算，如式（2-61）所示。

$$f = \frac{4\tau_0}{0.5\rho V^2} = \frac{8\tau_0}{\rho V^2} \tag{2-61}$$

式中，管壁剪应力 τ_0 通过求解式（2-62）计算。

$$V = \frac{D}{8}\frac{4n}{\tau_0^3}\left(\frac{1}{K}\right)^{\frac{1}{n}}\left(\tau_0 - \tau_y\right)^{\frac{n+1}{n}}\left[\frac{\left(\tau_0 - \tau_y\right)^2}{3n+1} + 2\tau_y\frac{\left(\tau_0 - \tau_y\right)}{2n+1} + \frac{\tau_y^2}{n+1}\right] \tag{2-62}$$

当 $\tau_0 = 0$ 时，该方程是伪塑性流体的精确解。

2.3.1.2　层流/湍流转变

交集法将用于确定层流/湍流的过渡，即计算层流和湍流摩擦系数，并使用式（2-63）中给出的两个摩擦系数中的较大者。

$$f = \max\left(f_{\text{lam}}, f_{\text{turb}}\right) \tag{2-63}$$

2.3.1.3　湍流摩擦系数

计算非牛顿流体的湍流摩擦系数需要以下参数：$\rho, V, D, (\tau_y, K, n), e, d_{p,85}$。

其中，e 为管道内壁粗糙度，$d_{p,85}$ 是所考虑的浆体颗粒直径的第 85 百分位。如果流体不是固液混合物，则仅使用管壁粗糙度。

达西摩擦系数计算公式如下：

$$f = 8\left(\frac{V_*}{V}\right)^2 \tag{2-64}$$

其中，V_* 的计算式为

$$V_* = \sqrt{\frac{\tau_{0\text{guess}}}{\rho}} \tag{2-65}$$

粗糙雷诺数 Re_r 可通过以下公式计算：

$$Re_r = \frac{8\rho V_*^2}{\tau_y + K\left[\dfrac{8V_*}{d_{\text{rep}}}\right]^n} \tag{2-66}$$

其中，d_{rep} 是管壁粗糙度或浆体颗粒直径第 85 百分位的最大值。对于非浆体颗粒组成的非牛顿流体，使用管壁粗糙度。

因此，$\dfrac{V}{V_*}$ 的比值是粗糙雷诺数的函数：$\dfrac{V}{V_*} = f(Re_r)\dfrac{V}{V_*}$。

2.3.2　固液混合物

2.3.2.1　固液混合物的沉降

固体颗粒可以从固液混合物中沉降出来，导致局部浓度的变化。此外，从颗粒大小和密度出发，可以明确地计算沉降混合物的固化过程。固液混合物被定义为纯不可压缩流体（通常是水）和颗粒固体之间的混合物。在此基础上，可以预先计算出固体的一些特性，如最终沉降速度和流体阻力系数(C_d)。

对于沉降泥浆固体材料，必须指定以下参数：累积粒径分布、密度、热导率、比热、体积模量。这些参数是通过计算分级粒径的质量浓度或体积浓度来确定的，并将固体输入浓度指定为网格上的边界值。

固液混合物的流动是工程中常见的现象。为简化固液混合物在管道内的流动，给出有效流型角的概念。管道的垂直流动的有效流型角度在 70°～90°，而水平管计算仅在-20°～20°有效。图 2-6 显示了固液混合物流型角的控制范围。无论垂直流还是水平流，当流体流动角度超出有效流型角范围时，流型都将会发生变化。

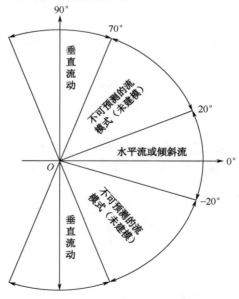

图 2-6　固液混合物流型角的控制范围

2.3.2.2　水平管固液混合物的沉降模型研究

对于固液混合物中悬浮颗粒物的沉降计算，一般选用机械双层模型。双层模型理论有一个合理的物理模型，即固液混合物中悬浮颗粒的沉降导致管道中的固液分层现象，形成上部流体层和下部稀松的颗粒层。

该模型的优点是可以同时计算出多个固液混合物的流动参数，即压降（即摩擦系数）、相间滑移、滑移速度和床层厚度，另一个优点是需要的经验建模参数较少。

Gillies 对双层模型进行了改进，实现了对区域分层流动流体的仿真，这对于模拟宽粒径分布的固液两相流特别有用。Matousek 对两层模型进行了优化，将倾斜角包括在内。双层模型常采用 Gillies-Matousek 流动模型。

沉降料浆建模采用以下参数计算：粗细分割、部分分层双层模型、固定沉积速度。

下面将讨论上述模型之外的固液颗粒物的建模理论。

1. 管道中固相颗粒物沉降时的流动状态

管道中固液混合物的浓度分布随流速、粒径分布和固相浓度的变化而变化，由此产生了几种固相颗粒物沉降时的流体状态。对管道设计而言，这些流体状态会影响压降（泵耗功率）和可操作性（管道阻塞）。表 2-2 和图 2-7 详细描述了这些流体状态。

表 2-2　管道中固相颗粒物沉降时的流动状态

流　　态	颗粒行为
固定床	固定固体颗粒堵塞部分管道
具有滚动和波纹运动的部分固定床	具有滚动和波纹运动的上层颗粒运动
带跃变的部分固定床	带跳跃和滚动的上层颗粒运动
全动床	无静止颗粒，床层沿管道滑移，床层上方有跳跃颗粒，部分颗粒悬浮在床层上方
全悬浮床	无颗粒沿管道滑动，所有颗粒均被湍流和颗粒间接触阻滞
拟均匀流	在高平均混合速度下，颗粒几乎均匀地分布在管道上

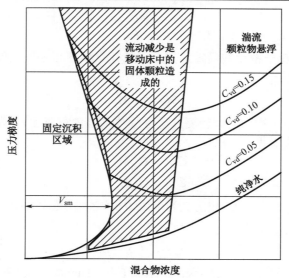

图 2-7　输送固液混合物沉降时水平管道中的各种流型

2. 粒径分割模型

颗粒粒径分割使得处理具有牛顿背景流体的混合态固液混合物成为可能。这一模式的实质包含在 Gillies（1993）的论文中，它包括将细颗粒（小于 75mm 或等效标准）作为背景流体的一部分，根据细颗粒的浓度增加背景流体的密度和黏度。

如图 2-8 所示，y 轴表示固液混合物的质量百分比，x 轴表示颗粒直径。为了确定细颗粒的含量，根据一定的沉降速度计算出截止直径。通过增加密度和黏度，将小于截止直径的部分包含在背景流体中，同时重新计算粒度分布的特征参数，即第 10 个、50 个和 90 个百分位直径。

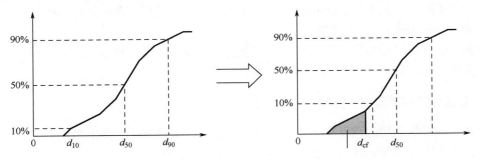

图 2-8　输送固液混合物的沉降的水平管道中各种流型

然后用新的背景流体和新的颗粒尺寸分布对双层模型进行求解。Kumar 等人采用这种方法在 2003 年模拟了粉煤灰和锅炉底灰的料浆混合物（简称 Kumar 方法）。Kumar 方法的第一步是将固液混合物分为细颗粒和粗颗粒。细粒率可用来计算背景流体的新密度和黏度。这种新的背景流体被用于处理部分分层的双层模型中，该模型处理粗颗粒部分，计算过程如下。

计算沉降雷诺数为 0.1 时的粒径 d_{cf}：

$$d_{cf} = \left[1.8 \frac{\left(\dfrac{\mu_w}{\rho_w} \right)^2}{g \left(\dfrac{\rho_s}{\rho_w} - 1 \right)} \right]^{\frac{1}{3}}$$

（2-67）

d_{cf} 是背景流体和粒子密度的函数，然后对粒径累积分布进行处理，以获得细粒级和粗粒级，M_f 和 M_c 关系如下：

$$M_c = 1 - M_f$$

（2-68）

假设稳态条件和恒定均匀固体密度（质量分数乘以体积浓度），则输送的细颗粒浓度和输送的粗颗粒浓度可从下式中得出：

$$C_{vd,f} = C_{vd} M_f$$
$$C_{vd,c} = C_{vd} M_c$$

（2-69）

这些浓度取决于总体积。C_f 被定义为单位体积流体中仅含细颗粒的细颗粒浓度。

则流体细颗粒密度 ρ_f 为

$$\rho_f = \rho_w + C_f (\rho_s - \rho_f)$$

（2-70）

Thomas（1963）用相关公式计算了颗粒流体的黏度，Kumar 等人（2003）引用了这一公式：

$$\frac{\mu_f}{\mu_w} = (1 - 0.00273) + 2.5C_f + 10.5C_f^2 + 0.00273e^{16.7C_f} \tag{2-71}$$

将具有细颗粒属性 ρ_f 和 μ_f 的流体传递到双层模型中进行计算，包括颗粒最终沉降速度。粗输送浓度 $C_{vd,c}$ 作为输送浓度送至双层模型中。

新粗颗粒累积粒径分布 $f_{c,i}$ 中的质量分数可通过下式从旧粒级中得到：

$$f_{c,i} = \frac{f_i - M_f}{M_c} \tag{2-72}$$

在应用之前，必须测试是否满足 $M_c > 0$。如果满足则表示没有粗颗粒，只有细颗粒。所有的颗粒都应处于湍流悬浮状态，并且只对背景流体的黏度和密度进行调整。

颗粒大小分布现在必须根据粗的部分重新计算，通过逐步累积粒径分布和对数线性插值来得到 d_{10}, d_{50}, d_{90}。

其过程可概括如下：

（1）用基础流体（如水）和颗粒密度，计算 d_{cf}；

（2）将颗粒粒度分布分成细粒和粗粒；

（3）使用总输送浓度 C_{vd} 和细/粗质量分数，计算 $C_{vd,f}$、$C_{vd,c}$ 和 C_f；

（4）使用基础流体和 C_f，计算双层模型的背景流体性质 ρ_f 和 μ_f；

（5）计算 $C_{vd,coarse}$、d_{10}、d_{50}、d_{90}，作为双层模型的输入。

3. 部分分层双层模型

双层模型的背景流体为由粗细分割模型计算的细颗粒调整密度 ρ_f 和黏度 μ_f。

通过对 20 多年的科研论文进行文献梳理，Wilson 和其他人建立了模拟泥浆流动中涉及的物理机制，开发了一种用于沉降泥浆的流动床或双层模型。假设泥浆分为两层：

- 下层或流动床；
- 上层是输送流体和湍流悬浮颗粒的混合物。

Wilson 最初的两层模型假设流动床浓度固定，后来 Gillies（1993）改进了分层计算，Matousek（1997）将其用于倾斜流。

在完全分层流动中，所有固体以固定不变的分数在下层流动，这仅适用于粗颗粒，即大颗粒沉降速度的情况。在部分分层流中，较细的颗粒在湍流悬浮液中传输，而较大的颗粒则主要在与其他颗粒接触的情况下运动，即在流动床中运动。流动床的最大浓度也根据剩余的固液混合物配置进行计算。

双层压降计算的拓扑结构主要由两部分组成：

- 计算给定流动床半角的力平衡误差的内部函数；
- 改变半角的外部功能，使计算的力平衡误差最小化。

双层模型描述了管道中的固液混合物流动，下层为固体流动床，上层为流体层，管道内部可能会夹带一些固体。在求解双层模型时，假定床层半角值并计算两层间的力平衡。然后改变值，直到力平衡中的误差为零。输送固液混合物沉降时水平管道中的各种流型如图 2-9 所示。

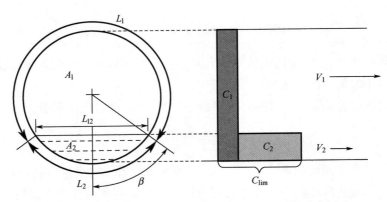

图 2-9　输送固液混合物沉降时水平管道中的各种流型

在部分分层双层模型中计算了如下几种浓度：

- C_1 悬浮物浓度；
- C_2 接触负荷固体浓度；
- C_{bfree} 自由沉降固体浓度。这可以通过让浆液在玻璃圆筒中沉淀，然后测量沉降部分的高度来确定。单粒径泥浆的沉降浓度约为 0.6，宽级配泥浆的沉降浓度可达 0.75。宽级配泥浆比单粒径泥浆具有更高的填充密度，因为大颗粒之间有细颗粒可填充。
- C_{lim} 下层最大固体浓度。其不等于 C_{bfree}，因为颗粒相互作用取决于速度和分层比率，且 $C_{lim} = C_1 + C_2$。

图 2-10 描述了水平流作用于上下层的剪切力和压力梯度。

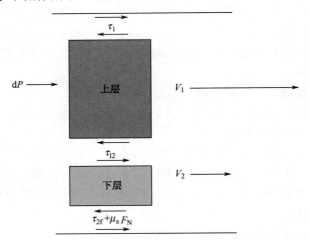

图 2-10　水平流作用于上下层的剪切力和压力梯度

4. 力平衡误差计算

输入参数如表 2-3 所示。

表 2-3　输入参数

参　数	描　述	来　源
β	半角	外部迭代函数，最初为猜测值
ρ_s	固体密度	固液混合物定义
ρ_w	流体密度	固液混合物定义
μ_w	流体密度	固液混合物定义
V	混合物流速	管道组件
C_{vd}	输送浓度	管道组件，用户指定边界条件
D	管道直径	管道组件
e	壁面粗糙度	管道组件
μ_s	固体与管壁摩擦系数	用户在固液混合物定义中指定
C_{bfree}	最大固体浓度	在固液混合物定义中指定的用户，可在后期根据粒度分布进行计算
d_{10}, d_{50}, d_{90}	粒度分布	用户在固液混合物定义中指定
ω	流量倾角	根据管道几何图形计算。正值是上坡，负值是下坡

5. 计算程序

如图 2-11 所示为部分分层双层模型的计算过程。采用初始猜测值为 β 的迭代法计算力误差，直到满足力误差的收敛准则。

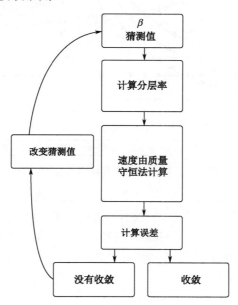

图 2-11　部分分层双层模型的计算过程

6. 静态沉积速度

静态沉积速度用弗劳德数表示，作为其他变量的函数。弗劳德数定义为

$$Fr = \frac{V}{\sqrt{2gD\left(\dfrac{\rho_s}{\rho_f} - 1\right)}} \tag{2-73}$$

根据这些现象，可以使用几种方法来估计沉积速度的极限。其中包括不同作者的相关性准则及简化为完全分层流的两层模型。沉积速度将结合以下各项进行计算：

（1）细颗粒——Thomas 模型；

（2）0.2～0.5 mm——Gillies and Shook 模型；

（3）大于或等于 0.5 mm——带倾斜的全分层双层模型。

图 2-12 所示为倾斜角对定常速度计算的影响。

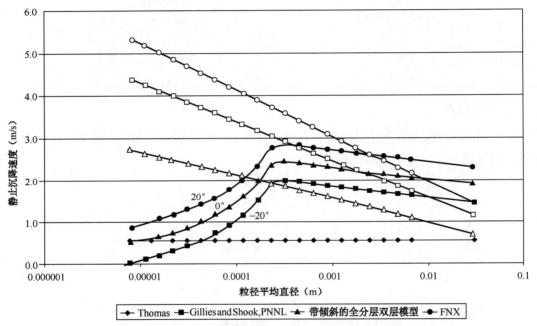

图 2-12　倾斜角对定常速度计算的影响

在这些计算中，假设一种完全分层的流型，即无湍流悬浮。它只适用于沉降到大约 0.5 mm 的粒径的固液混合物，在这里湍流颗粒悬浮变得很重要。

PNNL（2009）引用了 Gillies 和 Shook（1991）提出的计算固定沉降速度的弗劳德数和阿基米德数之间的关系，Gillies 等人（2000）对该关系进行了更新。Paterson 和 Cooke（2010）也给出这种相关性的一个描述版本。

相关性的一般形式为

$$Fr = \frac{aAr^b}{\sqrt{2}} \tag{2-74}$$

阿基米德数表示一个粒子上的重力与黏滞力之比，通过浮力校正。

$$Ar = \frac{4}{3}\frac{gd_{50}^3\left(\dfrac{\rho_s}{\rho_w} - 1\right)\rho_w^2}{\mu_w^2} \tag{2-75}$$

式中，ρ_w 和 μ_w 是载体流体（背景流体加悬浮固体）的密度和黏度。作为简化，只使用背景流体属性。表 2-4 给出了不同范围阿基米德数 a 和 b 的值。其中，$Ar<80$ 的值来自 PNNL（2009）的测试结果。

表 2-4　不同范围阿基米德数 a 和 b 的值

Ar	< 80	$80\sim160$	$160\sim540$	大于 540
a	0.59	0.197	1.19	1.78
b	0.15	0.4	0.045	−0.019

Thomas（1979）沉积速度计算如下：

$$V_{sm} = Fr\sqrt{2gD\left(\frac{\rho_s}{\rho_f}-1\right)} = \frac{aAr^b}{\sqrt{2}}\sqrt{2gD\left(\frac{\rho_s}{\rho_f}-1\right)} = aAr^b\sqrt{gD\left(\frac{\rho_s}{\rho_f}-1\right)} \tag{2-76}$$

PNNL（2009 年）也描述了这种相关性。当颗粒直径小于 0.15mm 时，它们受到湍流漩涡的影响，湍流漩涡作用在与颗粒直径相同数量级的长度尺度上。Thomas 证明了小到足以完全嵌入黏度子层的粒子，其行为不再受粒子直径的影响。对于这些粒子，得到如下表达式：

$$V = 9\left[g\frac{\mu_f}{\rho_f}\left(\frac{\rho_s-\rho_f}{\rho_f}\right)\right]^{0.37}\left(\frac{D\rho_f}{\mu_f}\right)^{0.11} \tag{2-77}$$

2.3.2.3　垂直管道固液混合物沉降模型

对于垂直流动，使用的摩擦压降模型比水平流动模型更为简单，且采用迭代的方法求解局部密度。通过将细颗粒视为背景流体的一部分，仅修正粗浓度或局部阻力损失，可将该沉降模型推广到混合状态固液混合物的计算中。

1. 摩擦压降

对于垂直流动，根据混合速度、细粒流体密度和黏度计算摩擦压降，如式（2-78）所示：

$$\rho_m\frac{dV}{dt}ds + dp_0 + \left(\frac{fds}{D}+\sum K\right)\frac{1}{2}\rho_m|V|V + \rho_m gdz + K_i\frac{1}{2}\rho_m|V_i|V_i + K_e\frac{1}{2}\rho_m|V_e|V_e = 0 \tag{2-78}$$

$$f = f\left(Re = \frac{\rho_f VD}{\mu_f}\right) \tag{2-79}$$

需要注意的是，混合物密度是根据反复调整粗/沉降部分的局部浓度计算出来的。

2. 垂直管道内的流动方向

流动方向是影响垂直管道固液混合物流动特性的重要参数。图 2-13 所示为垂直管道中流动方向引起的局部浓度效应。在向下流动时，固体往往在流动方向上沉降，这导致局部浓度降低。通过计算受阻时的沉降速度，考虑颗粒浓度对有效沉降速度的影响。对于向上流动，由于颗粒与流动方向相反，固体常常积聚。因此，局部浓度略高于输送的固体浓度。由图 2-13 可看出当上升流速等于沉降速度时，管道将被有效堵塞，选取计算方法时需要注意该问题。

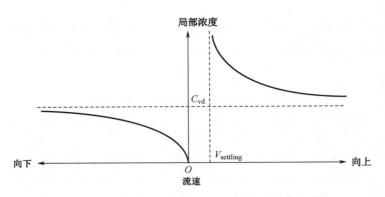

图 2-13　垂直管道中流动方向引起的局部浓度效应

2.4　㶲理论

㶲定律基于热力学第二定律，系统或子系统中由于㶲被破坏或不可逆过程会造成可用功损失，㶲分析可用于确定可用功损失的位置和数量。对工厂进行分析，这样的㶲平衡是在工厂初始状态和终结状态之间进行的（工厂在与环境处于平衡状态时即达到终结状态，此时环境处于温度 T_o 和压力 P_o），是衡量工厂可用能源或工作潜力的指标，且是温度的函数。目前，㶲定律仅适用于具有特定熵性质的流体的稳态解。在瞬态情况下，㶲定律是在假设准稳态情况下进行的。

在㶲定律中，当两个指定状态之间的过程以可逆方式进行时，功输出最大化，因此不会产生熵，也就是说，不会破坏㶲。

2.4.1　熵的产生

能级破坏与熵增成正比关系，因此可以根据热力学第二定律计算出能级破坏的值。可以从第二定律计算出稳定流动过程的熵增：

$$S_{gen} = \sum m_e s_e - \sum m_i s_i - \sum \frac{Q}{T_o} \tag{2-80}$$

式中，S_{gen} 为熵增，单位为 kW/K；m_e 为出口质量流量，单位为 kg/s；s_e 为出口的熵，单位为 kJ/kg·K；m_i 为入口的质量流，单位为 kg/s；s_i 为入口的熵，单位为 kJ/kg·K；Q 为传热，单位为 kW；T_o 为环境温度，单位为 K。

熵增不能为负值，对于完全可逆的过程，熵等于 0。

2.4.2　可逆过程、实际功和损失功

㶲定律可被认为是某些能量能级下降的原因，它基于热力学第二定律，该定律认为不可能将热量完全转化为功。过程的不可逆性 I，可以定义为损失的工作潜能，它等于流程的可逆功与实际功之间的差：

$$I = W_{rev} - W_{act} \tag{2-81}$$

式中，I 为不可逆性；W_{rev} 为可逆功；W_{act} 为实际功，单位均为 kW。

一个过程的不可逆性是熵增的结果。从式（2-81）和式（2-82）可以看出：

$$I = S_{gen}T_o = X_{destroyed} \tag{2-82}$$

从热力学第一定律出发，控制体内稳定流动过程的实际功可以表示如下：

$$W_{act} = \sum m_i\left(h_i + \frac{1}{2}v_i^2 + gz_i\right) - \sum m_e\left(h_e + \frac{1}{2}v_e^2 + gz_e\right) + Q \tag{2-83}$$

消除式（2-81）和式（2-83）之间的传热项，实际功如下：

$$W_{act} = \sum m_i\left(h_i + \frac{1}{2}v_i^2 + gz_i - T_o s_i\right) - \sum m_e\left(h_e + \frac{1}{2}v_e^2 + gz_e - T_o s_e\right) - T_o S_{gen} \tag{2-84}$$

由式（2-82）、式（2-83）和式（2-84）可以得到可逆功：

$$W_{rev} = \sum m_i\left(h_i + \frac{1}{2}v_i^2 + gz_i - T_o s_i\right) - \sum m_e\left(h_e + \frac{1}{2}v_e^2 + gz_e - T_o s_e\right) \tag{2-85}$$

可逆功是从过程的初始状态到终止状态之间可以获得的最大功，因此该过程不具有不可逆性，也不会产生㶲破坏。

2.5　两相流求解过程和参数设定

2.5.1　两相流理论

1. 两相流求解背景

本节描述用于计算混合物的各种热力学性质的方程式和计算方法，可以计算的属性如下：

（1）混合物中气相组分的分压；

（2）混合物及其成分的焓；

（3）通过压力和焓，获得混合物密度；

（4）通过压力、焓和气体质量分数，获得温度；

（5）通过压力、焓和气体质量分数，获得水蒸气质量分数；

（6）熵是压力、焓和气体质量分数的函数。

通过现有可用的两相流方程，对混合物的饱和液–气部分进行建模，并将气体部分建模为理想气体。

2. 混合物质量和各项质量分数

混合物的质量 Q，定义为气相和水蒸气相的总质量（m_g 和 m_v）与混合物总质量（m）的关系，等于各个气体和蒸汽质量分数的总和（c_g 和 c_v）：

$$Q = \frac{m_g + m_v}{m} = \frac{m_g + m_v}{m_g + m_v + m_L} = c_g + c_v \tag{2-86}$$

其中，混合物的总质量为

$$m = m_g + m_v + m_L \tag{2-87}$$

使用气相和液相的质量来具体定义两相质量。在气相没有凝结成液相的情况下，混合物质量和两相质量相等。

$$x = \frac{m_v}{m_v + m_L} \tag{2-88}$$

气相（c_g）和蒸汽（c_v）的质量分数，定义为分别包含在混合物总质量中的气体或蒸汽质量的分数。

$$c_g = \frac{m_g}{m_g + m_v + m_L} \tag{2-89}$$

$$c_v = \frac{m_v}{m_g + m_v + m_L} \tag{2-90}$$

3. 两相质量作为混合物质量、气体和蒸汽质量分数的函数

式（2-86）可以写成：

$$Q(m_v + m_L) + Qm_g = m_g + m_v \tag{2-91}$$

给出：

$$Q + Q\left(\frac{m_g}{m_v + m_L}\right) = \frac{m_g}{m_v + m_L} + \frac{m_v}{m_v + m_L} \tag{2-92}$$

$$\frac{m_v}{m_v + m_L} = Q + Q\left(\frac{m_g}{m_v + m_L}\right) - \frac{m_g}{m_v + m_L} \tag{2-93}$$

另外，需要考虑：

$$\frac{m_g}{m_v + m_L} = \frac{m_g}{m - m_g} = \frac{\dfrac{m_g}{m}}{1 - \dfrac{m_g}{m}} = \frac{c_g}{1 - c_g} \tag{2-94}$$

将式（2-94）替换为式（2-93）获得：

$$x = Q + \left(\frac{c_g}{1 - c_g}\right)(Q - 1) \tag{2-95}$$

两相质量（x）可以用质量分数表示：

$$x = (c_g + c_v) + \left(\frac{c_g}{1 - c_g}\right)(c_g + c_v - 1) \tag{2-96}$$

$$x = c_g + c_v + \frac{c_g c_v + c_g{}^2 - c_g}{1 - c_g} \tag{2-97}$$

根据式（2-95），可以确定混合质量（Q）：

$$x(1 - c_g) = Q(1 - c_g) + c_g Q - c_g$$

$$Q(1 - c_g + c_g) = x(1 - c_g) + c_g \tag{2-98}$$

$$Q = x(1 - c_g) + c_g \tag{2-99}$$

4. 混合物中气相分压

1）混合物中不凝气体的分压

根据理想气体定律，以下条件适用于混合压力(p)，以及气相和水蒸气相的分压（p_g 和 p_v）：

$$p_v \overline{V} = n_v \overline{R} T$$
$$p_g \overline{V} = n_g \overline{R} T \qquad （2\text{-}100）$$
$$p \overline{V} = n \overline{R} T$$

分压与混合压力之比与组分摩尔数（n_g）与总摩尔数之比（$n_g + n_v$）相同。

于是，不可冷凝成分的分压由下式给出：

$$p_g = \frac{\dfrac{c_g}{M_g}}{\left(\dfrac{c_g}{M_g} + \dfrac{c_v}{M_v}\right) p} \qquad （2\text{-}101）$$

对于过热的混合物，有 $c_v = 1 - c_g$，可得出：

$$p_g = \frac{\dfrac{c_g}{M_g}}{\left(\dfrac{c_g}{M_g} + \dfrac{1 - c_g}{M_v}\right) p} \qquad （2\text{-}102）$$

2）蒸汽在混合物中的分压

对于不同的条件，使用不同的方法计算蒸汽的质量分数。当使用这些方程式计算饱和混合物中的蒸汽分压时，必须预先知道混合物中蒸汽的质量分数，而对于过热混合物，可以仅根据不可冷凝成分的质量分数来确定饱和混合物中的蒸汽分压。在这两种情况下，均使用式（2-101）计算不凝气体的分压。

对于饱和的两相气体混合物，从混合物压力中减去不可冷凝成分的分压后，蒸汽的分压就是剩余的部分：

$$p_v = p - p_g \qquad （2\text{-}103）$$

对于过热的气体混合物，从总质量分数中减去不可冷凝成分的质量分数后，将蒸汽质量分数作为余数，然后将该质量分数用于分蒸汽压的表达式中。

以与式（2-101）相同的方式，可以获得蒸汽的分压：

$$p_v = \frac{\dfrac{c_v}{M_v}}{\left(\dfrac{c_g}{M_g} + \dfrac{c_v}{M_v}\right) p} \qquad （2\text{-}104）$$

其中

$$c_v = 1 - c_g \qquad （2\text{-}105）$$

于是得出：

$$p_v = \frac{\dfrac{1-c_g}{M_v}}{\left(\dfrac{c_g}{M_g}+\dfrac{1-c_g}{M_v}\right)p}$$　　　　　　（2-106）

3）液体-蒸汽-气体混合物中的饱和压力

在包含液体、蒸汽和不凝性气体的流体混合物中，根据流动条件，可以确定流体相成分和不凝性气体的材料属性处于哪个相：

过热区域，其中混合物仅由处于过热状态的不可冷凝气体和蒸汽组成；

饱和区域，由不凝性气体和饱和蒸汽混合物组成，视温度和压力而定，是液相中的一部分。

如图 2-14 所示为初始液体和"干燥"气体混合的控制体，定义的表面在饱和条件下保持热平衡。

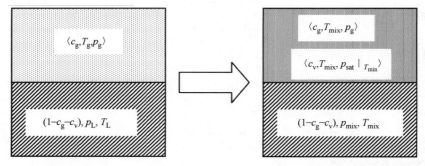

图 2-14　初始液体和"干燥"气体混合的控制体，定义的表面在饱和条件下保持热平衡

当考虑图 2-15 中所示的混合物和控制体时，可以结合典型的 HVAC 分析方法，进行一些观察。发生液体蒸发有两个要求：①必须向水中提供热能；②液体的蒸汽压必须大于环境中的蒸汽压。

（在此例中，液体是水，不可冷凝气体是空气，也可以是流体和气体的任何其他组合）。

在一定体积的水和干燥空气（相对湿度为 0%）中，来自水表面的分子由于其固有的动能而趋向于离开液体并停留在气体区域。由于气体中水分子的初始浓度非常低，因此该过程将持续进行。同时也有部分水蒸气分子离开气体的进入水中，与之相比，有更多的分子离开水表面进入气体。在此过程中，液体的平均温度降低，随着较高能量分子从液体区域迁移，气体/蒸汽的平均温度增加。

在某个阶段，当离开水表面的分子的速度等于进入水的分子的速度时，达到热平衡，然后混合物的温度稳定在饱和温度，此时水蒸气的蒸汽压被称为该温度下的水蒸气的饱和压力。

通过各种实验已经观察到在包含水和空气的混合物中，以及仅存在水和蒸汽的情况下（初始条件是水和真空），会出现这种现象。从而可得出液-气混合物中的饱和蒸汽压仅取决于温度，而不取决于气体的大气压。

可以对图 2-16 中所示的液-气混合物进行同样的分析，其中气泡在初始相对湿度为 0%时与气体均匀分散。混合物将通过液体的蒸发趋于热平衡，用蒸汽填充气泡，直至达到与混合物温度相对应流体的饱和蒸汽压。

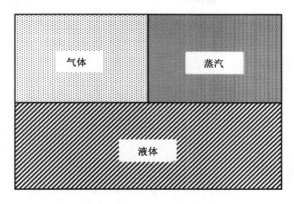

图 2-15　含有液体、气体和蒸汽的控制体

这意味着即使对于过冷的混合物，不可冷凝的气体区域也将始终包含一定量的蒸汽，因为蒸汽的分压（即饱和压力）仅由温度决定。

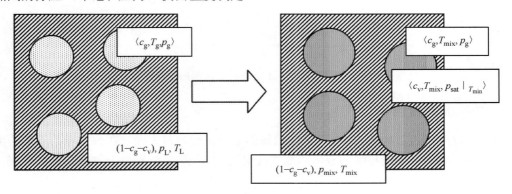

图 2-16　初始液体和"干燥"气泡均匀分散的控制体，在饱和条件下保持热平衡

为准确地分析涉及气体和蒸汽的混合物的模型，应考虑以下假设：

- 液相不包含溶解气体；
- 气相可以视为理想气体混合物；
- 当气体混合物和冷凝的液相处于给定的压力和温度时，冷凝相及其蒸汽之间的平衡不受其他组分的影响。这意味着当达到平衡时，蒸汽的分压将等于与混合物温度对应的饱和压力。

使用上述假设，以及空气和水蒸气的气-水蒸气混合物，可以定义与该方法相关的问题中使用的术语"露点"和"定压冷却"。

气体-蒸汽混合物的露点是蒸汽在冷却时凝结或凝固的温度。

假设气态混合物的温度和混合物中蒸汽的分压是如图 2-17 所定义的：蒸汽最初在状态 1 下过热，如果混合物在恒定压力下冷却，则蒸汽的分压保持恒定，直到达到状态 2，然后开始凝结。状态 2 的温度可以视为露点温度。线 1～3 表示如果将混合物冷却至恒定体积，则凝点将从比露点温度略低的状态点 3 开始。

为描述当气体-蒸汽混合物在恒定压力下冷却时发生的过程。首先在状态 1 下使蒸汽过热，随着混合物在恒定压力下冷却，蒸汽的分压保持恒定直至达到露点，在露点处蒸汽混合物饱和。初始冷凝物处于状态 5，并与状态 4 的蒸汽处于平衡状态，随着温度的进一步降低，残留在混合物中的蒸汽始终处于饱和状态，液体与之处于平衡状态。可以看出，如果将温度降低到 T_2，则混合物中的蒸汽处于状态 2，其分压是与温度 T_2 相对应的饱和压力。处于平衡状态的液体处于状态 5。

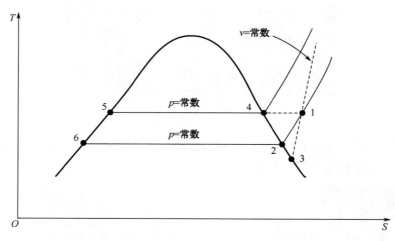

图 2-17　展示露点和定压冷却过程的温熵图

2.5.2　两相流混合焓

为确定混合焓位于如图 2-18 所示压焓图的哪个区域，首先确定在恒定压力下焓的饱和点。其中混合物的恒压线与饱和液体和蒸汽线交叉点 1 和 2 分别位于过冷和过热区域，即 $T_1 < T_{sat}$ 和 $T_2 > T_{sat}$。

图 2-19 适用于所有混合物性质的方程，以确定混合条件位于性质图的哪个区域。

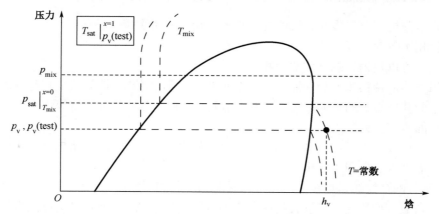

图 2-18　饱和液体-蒸汽-气体混合物的气液组分的压焓图（恒压线和恒温线）

2.5.2.1　混合焓方程的推导

混合物的焓是通过将某个混合点处存在的所有相的焓相加来确定的：

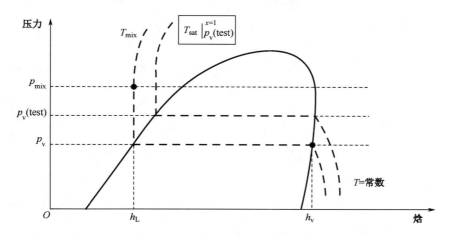

图 2-19　饱和液体-蒸汽-气体混合物的气液组分的压焓图（恒压线和恒温线）

$$\overline{H} = H_{\mathrm{L}} + H_{\mathrm{v}} + H_{\mathrm{g}}$$
$$m\overline{h} = m_{\mathrm{L}}h_{\mathrm{L}} + m_{\mathrm{v}}h_{\mathrm{v}} + m_{\mathrm{g}}h_{\mathrm{g}}$$

（2-107）

通过重写组成质量分数：

$$\overline{h} = \frac{m_{\mathrm{L}}}{m}h_{\mathrm{L}} + \frac{m_{\mathrm{v}}}{m}h_{\mathrm{v}} + \frac{m_{\mathrm{g}}}{m}h_{\mathrm{g}}$$
$$\overline{h} = \frac{m - m_{\mathrm{v}} + m_{\mathrm{g}}}{m}h_{\mathrm{L}} + \frac{m_{\mathrm{v}}}{m}h_{\mathrm{v}} + \frac{m_{\mathrm{g}}}{m}h_{\mathrm{g}}$$

（2-108）

然后得到混合焓方程的一般形式：

$$\overline{h} = \left(1 - v_{\mathrm{v}} - v_{\mathrm{g}}\right)h_{\mathrm{L}} + c_{\mathrm{v}}h_{\mathrm{v}} + c_{\mathrm{g}}h_{\mathrm{g}}$$

（2-109）

2.5.2.2　焓方程的最终形式

在以下公式中，v 下标用于表示液相的焓（而不是"L"），以表示气相和液相的性质使用相同的性能参数表，两相质量系数 x 确定表中使用这些值的区域。

在给定压力和两相质量下，液体的饱和温度可从蒸汽表中获得：

$$T_{\mathrm{sat}} = T_{\mathrm{v}}\big|_{p,x=0}$$

（2-110）

焓的饱和点由蒸汽表得到：

$$h_{\mathrm{L,m}} = \left(1 - c_{\mathrm{g}}\right)h_{\mathrm{v}}\big|_{p,x=0} + c_{\mathrm{g}} \cdot h_{\mathrm{g}}\big|_{T_{\mathrm{sat}}}$$

（2-111）

$$h_{\mathrm{v,m}} = \left(1 - c_{\mathrm{g}}\right)h_{\mathrm{v}}\big|_{p_{\mathrm{v}},T_{\mathrm{sat}}} + c_{\mathrm{g}} \cdot h_{\mathrm{g}}\big|_{T_{\mathrm{sat}}}$$

（2-112）

混合焓为

$$\overline{h} = \left(1 - c_{\mathrm{g}} - c_{\mathrm{v}}\right)h_{\mathrm{v}}\big|_{p,x=0} + c_{\mathrm{v}} \cdot h_{\mathrm{v}}\big|_{p_{\mathrm{v}},T_{\mathrm{sat}}} + c_{\mathrm{g}} \cdot h_{\mathrm{g}}\big|_{T_{\mathrm{sat}}}$$

（2-113）

2.5.3　两相流混合熵

液体-蒸汽-气体混合物的过热汽相的温熵图（恒压线和恒温线）和液体-蒸汽-气体混合物的气液组分的温熵图（恒压线和恒温线）分别如图 2-20 和图 2-21 所示。

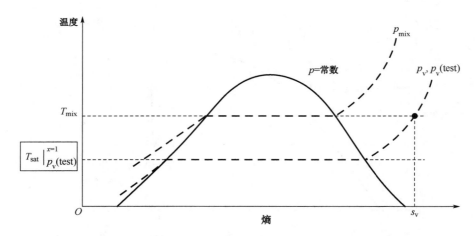

图 2-20　液体-蒸汽-气体混合物的过热汽相的温熵图（恒压线和恒温线）

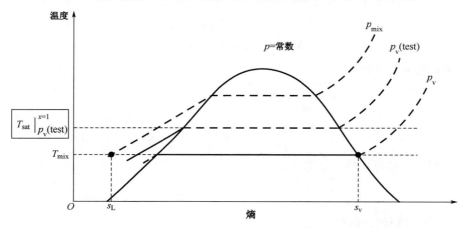

图 2-21　液体-蒸汽-气体混合物的气液组分的温熵图（恒压线和恒温线）

液体-蒸汽-气体混合物的熵可以通过使用分离组分分数来确定，方法与焓方程相同。

$$\bar{s} = \left(1 - c_g - c_v\right) s_L \Big|_{p, x=0} + c_g \cdot s_g \Big|_{p_g, T_{sat}} + c_v \cdot s_v \Big|_{p_v, T_{sat}} \tag{2-114}$$

使用混合物压力计算过冷液体混合物（$c_v = 0$）的熵，但在低于饱和温度时，即在 T_1 时，有：

$$s_1 = \left(1 - c_g\right) \cdot s_L \Big|_{p, T_1} + c_g \cdot s_g \Big|_{p, T_1} \tag{2-115}$$

在过热区域（$c_v = 1 - c_g$），气体和蒸汽的分压在高于饱和温度的温度下使用，即在 T_2 时，有：

$$s_2 = \left(1 - c_g\right) \cdot s_v \Big|_{p_v, T_2} + c_g \cdot s_g \Big|_{p_g, T_2} \tag{2-116}$$

2.5.4　两相流混合密度

包含不凝性气体的饱和混合物的组成可以用几种模型表示。所有元素（带有液位跟踪的节点除外）中使用的模型都是均质混合模型，假定气体和蒸汽包含在相对较小的气泡中，这些气泡均匀散布在整个流态中。

这里将描述混合物密度方程的推导，以及使用均质模型对混合物进行建模所需的假设。

图 2-22 显示了一个包含液体、饱和蒸汽和不凝性气体的控制体，各相的容积（$\bar{V}_g$，$\bar{V}_v$，$\bar{V}_L$）都不同。因为所示的情况不是完全符合实际情况（实际在不同的气相之间没有明显的界面）的，所以将蒸汽和气体更多地视为两相的混合物是有意义的。

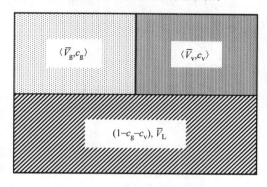

图 2-22　包括液体、气体和蒸汽作为单独的体积的控制体

实际中，可能在 $\bar{V}$ 中存在气体和蒸汽的相对浓度不同的区域，如在某个控制体的角落有大量的气体。假设这些分开的区域对传热计算的影响很小，可以假定混合均匀。

通过假设气体和蒸汽在控制体 $\bar{V}_{g,mix}$ 中均匀混合，可以极大地简化计算。此外，这个假设对于任何在气体/蒸汽区域有某种程度混合的体积都是相当合理的。实现水平跟踪采用如图 2-23 所示的控制体。

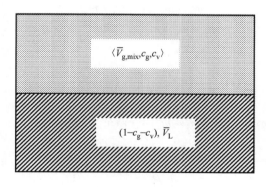

图 2-23　含有液体和均匀气-蒸汽混合物的控制体

不包含明确的液-气/汽表面（即管道中的气泡流），使用的是如图 2-24 所示的均匀分散气泡模型。在标准两相流模型中，气-汽混合物被视为单个气体组分。

对于不可冷凝的分散气泡模型，重要的假设是，对于指定控制体内的所有气泡，单个气泡中的气体-蒸汽比例均相等，并且所有气泡处于相同的混合压力和温度下。

这意味着对于包含液体和气体/蒸汽气泡的体积，单个气泡的体积可能有所不同：

$$\left\langle \bar{V}_{g,mix} \right\rangle_1 \neq \left\langle \bar{V}_{g,mix} \right\rangle_2 \tag{2-117}$$

但所有气泡中气体浓度的比值都是相同的：

$$\left\langle c_g : c_v \right\rangle_1 = \left\langle c_g : c_v \right\rangle_2 \tag{2-118}$$

通过使用不凝性气体的假设及标准的两相流方程式，可以通过以下步骤来计算液-气-蒸汽混合物的密度。

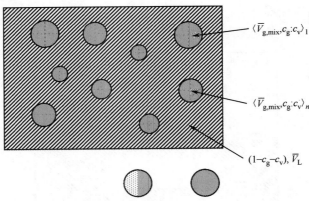

左：单个气泡中的气体分数
右：均相模型中的气体分数

图 2-24　均匀分散气泡模型

混合物密度可以根据气体和液体部分的不同比例来计算：

$$\frac{1}{\overline{\rho}} = \frac{1-Q}{\rho_L} + \frac{Q}{\rho_{g,m}} \tag{2-119}$$

定义如下公式：

$$Q = \frac{m_g + m_v}{m_g + m_v + m_L} = \frac{m_g + m_v}{m} \tag{2-120}$$

$$mQ = m_g + m_v$$

$$\Rightarrow (m)\frac{1}{\overline{\rho}} = (m)\frac{(1-Q)}{\rho_L} + (m)\frac{Q}{\rho_{g,m}} \tag{2-121}$$

$$\Rightarrow (m)\frac{1}{\overline{\rho}} = (m - m_g - m_v)\frac{1}{\rho_L} + (m_g + m_v)\frac{1}{\rho_{g,m}} \tag{2-122}$$

$$\frac{1}{\overline{\rho}} = (1 - c_g - c_v)\frac{1}{\rho_L} + (c_g + c_v)\frac{1}{\rho_{g,m}} \tag{2-123}$$

但是，

$$(c_g + c_v)\frac{1}{\rho_{g,m}} = \frac{Q}{\rho_{g,m}} \tag{2-124}$$

并且，

$$\rho_{g,m}\overline{V} = \rho_g\overline{V} + \rho_v\overline{V}$$

$$\rho_{g,m} = \rho_g + \rho_v \tag{2-125}$$

利用式（2-125）计算混合气体和蒸汽密度，式（2-123）变为

$$\frac{1}{\overline{\rho}} = (1 - c_g - c_v)\frac{1}{\rho_L\Big|_{p_{mix}}^{T_{mix}}} + \frac{(c_g + c_v)}{\rho_g\Big|_{p_g}^{T_{mix}} + \rho_v\Big|_{p_v}^{T_{mix}}} \tag{2-126}$$

对于蒸汽和不可冷凝气体的过热混合物，式（2-125）给出了混合物密度，即分压下各组分密度的总和：

$$\frac{1}{\overline{\rho}} = \frac{1}{\rho_{\mathrm{g}}\bigg|_{p_{\mathrm{g}}}^{T_{\mathrm{mix}}} + \rho_{\mathrm{v}}\bigg|_{p_{\mathrm{v}}}^{T_{\mathrm{mix}}}} \tag{2-127}$$

2.5.5　两相流混合黏度

计算不凝性混合物的黏度分两步：

（1）使用 Wilke 方法计算气体混合物的黏度；

（2）使用两相流动方程计算液相和气相的黏度。

使用 Wilke 方法计算不凝气体和饱和混合物的黏度，方便起见，此处使用不凝混合物的特定成分进行计算。

$$\mu_{\mathrm{g,mix}} = \sum_i \frac{y_i \mu_i}{\sum_j y_i \phi_{ij}} \tag{2-128}$$

其中，

$$\phi_{ij} = \frac{\left(1 + \sqrt{\dfrac{\mu_i}{\mu_j}} \sqrt[4]{\dfrac{M_j}{M_i}}\right)^2}{\sqrt{8\left(1 + \dfrac{M_i}{M_j}\right)}} \tag{2-129}$$

对于不凝性混合物，计算中仅使用两个成分，即不凝性气体和饱和蒸汽，因此 $i \in (v, g)$，$j \in (v, g)$。

Wilke 方法不是基于理想气体的方法，因此必须根据混合物温度和压力来计算各个相的黏度。

$$\mu_i = f\left(T_{\mathrm{mix}}, p_{\mathrm{mix}}\right) \tag{2-130}$$

为获得液气蒸汽混合物的黏度，采用混合质量作为加权因子，将液相和气相性质结合起来：

$$\frac{1}{\mu_{\mathrm{mix}}} = \frac{1-Q}{\mu_{\mathrm{L}}} + \frac{Q}{\mu_{\mathrm{g,mix}}} \tag{2-131}$$

2.5.6　两相流的混合热导率

可以使用混合物质量将 Wassiljewa / Wilke 的气态组分方法，与液相的电导率相结合，计算出不凝性气体和饱和液体混合物的导热系数。

1. 导热系数：Wassiljewa 方法

气体混合物的导热系数可通过以下公式计算：

$$k_{\mathrm{g,mix}} = \sum_i \frac{y_i k_i}{\sum_j y_i \phi_{ij}} \tag{2-132}$$

单原子气体导热系数与分子质量的函数形式如下：

$$\phi_{ij} = \frac{\left(1 + \sqrt{\dfrac{k_{\mathrm{tr},i}}{k_{\mathrm{tr},j}}} \sqrt[4]{\dfrac{M_j}{M_i}}\right)^2}{\sqrt{8\left(1 + \dfrac{M_i}{M_j}\right)}} \tag{2-133}$$

对于不凝性混合物，计算过程中仅使用两个成分，即不凝性气体和饱和蒸汽，因此 $i \in (v,g), j \in (v,g)$。

2. 导热系数的确定：Wilke 方法

单原子热导率可能与黏度有关：

$$\frac{k_{\mathrm{tr},i}}{k_{\mathrm{tr},j}} = \frac{\mu_i}{\mu_j} \frac{M_j}{M_i} \tag{2-134}$$

将式（2-134）代入式（2-132），得到了与式（2-129）中相同的 ϕ_{ij} 形式：

$$\phi_{ij} = \frac{\left(1 + \sqrt{\dfrac{\mu_i}{\mu_j}} \sqrt[4]{\dfrac{M_j}{M_i}}\right)^2}{\sqrt{8\left(1 + \dfrac{M_i}{M_j}\right)}} \tag{2-135}$$

Wassiljewa 方法不是基于理想气体的方法，因此必须根据混合物温度和压力来计算各个相的电导率。

$$k_i = f\left(T_{\mathrm{mix}}, p_{\mathrm{mix}}\right) \tag{2-136}$$

为获得液–气–蒸汽混合物的导热系数，通过使用混合物质量作为加权因子来计算液相和气相的性质：

$$\frac{1}{k_{\mathrm{mix}}} = \frac{1-Q}{k_{\mathrm{L}}} + \frac{Q}{k_{\mathrm{g,mix}}} \tag{2-137}$$

第 3 章　热流系统传热组件的建模仿真

传热是一种复杂的现象，由于物体间温度差的存在，热量传递一定会发生。传热过程有不同的方式，无论哪个领域，在相关研究开展之前都需要掌握热量传递的基本原理和规律，继而针对具体问题做出具体分析。热传导、热对流和热辐射是三种基本的传热模式，本章将从三种基本传热模式开始，讲述传热基本原理，展示并讲述各类传热组件模块的建模方法，并列举了传热组件的数学模型及实际应用案例。

3.1　稳态导热

传导是一种热传递方式，当固体材料或流体中没有运动时，温差是存在的。导热、换热通常发生在温度较高的区域到温度较低的区域，图 3-1 为一维线性稳态导热的数学表达。

模拟中计算导热需要输入边界温度值。模拟通过固体材料的一维传导，采用材料、长度、高度、入口面积、入口固体分数、出口面积、出口固体分数作为输入变量，进行传热计算。

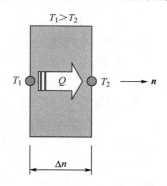

图 3-1　一维线性稳态导热的数学表达

通过固体材料或流体传导的热量由式（3-1）给出：

$$Q_{\mathrm{H}} = -kA\frac{\partial T}{\partial n} \tag{3-1}$$

传热是材料导热系数 k 的函数。使用式（2-1）计算热传递表示如下：

$$Q_{\mathrm{H}} = kA\frac{T_1 - T_2}{\Delta n} \tag{3-2}$$

注意：热传递与温度梯度的方向相反，因为热传递总是从温度较高的区域向温度较低的区域进行。传导传热又称扩散传热，因为传热机理基本上是分子在不同能级上随机运动的结果。

3.2　对流传热

对流传热可以模拟流体与固体表面之间的对流。

模拟对流传热需要输入层流 Nusselt 数、传热面积、Dittus-Boelter 常数等。对流传热除由分子运动引起的扩散传热外，还由流体的体积运动所传递的能量引起。图 3-2 所示为对流传热的数学模型。热量从一个表面转移到一个流体上，流体的整体温度低于表面温度。如果流体整体温度高于表面温度，则传热将发生逆转，热量将从流体传递到表面。

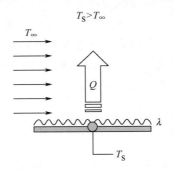

图 3-2　对流传热的数学模型

对流传热系数决定了从表面到流体的热传递量，反之亦然。换热系数通常是表面几何形状和边界层的复杂函数。

$$Q_{\mathrm{H}} = \lambda A\left(T_{\mathrm{S}} - T_{\infty}\right) \tag{3-3}$$

注意，在式（3-3）中，假设从表面到流体的热传递是正的，而从流体到表面的热传递是负的，因而式（3-3）也被称为牛顿冷却定律。

3.3　热交换模型

热交换模型可以与导热、换热组件一起用于模拟二维换热。

模拟需要确认两部分流体的流动方向。图 3-3 所示的例子模拟了固体材料四个不同节点之间的二维热传导过程。该模型包括一个交叉换热组件和两个基本的导热组件，分别连接上游（入口）和下游（出口）边界条件。

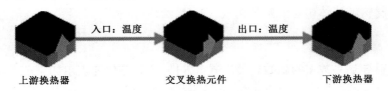

图 3-3　热交换的数学模型

换热设备在网络中的传热方式一般可分为垂直传热和交叉传热两种类型，交叉传热使某台换热设备温差增大，必然使另一台设备温差减小。在热负荷相同时，增加的温差和减小的温差大小相等[9]。

设总传热面积不变，交叉传热只影响网络实际平均温差，由热平衡方程可以获得垂直传热量：

$$Q_{\mathrm{v}} = A \cdot K \Delta T_{\mathrm{mv}} \tag{3-4}$$

热交换量为

$$Q_{\mathrm{c}} = A \cdot K \Delta T_{\mathrm{mc}} \tag{3-5}$$

$$\Delta Q = Q_{\mathrm{v}} - Q_{\mathrm{c}} \tag{3-6}$$

交叉传热量可以用垂直传热量表示为

$$Q_{\mathrm{c}} = Q_{\mathrm{v}} - \Delta Q = Q_{\mathrm{v}} - Q_{\mathrm{v}}\left(1 - \frac{1}{x}\right) = \frac{Q_{\mathrm{v}}}{x} \tag{3-7}$$

3.4　分布式热源

分布式热源一般用于模拟固体结构内非均匀分布的对流、辐射和/或传导传热。

模拟需要给出输入或输出热量。图 3-4 所示的例子模拟了从压水堆燃料组件到冷却水流的传热过程。燃料组件材料的发热量分为三个区域，并且具有非均匀的轴向分布，其中中间部分产生的热量多于末端部分的热量。该模型包括一个连接到节点的分布式热源组件和一个管道组件，管道组件依次连接到上游（入口）和下游（出口）边界条件。

出口：热量

入口：热量

图 3-4　分布式热源传热的数学模型

3.5　组合式传热

两种或三种基本热量传递方式同时起作用的传热称为组合式传热，可以模拟叠加的对流、传导和/或辐射传热。

模拟需要输入导热、对流辐射和壁通量。图 3-5 所示的例子模拟了从钢管中流体到大气的热传递。它包括流体到管内壁的对流传热、通过管壁的传导换热和从外管壁到大气的对流传热。该模型包括一个连接到节点的组合式传热组件和一个管道组件，该组件依次连接到上游（入口）和下游（出口）边界条件。

两种或三种基本热量传递方式同时起作用的传热称为组合式传热。组合式传热现象无时无处不在，它的影响几乎遍及现代所有的工业部门，也渗透到农业、林业等许多技术部门中。组合式传热计算的目的是确定两种并联的热量传递方式的总效果。原则上组合式传热的总散热量等于构成并联系统的两种基本换热方式散热量的总和，即：

$$\Phi = \Phi_{\mathrm{c}} + \Phi_{\mathrm{r}} \tag{3-8}$$

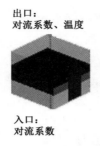

图 3-5　组合式传热模型示意图

式中，Φ 为组合式传热的总换热量，Φ_c 为对流传热量，Φ_r 为辐射换热量。

$$\Phi_c = h_c A(t_w - t_f)$$
$$\Phi_r = h_r A(t_w - t_f)$$

（3-9）

式中，t_w 为表面壁温，t_f 为周围空气温度，A 为换热表面积，h_c 为表面传热系数，h_r 为辐射换热表面传热系数。

联立上式得：

$$\Phi = (h_c + h_r)(t_w - t_f)A = h(t_w - t_f)A$$

（3-10）

式中，h 为组合式传热表面传热系数，它等于对流传热表面传热系数与辐射换热表面传热系数之和[10]。

3.6　薄膜对流传热

一般采用薄膜对流单元计算固体表面与冷却流体薄膜之间的薄膜对流传热。

模拟需输入面积、规格、主流量、冷却剂流量、膜效和对流系数等参数。图 3-6 所示的例子模拟了固体表面和冷却流体薄膜之间的薄膜对流。在该模型中，气膜对流组件与冷却气流和热燃烧气流的入口节点相连。固体表面温度已经规定，其中通过固体表面的传导是用组合式传热组件模拟的。

冷却空气流动和热燃烧流采用管道单元建模。边界条件用于分别确定冷却气流和热燃烧气流的入口温度、压力和质量流量。

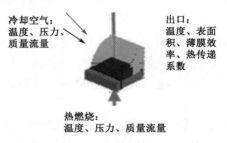

图 3-6　薄膜对流传热的数学模型

薄膜的流动是一种两相流，薄层液体一侧沿固体壁面流动，另一侧为与气体或与薄膜不互溶的液体。薄膜的流动形式，已在化工和热工领域有很多应用，如垂直冷凝器、膜式蒸发器、湿壁塔、填料塔和膜式气液反应器等。

薄层流体在重力作用下沿倾斜或垂直壁面运动，在开始的一段距离内，运动是加速的，速度分布沿流动方向发展着，和管流时一样，可称这一段为进口段。经历这一段以后，速度分布趋于恒定，沿流动方向的流动特性不再变化。薄膜流动是有自由面的运动，了解这种流体运动的主要困难在于无法预先准确地确定自由面的位置，而薄膜流动的许多特性又都和自由面有关。由于自由面的存在，膜内运动可以有多种不同的状态，而不像流体在管内的流动仅存在层流及湍流。膜内流动状态的基本类型可以概括为层流、波动层流、湍流及波动湍流等。利用薄膜对流传热的常见热工设备有中央空调中的冷却塔和热泵中的热源塔等，针对这些设备里的薄膜传热传质过程已有不少研究。

表 3-1 列出了薄膜发展段的传热特性。其中，h 表示无量纲传热系数，Pr 表示普朗特数，下标 H 和 E 分别表示过冷降膜和蒸发降膜[11]。

表 3-1　薄膜发展段的传热特性

研究者	层流	湍流
Harkonen 等	$h_{\mathrm{H}}^* = 2.27 Re^{-0.3}$ $h_{\mathrm{E}}^* = 1.101 Re^{-1/3}$	—
叶学民等	—	$h_{\mathrm{H}}^* = 0.00462 Re^{0.429} Pr^{1/3}$ $500 < Re < 8000$
Wilke	$h_{\mathrm{H}}^* = 0.00319 Re^{0.2} Pr^{0.344}$ $Re < 1600$ $5 < Pr < 210$	$h_{\mathrm{H}}^* = 0.00154 Re^{0.62} Pr^{0.344}$ $1600 < Re < 3200$ $h_{\mathrm{H}}^* = 0.00681 Re^{0.43} Pr^{0.344}$ $Re > 3200, 5 < Pr < 210$
蒋章焰	$h_{\mathrm{h}}^* = 0.00186 Re^{0.644} Pr^{1/3}$ $800 \leqslant Re < 1600$	$h_{\mathrm{H}}^* = 0.078 Re^{0.076} Pr^{1/3}$ $1600 \leqslant Re < 4360$ $h_{\mathrm{H}}^* = 1.0255 \times 10^{-5} Re^{1.133} Pr^{1/3}$ $4360 \leqslant Re < 6800$
Chun	$h_{\mathrm{B}}^* = 0.822 Re^{-0.22}$ $20 < Re < 1000$	$h_{\mathrm{E}}^* = 0.0038 Re^{0.4} Pr^{0.65}$ $Re > 5800 Pr^{-1.06}$
Kutateladze	$h_{\mathrm{E}}^* = 1.101 Re^{-0.293}$ $20 < Re < 400$	—
Fujita	—	$h_{\mathrm{E}}^* = 0.006 Re^{0.4}$ $Re > 3200 Pr = 1.73$
Mudawwar	—	$h_{\mathrm{g}}^* = 0.042 Re^{0.17} Pr^{0.53}$ $h_{\mathrm{H}}^* = 0.1 Re^{0.14} Pr^{0.35}$ $Re > 10000$

3.7　流体辐射传热

流体辐射传热是指固体表面和参与气体之间的辐射换热。流体辐射传热组件可用于模拟来自参与燃烧颗粒的光辐射，以及来自气流中不同质量分数的水蒸气和二氧化碳的辐射。在给定流体和表面的辐射特性及温度的情况下，用流体辐射传热单元模拟了流动网络中固体表面与参与介质（气体）之间的传热速率。

模拟需要输入区域规格、表面积、表面发射率和发射率/吸收率等参数。图 3-7 所示的例子用流体辐射传热组件模拟了从气流到固体表面的流体辐射传热，其中流体辐射传热系数已经被指定。用组合式传热单元模拟了固体表面的传导。边界条件用于确定入口温度、压力、气流质量流量和固体壁温。

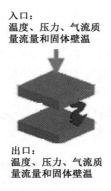

入口：
温度、压力、气流质
量流量和固体壁温

出口：
温度、压力、气流质
量流量和固体壁温

图 3-7　流体辐射传热 Flownex 模拟

流体辐射传热不同于固体和液体辐射，它们具有如下两个特点：

（1）流体辐射传热对波长有选择性。流体辐射传热对波长有强烈的选择性，它只在某些波长区段内具有辐射能力，也只在同样的波长区段内才具有吸收能力。通常把这种有辐射能力的波长区段称为光带。在光带以外，流体既不辐射也不吸收，对热辐射呈现透明体的性质。由于辐射对波长具有选择性的特点，流体不是灰体。

（2）流体的辐射和吸收是在整个容积中进行的。固体和液体的辐射和吸收都具有在表面上进行的特点，而流体则不同。就吸收而言，投射到流体层界面上的辐射要能在辐射行程中被吸收减弱：就辐射而言，流体层界面上所感受到的辐射为到达界面上的整个容积流体的辐射。这都说明，流体的辐射和吸收是在整个容积中进行的，与流体的形状和容积有关。在讨论流体的发射率和吸收比时，除其他条件外，还必须说明流体所处容器的形状和容积的大小。

在流体发射率和吸收比确定之后，流体与黑体外壳之间的辐射传热计算十分简单。这时可以采用两平行平壁间辐射传热的简化模型：由于燃气所发出的辐射能及所受到的壁面辐射均要通过图中虚线所示位置的边界，因而可以用该虚线边界来代替燃烧室内的燃气辐射，该边界具有温度 T_g、发射率 ε_g 及吸收比 α_g。这样只要把流体的自身辐射 $\varepsilon_g E_{b,g}$（流体温度为 T_g）减去流体的吸收辐射 $\alpha_g E_{b,w}$（外壳壁温为 T_w）就得到流体与外壳间换热的热流密度 q，即

$$q = \varepsilon_g E_{b,g} - \alpha_g E_{b,w} = 5.67\left[\varepsilon_g\left(\frac{T_g}{100}\right)^4 - \alpha_g\left(\frac{T_w}{100}\right)^4\right] \tag{3-11}$$

应当指出，由于流体辐射传热的复杂性，关于流体辐射传热特性的计算至今仍是一种半经验方式。

3.8　冲击射流传热

采用冲击射流对流组件，可以计算冲击板表面与孔板中一排孔板的射流之间的换热率。

　　模拟需要输入面积、规格、表面积、孔口直径、射流组件、交叉流组件和对流系数等参数。用一个带流量系数的节流器来模拟孔板，通道内的横向流动用管道单元模拟，边界条件用于确定温度、压力和质量流量。冲击板的传导采用组合式传热单元进行模拟。

　　当需要在换热表面的局部地区产生强烈的换热效果（主要是冷却）时，可采用冲击射流。目前，冲击射流已广泛用于平板玻璃回火、金属薄板退火、纺织品或纸张干燥、燃气轮机叶片冷却及电子器件冷却等技术中。在这种换热方式中，气体或液体在压差作用下通过一个圆形或窄缝形喷嘴垂直（或成一定倾角）地喷射到被冷却的表面上，从而使直接受到冲击的区域产生很强的换热效果。为满足实际生产工艺的需要，也可同时采用一排喷嘴。

　　设与射流发生热交换的固体表面温度为 T_w，射流喷嘴出口温度等于周围环境温度 T_∞。射流与周围介质属于同一种类的流体，则牛顿冷却公式中确定表面传热系数的温差即为 $T_w - T_\infty$。下面的讨论都是基于该前提的研究结果。

　　一般射流出口的流速是接近均匀的。射流离开喷嘴表面以后，由于与周围静止介质之间的动量交换，射流的直径不断扩大，但在射流的中心仍然保持有一个速度均匀的核心区域。随着流体向前运动，核心区域不断缩小，最后整个截面上速度呈现出中间大、逐渐向边缘减小的不均匀分布。流速保持均匀的区域称为射流的位流流核。当射流抵达被冲击物体的壁面后，流体向着四周沿壁面散开，形成贴壁射流区。射流抵达壁面之前的流动区域称为自由射流（Free Jet），那里的流场未曾受到壁面干扰与限制。

　　被冲击的壁面正对喷嘴的地区称为滞止区，与射流中心对应的点称为滞止点，这里的局部传热强度最高。物体表面需要冷却效果特别好的地点（如电子器件冷却技术中的芯片，航空涡轮叶片正对高温燃气的前缘点）应该位于这一区域内。

　　在不同的 H/D 下，被空气冲击的物体表面上局部 Nu 数与离开滞止点的距离的变化情况可行查阅资料。Re_D 和 Nu_D 的定义为

$$Re_D = \frac{u_e D}{\nu} \tag{3-12}$$

$$Nu_D = \frac{h_r D}{\lambda} \tag{3-13}$$

式中，h_r 是离开滞止点为 r 处的局部表面传热系数，u_e 为射流出口的平均流速。

　　由以上讨论可见，在以滞止点为圆心，半径为 r 的圆内，被冲击表面的平均换热系数可以表示为以下函数形式：

$$\frac{h_m D}{\lambda} = (Nu_D)_m = f\left(\frac{H}{D}, \frac{r}{D}, Re_D, Pr\right) \tag{3-14}$$

3.9　表面辐射传热

　　表面辐射换热模拟需要输入形状系数、上游面积、上游发射率、下游面积、下游发射率等参数。图 3-8 所示的例子模拟了两个平面之间的表面辐射热传递。该模型包括一个与上游（入口）和下游（出口）边界条件相连的表面辐射换热部件。

辐射传热是通过电磁波传递能量的结果。图 3-9 所示为辐射传热机理的示意图，其中热量从高温表面转移到低温表面。通过传导和对流进行的热传递需要介质，而辐射热传递则不需要。事实上，辐射热传递在真空中最有效。

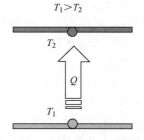

图 3-8　上下表面辐射传热的数学模型　　　　图 3-9　辐射传热机理

两个表面在不同温度下的辐射换热由式（3-15）给出，其中是史蒂芬玻尔兹曼常数，是材料的发射率。

$$Q_{\mathrm{H}} = \varepsilon \sigma A \left(T_1^4 - T_2^4 \right) \tag{3-15}$$

需要注意的是，在一个系统中，热传递、传导、对流和辐射的三种模式可以同时发生，这使得对这样一个系统的分析变得复杂。

功也是一种能量形式，通常定义为发生位移的力：

$$W = \int_{\eta} \boldsymbol{F} \mathrm{d}\boldsymbol{r} \tag{3-16}$$

功被定义为作用于系统的外力发生位移时，向系统或从系统转移的能量。

热量和功都只在系统的边界上定义，系统既不能包含热量也不能包含功。热和功只有在它穿过系统边界（控制面）时才被定义，因此是一种过渡现象。

能量方程也可以用微分形式来写，方法是将控制体积缩小为微分体积，即

$$\frac{\partial (\rho e)}{\partial t} + \nabla \cdot (\rho \boldsymbol{V} e) = \dot{Q}_{\mathrm{H}} - \dot{W} \tag{3-17}$$

需要注意的是，方程（3-17）右侧在需要了解所涉及的基本连续体物理知识的微分元素级别上进行了规定。幸运的是，控制微分方程总是在一个有限的控制体积上积分，允许在一般的宏观条件下，通过控制面来规定进出控制体积的热传递率和功传递率。

3.10　案例 3-1：热交换器的建模仿真

问题描述：

翅片管换热器用于矿井无暖通空调系统时的局部冷却。翅片管换热器安装在手推车上以便于移动，该装置被命名为"冷却车"。冷却车使用地下蓄水池中的冷却水直接冷却空气。图 3-10 显示了冷却车上的热交换器装置。

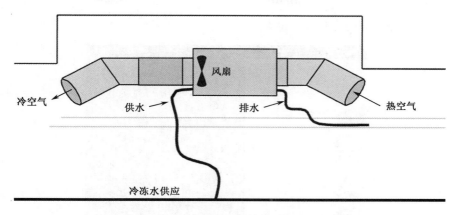

图 3-10　矿井"冷却车"的热交换器装置示意图

考虑换热器的管侧（水侧）。冷却车的换热器管道布置的几何形状如表 3-2 所示。

表 3-2　冷却车的换热器管道布置的几何形状

换热器性能	数值
管子数量	120
管子内径（mm）	16
管子长度（m）	1.81
管壁粗糙度（μm）	40
管壁厚度（mm）	1.75
管材热导性（W/m·K）	330
总二次损耗系数	2

水流入入口集管，分配到管道中，通过整个管道，然后在出口集管中组装。

假设所有管子的外表面在整个长度上保持在 25℃的环境下。当冷冻水流量为 10 kg/s，入口条件为 120 kPa 和 10℃时，求从空气到地面冷水的传热率。

冷冻水特性如表 3-3 所示。

表 3-3　冷冻水特性

参数	数值	单位
密度	1000	kg/m³
定压比热（Cp）	4.188	kJ/kg·K
黏度（m）	0.001306	kg/m·s
普朗特数	9.642	——
热导率	0.5675	W/m·K

步骤 1：创建新项目（见图 3-11 和图 3-12）。

① 选择"File"→"New"；

② 为文件指定适当的名称，如 Tutorial 06；

③ 将文件保存（Save）在首选位置。

图 3-11　新建文件

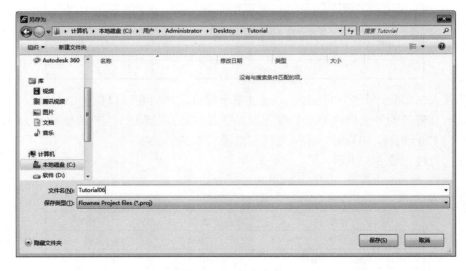

图 3-12　保存文件

步骤 2：创建组件和节点。

① 从流解算器组件库（Flow Solver Component Library）中选择一个复合热传递组件（Composite Heat Transfer），并将其放置在画布上，如图 3-13 所示；

② 在画布上设置管网，如图 3-14 所示。

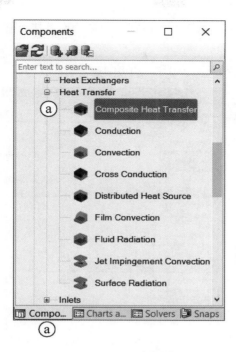

图 3-13   选择复合热传递组件

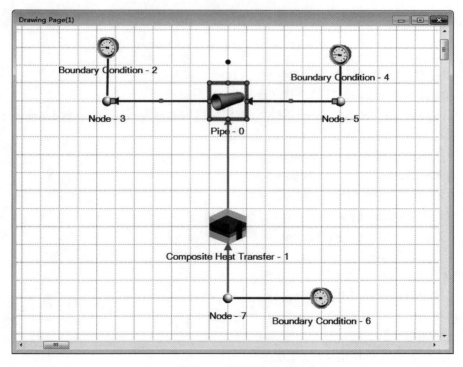

图 3-14   设置管网

注意：复合热传递组件（橙色）之间有一个热传递链接，管道和节点之间有一个链接。

步骤 3：指定工作液。

指定工作流体为 H2O-Water，如图 3-15 所示。

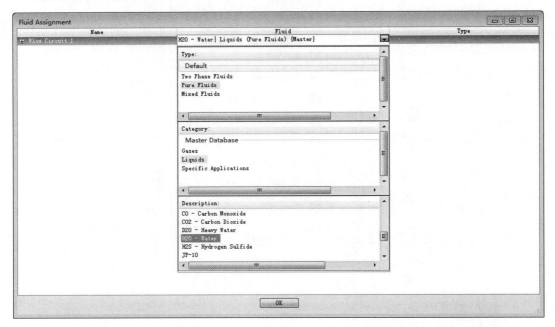

图 3-15　指定工作流体为 H2O-Water

步骤 4：为管道指定属性（代表软管）（见图 3-16）。

① 选择管道（Pipe）并打开特性（property）窗口；

② 在高级树（Advanced Tree）中勾选指定高级输入（Specify advanced inputs）；

③ 输入 0.00175 m 的壁厚（Wall thickness）；

④ 输入 1.81 m 的长度（Length）；

⑤ 输入 0.016 m 的直径（Diameter）；

⑥ 输入 40 μm 的粗糙度（Roughness）；

⑦ 输入 K Forward 值 2；

⑧ 输入值 30 作为增量数（Number of increments）；

⑨ 在并行数（Number in parallel）中输入值 120。

步骤 5：为传热组件指定属性（见图 3-17 和图 3-18）。

① 选择传热组件并打开属性（properties）窗口；

② 将传导区域（Conduction areas）设置为使用下游管道区域（Use downstream pipe area）；

③ 选择图层（Layers）上的浏览按钮；

④ 点击添加（Add）并选择新图层；

⑤ 在组件方向的厚度（Thickness in element direction）处输入值 0.00175 m；

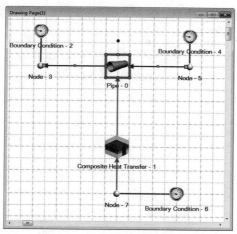

（a）选择管道

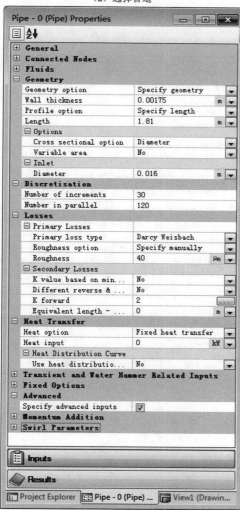

（b）指定属性

图 3-16 为管道指定属性

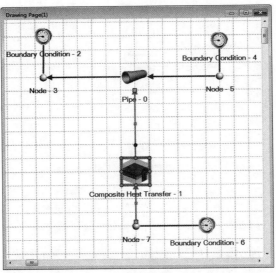

（a）选择组件

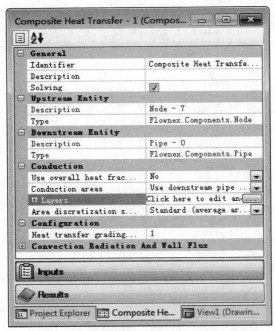

（b）指定属性

图 3-17　为传热组件指定属性

⑥ 在节点数（Number of nodes）处输入 3；

⑦ 输入 0.001 kJ/m³ · K 的热容（Capacitance）；

⑧ 在组件方向的导电率（Conductivity in element direction）和横向的导电率（Conductivity in cross direction）都输入 330 W/m · K 的值；

⑨ 按确定（OK）。

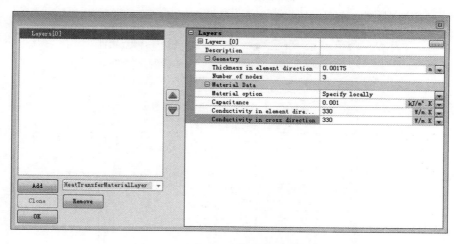

图 3-18　为传导热传导组件指定属性

步骤 6：为组合式传热组件指定属性（见图 3-19）。

① 在下游（Downstream）更改以下内容；

② 将热传递选项（Heat transfer option）设置为对流（Convection）；

③ 将对流区域（Convection area option）选项处设置为使用传导中指定的面积（Use area as specified in conduction）；

④ 设置对流系数选项（Convection coefficient option）为"Calculate h"；

⑤ 将对流系数相关选项（Convection coefficient correlation selection）设置为管内 Dittus Boelter［Tube inside（Dittus-Boelter）］；

⑥ 将水力直径选项（Hydraulic diameter option）设置为使用来自流量组件的水力直径（Use hydraulic diameter from flow element）；

⑦ 在零流量努塞尔数（Zero flow Nusselt number）处输入值 0。

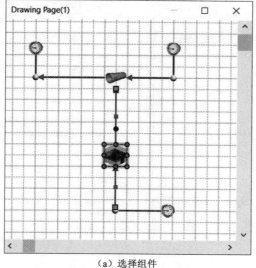

（a）选择组件

图 3-19　为组合是传热组件指定属性

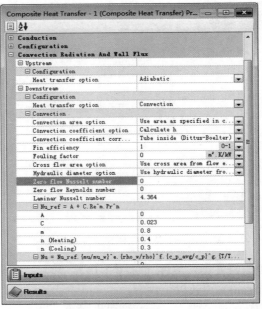

（b）指定属性

图 3-19　为组合是传热组件指定属性（续）

步骤 7：设置边界条件（见图 3-20 和图 3-21）。

① 选择上游边界条件（upstream Boundary Condition）并输入 120 kPa 的压力（Pressure）和 10℃的温度（Temperature）；

② 选择下游边界条件（downstream Boundary Condition）并输入-10 kg/s 的质量源（Mass source）；

③ 选择其余边界条件并输入 25℃的温度（Temperature）。

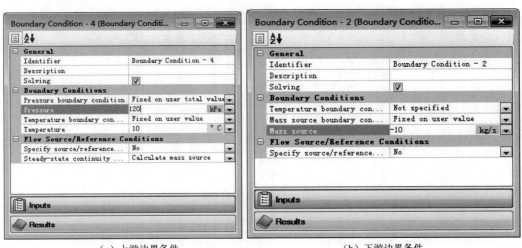

（a）上游边界条件　　　　　　　　　　　　　（b）下游边界条件

图 3-20　设置边界条件

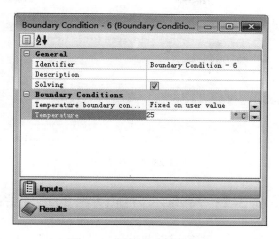

图 3-21 设置其余边界条件

步骤 8：查看结果（见图 3-22 和图 3-23）。

① 保存网络；

② 选择求解稳态（Solve Steady State）；

③ 打开组合式传热组件结果窗口（Composite Heat Transfer component Results window）；

④ 热传导率（Conduction heat transfer）约为 249 kW；

⑤ 按任务窗口（Tasks Window）图标并选择结果层（Result Layers）选项卡以查看温度结果层（Result Layer）。

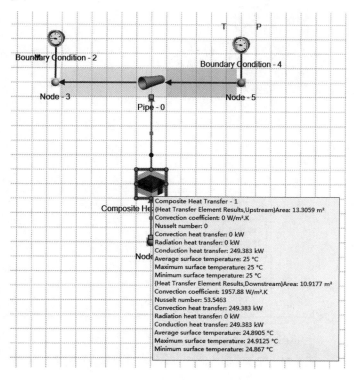

图 3-22 组合式传热组件结果窗口

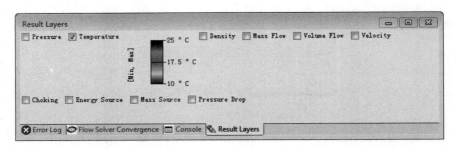

图 3-23　查看结果

3.11　案例 3-2：冷冻水分配网络的热流系统模拟

接下来建立冷冻水分配网络，为位于矿井不同位置的三辆类似的冷却车供水。为每辆车提供 10 kg/s 的管网，如图 3-24 所示。第一节车厢位于竖井右侧 100 m 深度处，第二节车厢位于 3000 m 深度处，紧邻竖井，第三节车厢位于 3000 m 深度处，但距离竖井 500 m。地面的冷冻水蓄水池在 85 kPa 的压力下向大气开放。它提供恒温 10 ℃的水，总容积为 5 m³，水库水位在地面以上 5 m 处。冷冻水管网使用内径为 75 mm、表面粗糙度为 60 μm 的管道。管道为高压管号 XS160，壁厚为 11 mm，且不隔热。该系统的二次压力损失可以忽略不计。冷却车入口阀门的作用是将冷冻水入口压力降低至 400 kPa。由于被冷却的下行通风空气包围，从竖井向下的主要供应管道的热损失可以忽略不计。

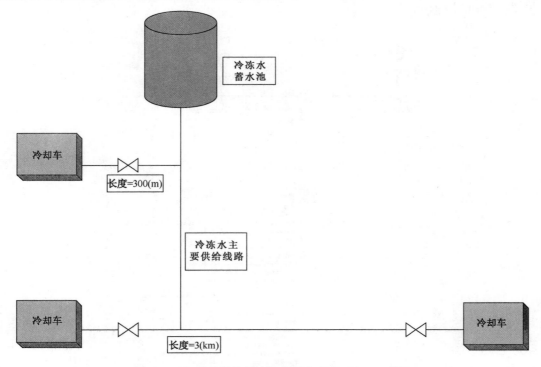

图 3-24　三节车厢的额冷却车供水官网 Flownex 模拟

然而，在水平走廊中，它被 35℃的热空气包围。可以假设外表面对流传热系数约为

15 W/m^2 · K。

比较不同冷却车的冷却能力，得出操作深度的影响和管道保温的必要性的结论。

步骤 1：创建新的绘图页（见图 3-25）。

① 在项目浏览器窗口（project explorer window）中选择页（Pages）选项卡；

② 在页面上右击鼠标，然后选择添加绘图页（Add Drawing Page）；

③ 将页面重命名为 6.1 和 6.2；

④ 请注意，绘图画布上方的选项卡用于在页面之间进行切换。

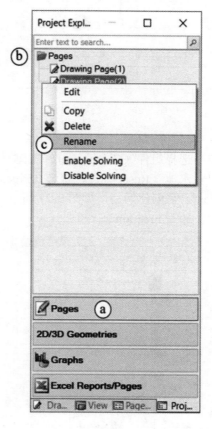

图 3-25 创建新的绘图页

步骤 2：复制现有热交换器。

① 在第 6.1 页（Page 6.1）选择网络；

② 右击网络并选择复制（Copy）；

③ 打开第 6.2 页（Page 6.2），粘贴（Paste）三份网络副本，如图 3-26 所示；

④ 删除所有三个管道构件（Pipe components）的上游和下游节点（Nodes）处的边界条件（Boundary Conditions）。

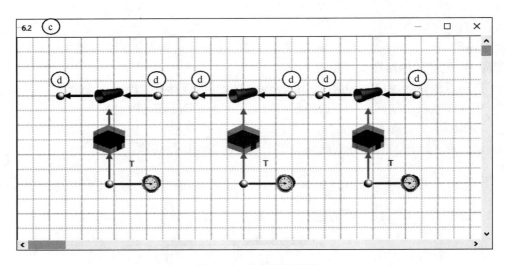

图 3-26　热交换器设置

步骤 3：创建网络。

① 在库（libraries）窗口中选择组件（Components）选项卡；

② 使用节点（Nodes）、蓄水池（Reservoir）、管道（Pipes）和具有损耗系数的限流器（Restrictors with Loss Coefficient）来创建网络，如图 3-27 所示；

③ 注意组件之间连接的方向（Direction）。

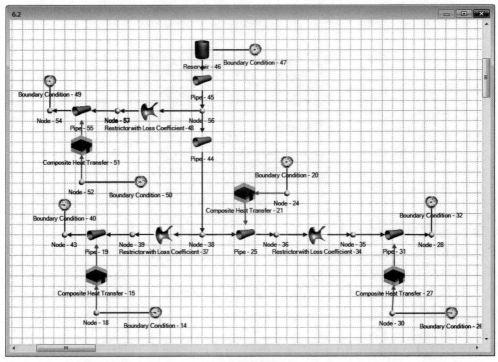

（a）软件操作

图 3-27　管网布置的 Flownex 程序操作

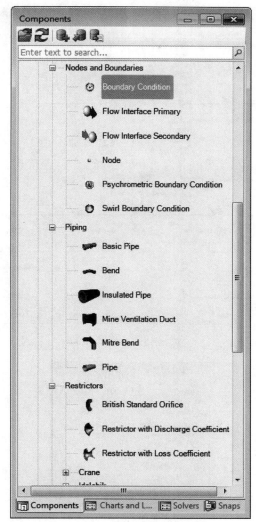

（b）组件设定

图 3-27　管网布置的 Flownex 程序操作（续）

连接件的方向不会影响分析结果，但管道上的质量流量和压降将为负值。

步骤 4：为管道指定特性（见图 3-28 和图 3-29）。

① 选择三个新管道（Pipes）并打开属性（property）窗口 [勾选在高级树中指定高级输入（Specify advanced input in Advanced tree）]；

② 输入 0.011 m 的壁厚（Wall thickness）；

③ 输入 105 m 的长度（Length）；

④ 输入 0.075 m 的直径（Diameter）；

⑤ 输入 60 μm 的粗糙度（Roughness）；

⑥ 将增量数（Number of increments）设置为 10。

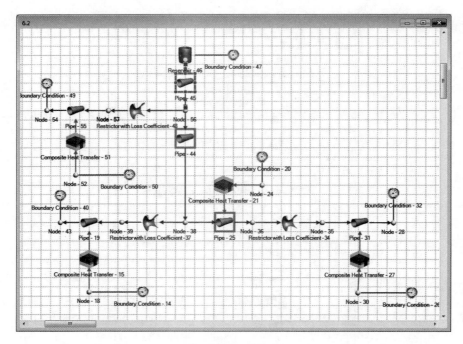

图 3-28　管网布置

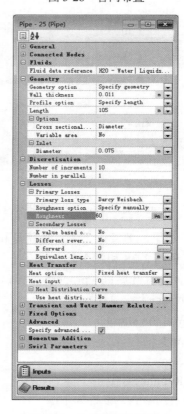

图 3-29　为管道指定特性

必须选中指定高级输入选项才能编辑某些属性。

步骤 5：为主供应线指定属性（见图 3-30）。

① 选择表示供水干管的管道（Pipe），然后打开属性（property）窗口；

② 输入 2900 m 的长度（Length）；

③ 确认流体数据参考（Fluid Data Reference）为 H2O-Water。

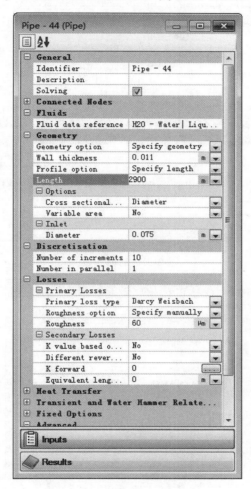

图 3-30　为主供应线指定属性

步骤 6：为限制条件指定属性（见图 3-31 和图 3-32）。

① 选择具有损耗系数的三个限流器（three Restrictors with Loss Coefficient）并打开属性窗口；

② 将横截面（Cross sectional option）选项设置为直径（Diameter）；

③ 输入 0.5 m 的直径（Diameter）；

④ 输入收缩系数（Contraction coefficient）为 1；

⑤ 输入损耗系数（Loss coefficient）为 1。

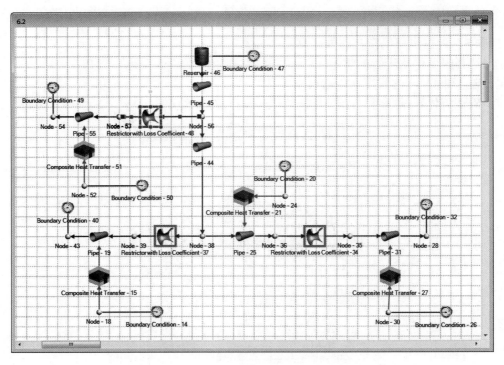

图 3-31 管网布置

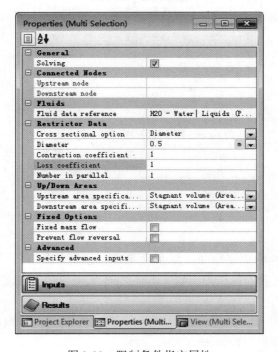

图 3-32 限制条件指定属性

步骤 7：设置水库边界条件（见图 3-33 和图 3-34）。

① 向储水罐（Reservoir）中添加边界条件（Boundary Condition）并打开属性窗口；

② 指定 85 kPa 的压力（Pressure）边界；

③ 指定温度（Temperature）为 10℃；

④ 选择储水罐（Reservoir）并打开属性窗口；

⑤ 指定标高（Elevation）为 5 m；

⑥ 输入 50 m³ 的体积（Volume）。

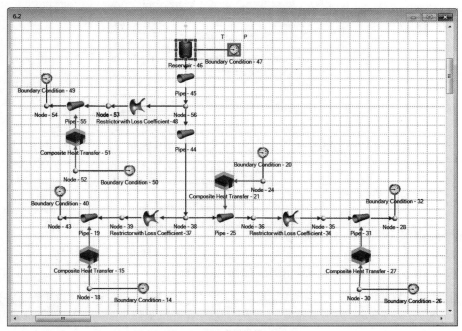

（a）布置组件

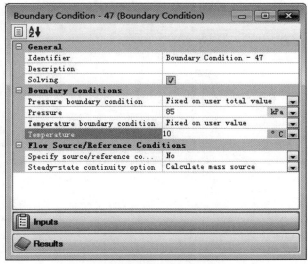

（b）设置边界条件

图 3-33　布置组件并添加边界条件

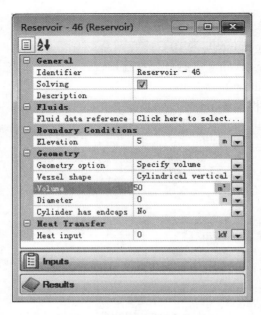

图 3-34　设置储水罐边界条件

步骤 8：指定 100 m 深节点的高程。

① 如图 3-35 所示，选择三个节点（Nodes）并打开属性窗口；

② 输入-100 m 的高程（Elevation），如图 3-36 所示。

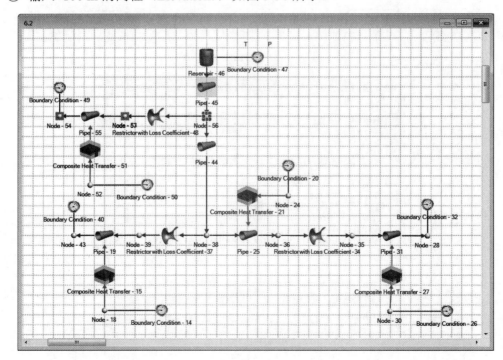

图 3-35　管网布置选择三个节点

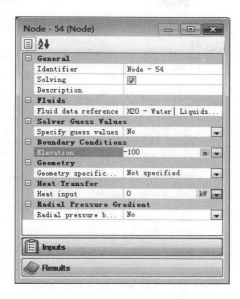

图 3-36　指定 100 m 深节点的高程

步骤 9：指定 3000 m 深节点的高程。

① 如图 3-37 所示，选择六个节点（Nodes）并打开属性窗口；

② 输入-3000 m 的高程（Elevation），如图 3-38 所示。

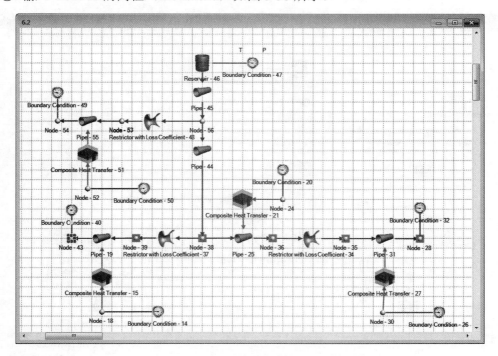

图 3-37　管网布置选择六个节点

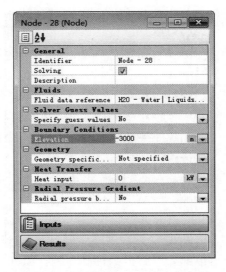

图 3-38　指定 3000 m 深节点的高程

步骤 10：应用边界条件。

① 将边界条件（Boundary Conditions）添加到三个出口节点（Nodes），如图 3-39 所示；
② 选择三个边界条件（Boundary Conditions）并打开特性（property）窗口；
③ 输入-10 kg/s 的质量源（Mass source），如图 3-40 所示。

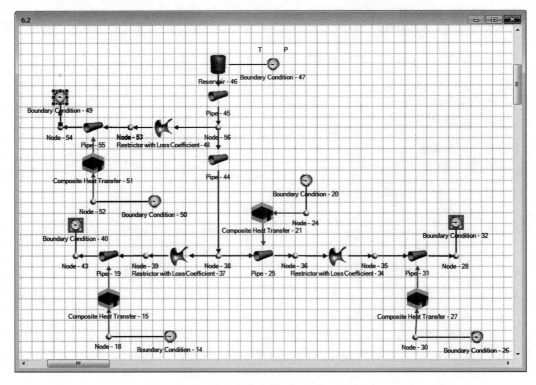

图 3-39　管网将边界条件添加到三个出口节点

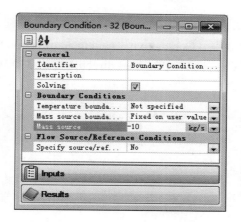

图 3-40　应用边界条件

步骤 11：指定绝缘层（A）（见图 3-41～图 3-43）。

① 选择组合式传热（Composite Heat Transfer）组件并打开属性（property）窗口；

② 将传导区域（Conduction areas）设置为使用下游管道区域（Use downstream pipe areas）；

③ 选择图层上的浏览（browse）按钮，然后按添加（Add）；

④ 选择新图层；

⑤ 在组件厚度方向（Thickness in element direction）输入 0.00175 m；

⑥ 在节点数（Number of nodes）处输入 3；

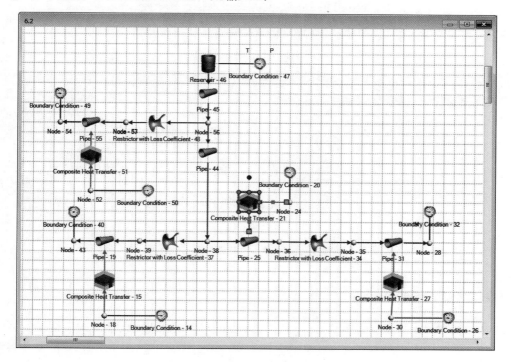

图 3-41　管网布置

⑦ 将材质（Material）选项设置为在本地指定（Specify locally）；

⑧ 输入 0.001 kJ/m³ · K 的热容（Capacitance）；

⑨ 输入组件方向的电导率（Conductivity in element direction）为 330 W/m · K；

⑩ 输入横向电导率（Conductivity in cross direction）为 330 W/m · K；

⑪ 按确定（OK）。

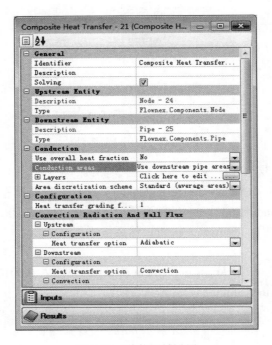

图 3-42　传热区域设置

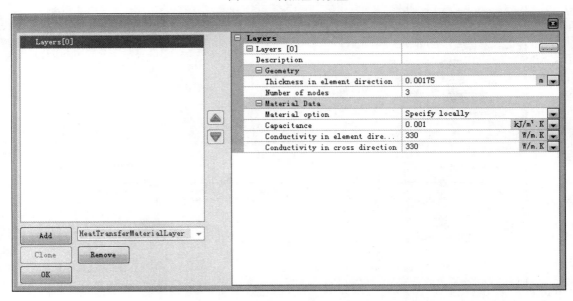

图 3-43　指定绝缘层

步骤 12：指定绝缘层（B）（见图 3-44）。

① 在上游（Upstream）下更改以下内容：

- 将热传递（Heat transfer option）选项设置为对流（Convection）；
- 将对流（Convection option）选项设置为环境（ambient）；
- 将对流区域（Convection area option）选项设置为使用传导中指定的面积（Use area as specified in conduction）；
- 输入 h 的值为 15 W/m² · K；
- 输入 35 ℃的环境温度（对流）［ambient（convection）］。

② 在下游（Downstream）下更改以下内容：

- 将热传递（Heat transfer option）选项设置为对流（Convection）；
- 将对流区域（Convection area option）选项设置为使用传导中指定的面积（Use area as specified in conduction）；
- 设置对流系数选项（Convection coefficient option）为计算 h（Calculate h）；
- 将对流系数相关选择（Convection coefficient correlation selection）设置为管内（Dittus Boelter）［Tube inside（Dittus-Boelter）］；
- 将横流区选项（Cross flow area option）设置为使用流量组件的交叉区域（Use cross area from flow element）；
- 设置水力直径选项（Hydraulic diameter option）为使用来自流量组件的水力直径（Use hydraulic diameter from flow element.）；

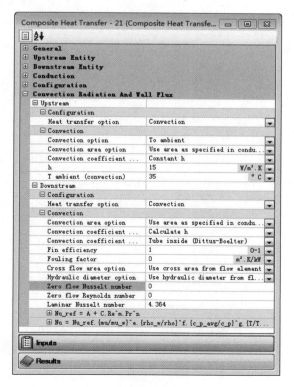

图 3-44　指定绝缘层

- 　在零流量努谢尔特数（Zero flow Nusselt number）处输入值 0。

步骤 13：为绝缘管道指定属性（见图 3-45 和图 3-46）。

① 在新的热传递（Heat Transfer）构件处选择管道（Pipe）并打开属性（property）窗口；

② 输入 500 m 的长度（Length）。

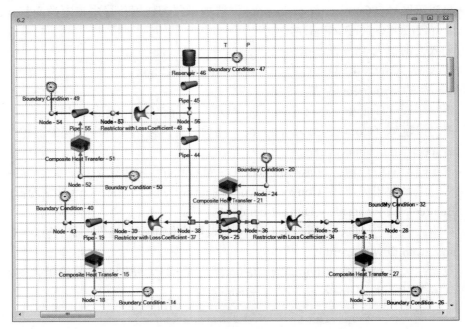

图 3-45　管网布置

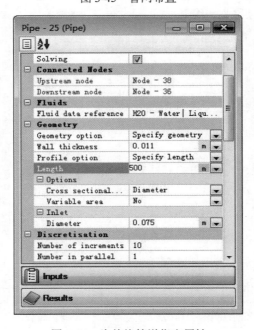

图 3-46　为绝缘管道指定属性

步骤 14：编辑限流器描述。

管网布置如图 3-47 所示，编辑限流器描述如图 3-48 所示。

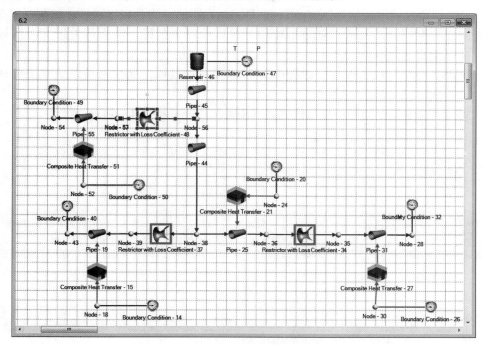

图 3-47　管网布置

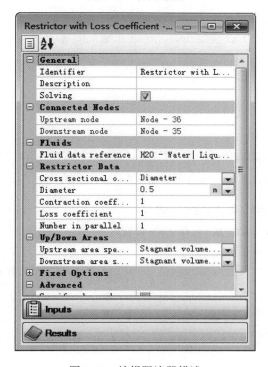

图 3-48　编辑限流器描述

步骤 15：插入新的设计器集（见图 3-49）。

① 选择配置（Configuration.）下的设计器设置对话框（Designer Setup Dialog）图标；

② 单击计器设置对话框（Design Setup Dialog）图标，注意将出现设计器配置菜单；

③ 在设计配置（Design Configurations）窗格中右击鼠标，然后从上下文中选择添加（Add），将其重命名为 Valve Loss；

④ 在等式约束（Equality Constraints）窗格中右击鼠标，然后从关联菜单中选择添加（Add）；

⑤ 选择浏览图标以打开特定属性选择（Specific Property Selection）窗口。

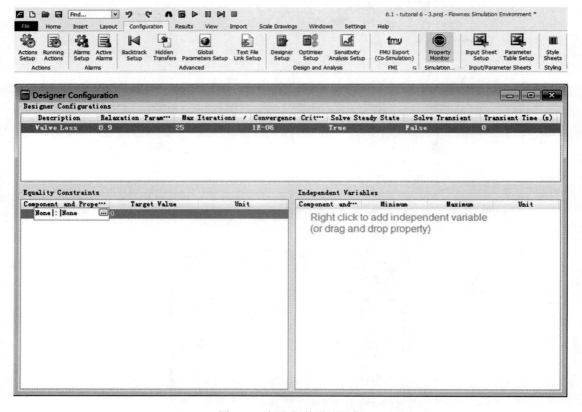

图 3-49　插入新的设计器集

步骤 16：指定设计器约束（见图 3-50）。

① 选择限流器 1（Restrictor 1）作为零部件；

② 单击结果（Results）；

③ 选择下游，总压力（Downstream，Total Pressure）作为特性；

④ 按确定（OK）；

⑤ 在目标值处输入 400 kPa。

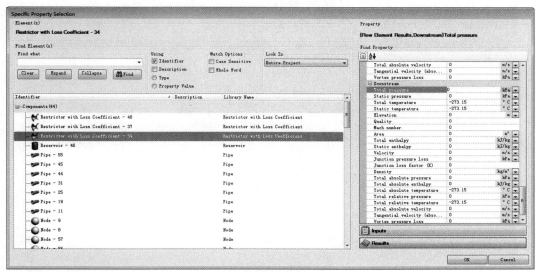

（a）选择限流器

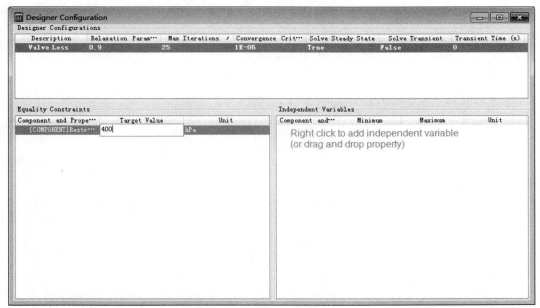

（b）设置压力值

图 3-50　指定设计器约束

步骤 17：指定设计器约束（见图 3-51）。

① 重复前面的步骤，将其余两个限制条件添加到相等约束（Equality Constraints）中；

② 将目标值（Target Values）设置为 400 kPa；

③ 在独立变量（Independent Variables pane）窗格中右击鼠标，然后选择添加（Add）；

④ 选择浏览图标以打开特定属性选择（Specific Property Selection）窗口。

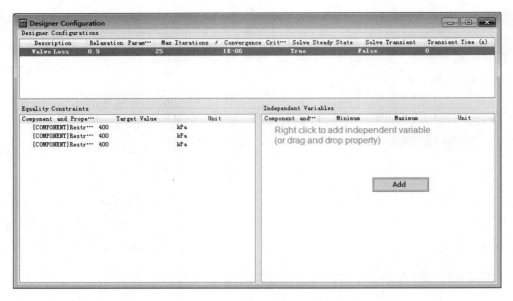

图 3-51　指定设计器约束

步骤 18：指定设计器变量（见图 3-52）。

① 选择限流器 1（Restrictor 1）作为零部件；

② 单击输入（Inputs）；

③ 选择损耗系数（Loss coefficient）作为属性；

④ 按确定（OK）；

⑤ 将最小值（Minimum）设置为 5，最大值（Maximum）设置为 35e7；

⑥ 重复此过程，将其余两个限流器（Restrictors）作为自变量（Independent Variables）添加。

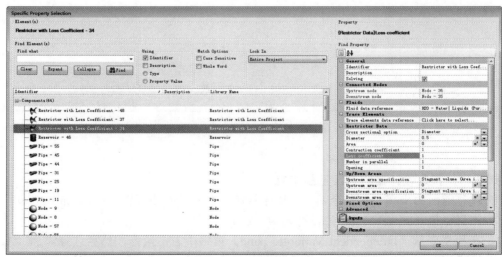

（a）选择限流器

图 3-52　指定设计器变量

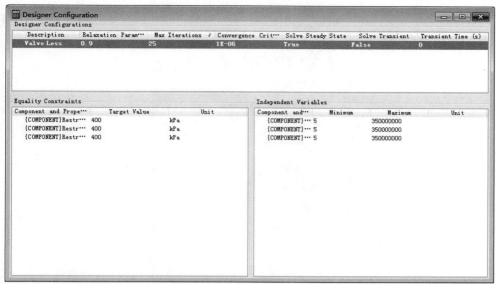

（b）设置压属性

图 3-52 指定设计器变量（续）

步骤 19：激活设计器。

单击阀门损失（Valve Loss）选项并选择设为活跃的（Set As Active）选项，如图 3-53 所示。

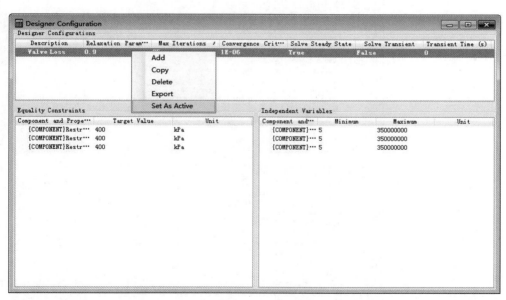

图 3-53 激活设计器

步骤 20：停用相变错误设置（见图 3-54）。

① 找到解算器（Solvers）窗口；

② 单击流解算器（Flow Solver）选项；

③ 转到错误和警告（Errors and Warnings）并取消选中将相变警告视为错误（Treat phase change warnings as errors）复选框。

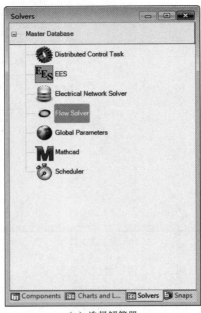

（a）选择解算器

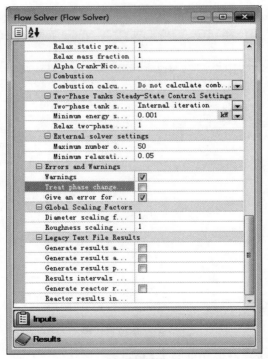

（b）设置属性

图 3-54　停用相变错误设置

步骤 21：解决网络问题（见图 3-55）。

① 保存项目；

② 运行设计器（Run Designer）；

③ 打开任务输出（Tasks Output）窗口并验证设计器（Designer）是否找到解决方案，如图 3-56 所示。

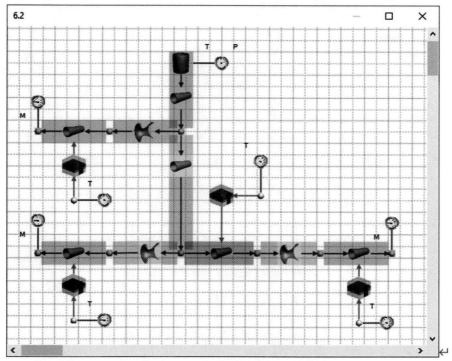

图 3-55　解决网络问题

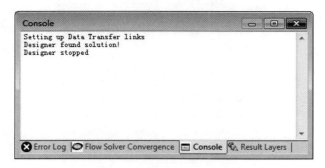

图 3-56　任务输出窗口

步骤 22：查看设计器结果。

②　选择限流器 1（Restrictor 1）并打开属性（property）窗口；

②　损失系数（Loss coefficient）的设计值可以在节流器数据（Restrictor Data）下找到，如图 3-57 和图 3-58 所示；

③　对限流器 2（Restrictor 2）和限流器 3（Restrictor 3）重复步骤①和②。

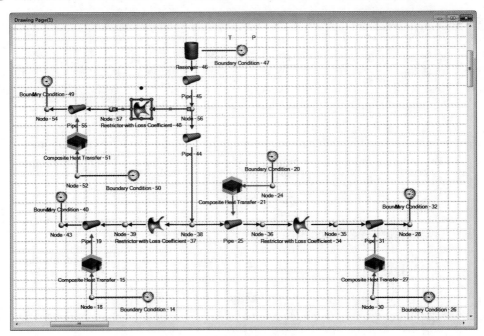

图 3-57　管网布置

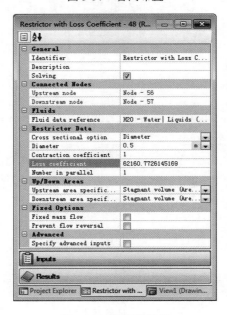

图 3-58　节流器数据

步骤 23：查看传热结果。

将鼠标悬停在每个管道（Pipe）组件上以查看总传热（Total heat transfer），如图 3-59 所示。

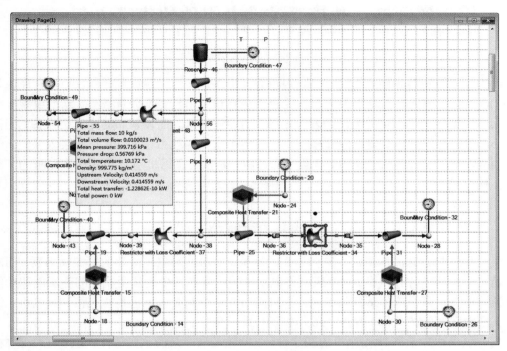

图 3-59　查看传热结果

第4章 热流系统动力组件的建模仿真

动力设备可将各种能源进行转化，为相关设施提供动力。为安全可靠且经济合理地为工程提供动力，了解并掌握动力设备组件的建模仿真与应用显得十分有必要。动力设备根据动力体系中所处环节不同可分为动力发生设备、动力输送机分配设备和动力消费设备。为便于理解，本章内容将涵盖热流系统建模仿真与应用中常见的动力设备，从离心泵入手，详细介绍泵的基本原理及使用方法，同时提供了压缩机、容积式压缩机/泵、涡轮和汽轮机的工作原理及案例介绍。

4.1 离心泵

泵与风机是输送流体或提高流体压力的器械，面对的对象是液体的器械称为泵，面对的对象是气体的器械称为风机。泵与风机将电动机的机械能转变为作用流体的静压能和动能以提高流体能量。泵将液体从低处抽吸，克服阻力并送至高处；风机是通风机、鼓风机、压缩机、真空机（泵）的总称，用来抽吸、排送压缩气体。

离心泵最适合于离心泵/风机的初步设计。叶轮是离心泵的重要部件，是离心式压缩机中的做功部件，流体从叶轮处获得能量。叶轮将电动机的机械能转化为静压能和动能，由于离心力作用，高速旋转的叶轮使得速度增加，压力提高，流体流经叶轮通道，当流体通道截面增加时，前面流体速度降低，后面流体继续前涌，结果起到增压作用。

泵压力、扬程的计算公式如下：

$$P = \rho g H = \gamma H \tag{4-1}$$

$$H = \frac{P}{\rho g} = \frac{P}{\gamma} \tag{4-2}$$

泵的扬程 H 是指单位质量流体通过泵所获得的有效能量。分别取泵的进口和出口作为计算截面，用 1、2 作为脚标，进口与出口的扬程表达式分别如下：

$$H_1 = Z_1 + \frac{p_1}{\gamma} + \frac{v_1^2}{2g} \tag{4-3}$$

$$H_2 = Z_2 + \frac{p_2}{\gamma} + \frac{v_2^2}{2g} \tag{4-4}$$

对离心式泵，可以得到叶轮工作时单位质量流量的流体获得的能量为

$$H = Z_2 - Z_1 + \frac{p_2 - p_1}{\gamma} + \frac{v_2^2 - v_1^2}{2g} \tag{4-5}$$

有效功率为

$$N_e = \frac{\gamma Q H}{1000} \tag{4-6}$$

风机全压 p 代表单位体积气体通过风机获得的能量增量，又称风机的压头。风机静压与风机出口动压组成风机全压。

有效功率为

$$N_e = \frac{Qp}{1000} \tag{4-7}$$

泵或风机的全效率可以表示轴功率 N 被流体的利用程度，用 η 表示为

$$\eta = \frac{N_e}{N} \tag{4-8}$$

故轴功率可以表示为

$$N = \frac{N_e}{\eta} = \frac{\gamma Q H}{1000\eta} = \frac{Qp}{1000\eta} \tag{4-9}$$

上述公式表明模拟需要输入流体、压头、容积流量和泵设计轴功率等设计参数值。

图 4-1 所示为离心泵为连接上游和下游边界条件部件。

入口：
温度
压力

出口：
压力

图 4-1　离心泵

上游和下游的边界条件用来指定离心泵入口和出口的环境条件，上游（入口）需要指定温度和压力，下游（出口）需要指定压力。

4.2　压缩机

压缩机是制冷系统的关键部分，是一种将低压气体提升为高压气体的部件，吸收来自蒸发器的低温低压制冷剂气体，经过压缩机压缩后，将高温高压制冷剂气体输送给冷凝器，为蒸汽压缩制冷循环提供循环动力。以活塞式压缩机为例，设立项工作过程包括吸气、压缩、排气三个过程。

一个气缸吸入的低压气体体积称为气缸工作容积，计算公式为

$$V_g = \frac{\pi}{4} D^2 L \tag{4-10}$$

假设有 z 个气缸，转数为 n（r/min），则压缩机吸入的低压气体体积为理论输气量

$$V_h = \frac{V_g n z}{60} = \frac{\pi}{240} D^2 L \tag{4-11}$$

其中，D 代表气缸直径（m）；L 代表活塞行程（m）。

影响活塞式制冷压缩机实际工作过程的因素主要有气缸余隙容积、进排气阀阻力、吸气过程气体被加热程度和气密性。实际压缩机的输气量小于理论输气量，二者的比值称为压缩机容积效率，表示为

$$\eta_{\mathrm{v}} = \frac{V_{\mathrm{r}}}{V_{\mathrm{h}}} \tag{4-12}$$

考虑影响实际工作过程的四个因素后，容积效率也可以表示为

$$\eta_{\mathrm{v}} = \lambda_{\mathrm{v}} \lambda_{\mathrm{p}} \lambda_{\mathrm{e}} \lambda_{\mathrm{l}} \tag{4-13}$$

其中，λ_{v} 代表容积系数，λ_{p} 代表节流系数，λ_{e} 代表余热系数，λ_{l} 代表气密系数，分别体现了气缸余隙容积、进排气阀阻力、吸气过程气体被加热程度和气密性这四个主要影响因素。

活塞式制冷压缩机的容积效率还可以用如下经验公式计算：

$$\eta_{\mathrm{v}} = 0.94 - 0.085 \left[\left(\frac{p_2}{p_1} \right)^{\frac{1}{m}} - 1 \right] \tag{4-14}$$

其中，m 代表多变指数，对不同制冷剂取不同值，氨取 1.28；p_2/p_1 代表压缩比。

压缩机耗功率由指示功率和摩擦功率组成，其中指示功率可表示为

$$P_{\mathrm{i}} = M_{\mathrm{r}} \omega_{\mathrm{i}} = M_{\mathrm{r}} \frac{\omega_{\mathrm{th}}}{\eta_{\mathrm{i}}} = \frac{\eta_{\mathrm{v}} V_{\mathrm{h}}}{v_1} \frac{h_2 - h_1}{\eta_{\mathrm{i}}} \tag{4-15}$$

$$P_{\mathrm{e}} = P_{\mathrm{i}} + P_{\mathrm{m}} = \frac{\eta_{\mathrm{v}} V_{\mathrm{h}}}{v_1} \frac{h_2 - h_1}{\eta_{\mathrm{i}} \eta_{\mathrm{m}}} \tag{4-16}$$

压缩机按原理可分为容积型压缩机和速度型压缩机。容积型压缩机分为活塞式压缩机、回转式压缩机；速度型压缩机分为螺杆式压缩机、涡旋式压缩机、离心式压缩机等，应按照需求选择恰当的压缩机。压缩机依据应用范围又分为低背压式压缩机、中背压式压缩机、高背压式压缩机，应用于家用或商用等不同领域范围。

模拟压缩机需要输入流体类型、性能曲线、速度等参数，如图 4-2 所示。

图 4-2　压缩机的性能模拟

以轴流式或离心式压缩机模拟为例，空气通过压缩机过程的模拟，需要输入边界条件。边界条件用于规定系统入口和出口处的环境条件。上游和下游的边界条件为压缩机入口和出口的环境条件，上游（入口）需要指定温度和压力，下游（出口）需要指定压力条件。为了解压缩机特性，需要给出压缩机的性能曲线。

4.3　容积式压缩机

容积式压缩机是模拟在系统压力发生任何变化的情况下输送几乎恒定体积流量的压缩机，即模拟了空气被活塞压缩并向前推进此组件用于活塞或旋转螺杆压缩机建模。

模拟需要输入流体类型、转速、扫描体积、死区/扫描体积比、效率值等参数值。此外，还需要给出上游（入口）和下游（出口）边界条件，如图 4-3 所示。

图 4-3　容积式压缩机

4.4　容积泵

　　容积泵用于模拟正排量泵,其计算基于特定的泵图表,模拟需要输入体积流量与转速、黏度校正数据、工作功率与转速、黏度功率与转速及 NPSHr,还需要输入流体类型、转速和性能曲线。

　　图 4-4 给出了容积泵的模型,该模型包括一个正排量容积泵,连接上游(入口)和下游(出口)边界条件。

图 4-4　容积泵

　　边界条件用于规定系统入口和出口处的环境条件。上游和下游的边界条件用来指定容积泵入口和出口的环境条件,上游(入口)需要指定温度和压力,下游(出口)需要指定压力条件。

4.5　变速泵

　　变速泵模拟任何变速泵或风机,其计算基于特定的泵或风机图表。压力上升-流量图和效率-流程图都可以作为输入,当气体用作流体时,组件起到风扇的作用,当液体用作液体时,组件作为泵。模拟需要输入流体类型、转速和性能曲线。图 4-5 给出了变速泵的模型示意图。

图 4-5　变速泵

4.6　涡轮

　　涡轮是汽车或飞机中引擎内的风扇,看到 TURBO 或 T 即代表发动机采用涡轮增压发动机。涡轮可以大幅度提升发动机功率,是一种可以将流动工质的能量通过不同增压方法转换为机械功的动力机械。

涡轮出口温度可由下面方程得出：

$$T_{ex} = T_{in}\left[1 - \eta_t\left(1 - \pi_t^{-0.286}\right)\right] \tag{4-17}$$

其中，T_{in} 代表涡轮内效率，π_t 代表涡轮膨胀比，可由进出口压力求得。

$$\pi_t = \frac{p_{in}}{p_{ex}} \tag{4-18}$$

涡轮出口压力成为涡轮的反压，由座舱压力和涡轮到座舱间的压降确定：

$$p_{ex} = p_c + \sum \Delta p \tag{4-19}$$

其中，p_c 代表座舱压力（Pa）；$\sum \Delta p$ 代表涡轮到座舱间的压降（Pa）。

由上式可以看出，膨胀比 π_t 的增加使涡轮出口温度 T_{ex} 下降，故在设计时应尽可能降低涡轮到座舱间导管和附件中的压力损失 $\sum \Delta p$。涡轮安装在尽量离座舱近一些的位置并尽量避免管道的弯曲等，都可以有效地降低压力损失 $\sum \Delta p$。一般将 $\sum \Delta p$ 值控制在 19.6～58.8 kPa 范围内较为有利。供气系统的压力调节装置设置在发动机压气机的引气管路上，避免因飞行高度、飞行速度发生较大变化时，出口压力波动，保证管道和附件可以可靠工作来防止座舱压力波动。

由膜片平衡方程推得涡轮进出口压力比值，即膨胀比可表示为

$$\frac{p_1}{p_2} = C - \frac{R}{p_2}(C - 1) \tag{4-20}$$

$$R = \frac{S' - S}{A_c}, \quad C = \frac{p_1 - R}{p_2 - R} \tag{4-21}$$

其中，S' 代表真空感压箱的弹性力（kN）；S 代表活门弹簧的弹性力（kN）；A_c 代表真空感压箱的有效面积（m²）；p_1、p_2 分别代表涡轮进口、出口压力（kPa）。由上式可知膨胀比随着涡轮出口压力降低而略有减小。

我们通过指定涡轮效率、进口面积和流量系数来模拟涡轮。根据入口条件计算，部件也可能会发生阻塞。模拟需要输入流体类型、等熵效率、面积、流量系数等参数。

4.6.1　蒸汽涡轮模型

蒸汽涡轮是蒸汽轮机发电厂汽轮机的重要一级。在模拟中，需要给出上游（入口）和下游（出口）边界条件。边界条件用于规定系统入口和出口处的环境条件，边界条件输入上游压力、温度和下游质量流量等参数值。涡轮输入流体类型、传热面积、流量系数、等熵效率和转速等参数值。涡轮如图 4-6 所示。

入口：
温度、
压力

出口：
压力

图 4-6　涡轮

4.6.2　可压缩或两相流体涡轮模型

可压缩或两相流体涡轮机输入参数包括流体类型、性能曲线和流速等参数值。边界条件

包括上游压力、温度和下游压力等参数值。相关涡轮模型如图 4-7 所示。

入口：
温度、
压力

出口：
压力

图 4-7　相关涡轮模型

4.7　汽轮机

4.7.1　基本原理

汽轮机是可以将蒸汽的热能转换为机械能的机械，来自锅炉的蒸汽进入汽轮机后，经过一系列配置后可以将蒸汽的热能转换为机械能，汽轮机广泛用于各种泵、风机等的驱动发电。汽轮机中的蒸汽流动是连续的、高速的，单位面积可通过大流量蒸汽，故能发出较大的功率。大功率汽轮机可以采用较高蒸汽压力和蒸汽温度，故热效率较高。汽轮机的动态行为取决于蒸汽机气缸容积效应，即水蒸气流入与流出汽轮机气缸流量。

$$\frac{\mathrm{d}W}{\mathrm{d}t} = V\frac{\mathrm{d}\rho}{\mathrm{d}t} = Q_{\text{in}} - Q_{\text{out}} \tag{4-22}$$

其中，W 为气缸内气体质量（kg）；V 为蒸汽机气缸容积（m³）；Q_{in}、Q_{out} 为流入和流出汽轮机蒸汽机气缸的流量（kg/s）；ρ 为蒸汽密度（kg/m³）。

假设水蒸气流量与容器内蒸汽压力成正比，即

$$Q_{\text{out}} = \frac{Q_N}{P_N}P \tag{4-23}$$

其中，Q_N 为流出容器的蒸汽额定容量，P_N 为蒸汽额定压力（kPa）。

当温度恒定时，

$$\frac{\mathrm{d}\rho}{\mathrm{d}t} = \frac{\mathrm{d}p}{\mathrm{d}t}\frac{\partial\rho}{\partial p} \tag{4-24}$$

其中，$\frac{\partial\rho}{\partial p}$ 为蒸汽密度对蒸汽压力的变化率。

对上述表达式进行拉普拉斯变换，得到

$$Q_{\text{out}} = \frac{1}{1+sT_V}Q_{\text{in}} \tag{4-25}$$

$$T_V = \frac{P_N}{Q_N}V\frac{\partial\rho}{\partial p} \tag{4-26}$$

其中，T_V 为蒸汽容积效应时间常数，当容积体积增大时，时间常数增加，故当进气流量突然增大或突然间消失时，由于容积压力不会突变，所以出气流量不会立刻发生变化，出气流量的变化滞后于进气流量变化。以上即为汽轮机的容积效应。汽轮机的热耗率是在单位发电量下的热能消耗，再热式汽轮机热耗率为

$$\text{HR} = \frac{D_0h_0 - D_fh_f + D_{rh}h_{rh} - D_{rc}h_{rc}}{P_e} \tag{4-27}$$

其中，D_0、D_f、D_{rh}、D_{rc} 分别为主蒸汽流量、给水流量、再热热端流量和再热冷端流量，kg/h；h_0、h_f、h_{rh}、h_{rc} 分别为主蒸汽焓、给水焓、再热热端焓和再热冷端焓（kJ/kg）；P_e 为发电机效率（kW）。

除再热热端和再热冷端流量，其余参数都可以现场实测获得。设计人员认为再热热端流量等于再热冷端流量。

$$D_{rh} = D_{rc} = D_0 - D_e - D_c \tag{4-28}$$

其中，D_e、D_c 分别为再热器前会热抽气量和轴封漏气量（kg/h）。故电场实际使用的热耗率计算公式为

$$HR = \frac{D_0\left(h_0 - h_f\right) + D_{rh}\left(h_{rh} - h_{rc}\right)}{P_e} \tag{4-29}$$

多级汽轮机结构原理图如图 4-8 所示，来自锅炉的高温高压蒸汽进入高压（HP）缸，流出后进入再热器加热，又进入中压（IP）缸，直至低压（LP）缸。高压、中压、低压缸都各自有一定体积，三者具有容积效应。

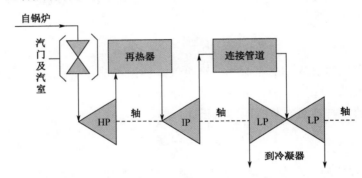

图 4-8　多级汽轮机结构原理图

由上图结构可得到高压、中压、低压缸都满足公式 $Q_{outi} = \dfrac{1}{1 + sT_{Vi}}Q_{ini}$。汽轮机输出转矩与喷嘴流出流量成正比，近似认为高压缸的进气流量与气门开度 u 成正比，得到

$$T_{mH} = F_{HP}Q_{out1} \tag{4-30}$$
$$T_{mI} = F_{IP}Q_{out2} \tag{4-31}$$
$$T_{mL} = F_{HL}Q_{out3} \tag{4-32}$$

其中，F_{HP}、F_{IP}、F_{LP} 分别为高压、中压、低压缸的机械功率比例系数，且三者之和为 1；T_{mH}、T_{mI}、T_{mL} 分别为高压、中压、低压缸的输出转矩。下面部分会分别列举高压（HP）汽轮机、中压（IP）汽轮机、低压（LP）汽轮机的使用。

4.7.2　可调节高压汽轮机

可调节高压汽轮机用于模拟高压汽轮机的调节级，如图 4-9 所示。模拟需要输入流体类型、设计条件下的入口压力、设计条件下的入口温度、设计条件下的压力比、设计质量流量和流速等指标。

图 4-9　可调节高压汽轮机

4.7.3　高压（HP）汽轮机

高压（HP）汽轮机模拟需要输入流体类型、设计工况进口压力、设计工况进口温度、设计工况压力比、设计质量流量和转速等参数值。高压（HP）汽轮机如图 4-10 所示。

图 4-10　高压（HP）汽轮机

4.7.4　中压（IP）汽轮机

中压（IP）汽轮机模拟需要输入流体类型、设计工况进口压力、设计工况进口温度、设计工况压比、设计质量流量和转速等参数值。中压（IP）汽轮机如图 4-11 所示。

图 4-11　中压（IP）汽轮机

4.7.5　低压（LP）汽轮机

低压（LP）汽轮机模拟需要输入流体类型、设计工况进口压力、设计工况进口温度、设计工况压力比、设计质量流量和转速等参数值。低压（LP）汽轮机如图 4-12 所示。

图 4-12　低压（LP）汽轮机

4.8　案例 4-1：压水反应堆循环系统仿真

4.8.1　问题描述

本算例使用 Flownex 8.11 软件，按照给定的设计标准对一个压水反应堆循环系统进行建模、设计和仿真。

压水反应堆利用轻水（普通水 H_2O）作为冷却剂和中子慢化剂，其冷却系统由两个循环回路（一回路和二回路）组成，它们都是各自密闭的循环回路。一回路由主冷却剂系统和各种辅助系统组成，主冷却剂系统包括核反应堆、主冷却剂泵、蒸汽发生器、稳压器等设备。

一回路里的高温高压纯净水被核燃料加热后，由主冷却剂泵推动，经蒸汽发生器把热量传导给二回路水，使之变为蒸汽，然后一回路里被冷却的水再次返回核反应堆里，完成一回路循环，持续不断地把核燃料产生的热量带出来。一回路和二回路的交汇处是蒸汽发生器，二回路的水在蒸汽发生器里被加热后变成饱和蒸汽用来驱动汽轮机发电，从汽轮机流出的二回路水经冷凝器凝结为液态水后，回流至蒸汽发生器，完成二回路循环。压水反应堆循环系统如图 4-13 所示。

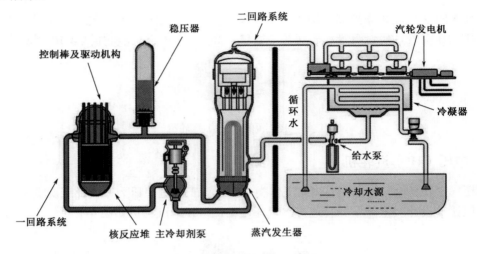

图 4-13　压水反应堆循环系统

本案例演示了如何对一个典型的闭式循环压水堆进行稳态和瞬态仿真。概念设计阶段的原理图如图 4-14 所示，包含了一回路和部分二回路，所使用的仿真参数是压水堆核电站的典型数值。设计人员通过对该系统进行仿真，以确定回路中每个部件的典型运行条件，为后续各部件的详细设计提供必要的参数。

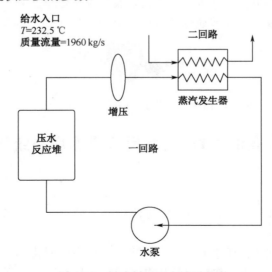

图 4-14　闭式循环压水堆原理图

一回路的相关设计参数如下。

反应堆热功率：3425 MW

循环水质量流量：15900 kg/s

系统压力：15.5 MPa

反应堆容器高度：3.7 m

反应堆容器直径：3.4 m

燃料管间距：1.26 cm

燃料管外径：9.5 mm

燃料管数量：50952 根

稳压器最大输入热量：1.8 MW

一回路中的压水反应堆（PWR）使用管路（Pipe）组件来模拟，在概念设计阶段能够降低整个系统模型的复杂程度，实现快速设计和计算。反应堆的热功率加载到管路组件上，流过反应堆的水流使用 50592 根并行的管路组件表示，燃料管外水流的流通截面积和燃料管湿周的计算如下，示意图如图 4-15 所示。

每根燃料管外截面积：$0.0126^2 - \pi \times 0.0095^2/4 \approx 8.788 \times 10^{-5}$（m^2）

湿周：$\pi \times 0.0095 \approx 0.0298$（m）

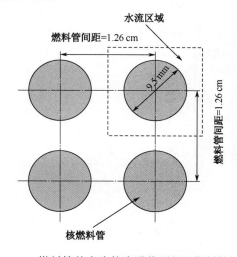

图 4-15　燃料管外水流的流通截面积和燃料管湿周

一回路中的稳压器使用容器（Tank）组件来模拟，并假设容器内恒压为 15.5 MPa，水的体积分数为 60%，根据此压力下的流体物性，推算出对应 60% 水位的蒸汽干度。

蒸汽发生器在一回路侧的压降大约为 700 kPa，初始模型中不考虑热惯性，且假设系统中为均质两相流，即液相和气相均匀分布，两相的压力、温度和速度相同。

二回路的相关设计参数如下。

蒸汽发生器水位：70 %

蒸汽发生器质量流量：1960 kg/s

蒸汽发生器高度：20 m

蒸汽发生器直径：9 m

蒸汽发生器进口温度：232.5 ℃，进口位于底部

进口管管径：2 m

进口管长度：20 m

出口管管径：2 m，出口位于顶部

出口管长度：20 m

出口过热度：>0.99

4.8.2 建模步骤

步骤 1：创建新项目（见图 4-16）。

① 启动 Flownex，在菜单中选择"File"→"New"，创建新项目；

② 切换到合适的文件夹路径，在"File Name"中输入项目名称；

③ 点击"Save"保存项目。

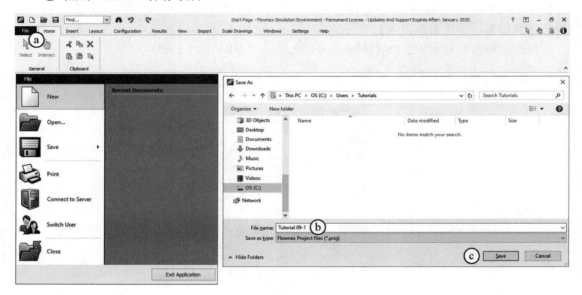

图 4-16　创建新项目

步骤 2：创建稳压器。

① 选择组件（Components）标签页；

② 展开容器（Containers）；

③ 拖曳一个两相槽（Two Phase Tank）组件到画布中；

④ 展开惯性损耗（Custom Losses）；

⑤ 拖曳一个一般经验关系（General Empirical Relationship）组件到画布中，如图 4-17 所示；

⑥ 展开节点和边界（Nodes and Boundaries）；

⑦ 拖曳两个边界选项（Boundaries）到画布中；

⑧ 如图 4-18 所示连接网络中的各组件。

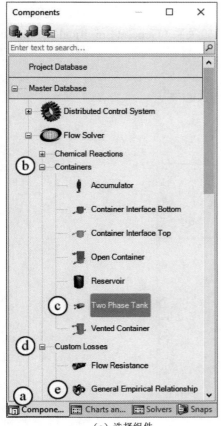

（a）选择组件

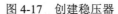

（b）选择边界条件

图 4-17　创建稳压器

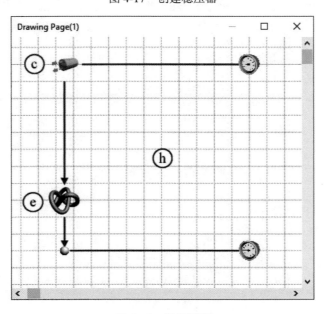

图 4-18　组件连接

步骤 3：指定流体工质（见图 4-19）。

① 右键点击两相槽（Two Phase Tank）或一般经验关系（General Empirical Relationship）组件选择指定流体（Assign Fluids）；

② 点击流体（Fluid）栏的下拉菜单；

③ 在类型（Type）下选择两相流体（Two Phase Fluids）；

④ 在类别（Category）下选择总则（General）；

⑤ 在说明（Description）下选择"H2O-Water"；

⑥ 点击确认（OK）。

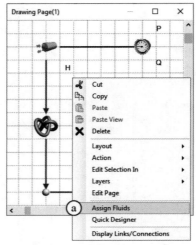

（a）选择流体

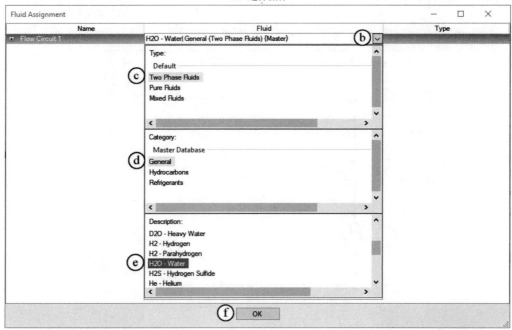

（b）设置属性

图 4-19　选择流体与设置流体属性

步骤 4：指定边界条件输入（见图 4-20 和图 4-21）。

① 在画布中选择上游入口处的边界条件并按 F4 键，在屏幕左侧显示其属性窗口；

② 在压力边界条件（Pressure boundary condition）中选择固定用户总价值（Fixed on user total value）；

③ 在压力项（Pressure）中输入 15500 kPa；

④ 在质量边界条件（Quality boundary condition）中选择固定在用户值上（Fixed on user value）；

⑤ 在质量项（Quality）中输入 0.1；

⑥ 在画布中选择下游出口处的边界条件并按 F4 键，在屏幕左侧显示其属性窗口；

⑦ 在质量源边界条件（Mass source boundary condition）中选择固定在用户值上（Fixed on user value）；

⑧ 在质量源（Mass source）中输入−15900 kg/s。

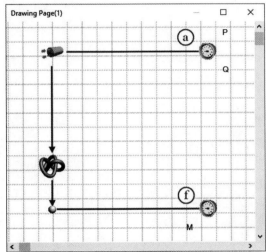
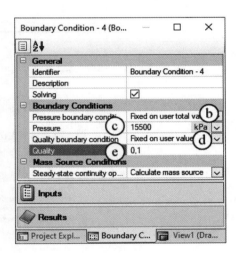

（a）组件连接　　　　　　　　　　　（b）指定属性

图 4-20　指定边界条件输入

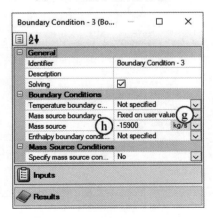

图 4-21　边界条件设置

步骤5：指定稳压器的输入（见图4-22）。

① 在画布中选择稳压器两相槽（Two Phase Tank）组件并按F4键，在屏幕左侧显示其属性窗口；

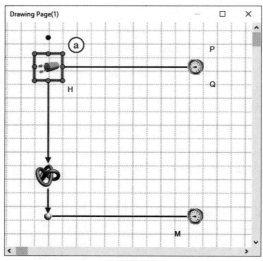

（a）选择稳压器

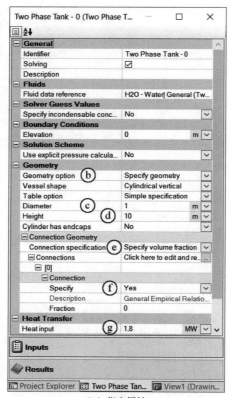

（b）指定属性

图4-22　两相水箱设置

② 在几何体选项（Geometry option）中选择指定几何图形（Specify geometry）；

③ 在直径（Diameter）项中输入 1 m；

④ 在高度（Height）项中输入 10 m；

⑤ 在接规范（Connection specification）中选择指定体积分数（Specify Volume Fraction）；

⑥ 在序号为[0]的连接件（Connection）中，指定项（Specify）选择是（Yes）；

⑦ 在热量输入（Heat Input）中输入 1.8 MW。

步骤 6：指定蒸汽发生器的输入（见图 4-23）。

在当前设计阶段，先使用一般经验关系式 General Empirical Relationship 组件模拟蒸汽发生器在管侧（一回路侧）的压降，后续待添加了蒸汽发生器壳侧（二回路侧）的相应模型，再将管侧替换为 Pipe 组件，以模拟管侧和壳侧的传热。

General Empirical Relationship 组件使用以下经验关系式计算压降：

$$\Delta p_0 = C_k \times \rho^{\beta} \times Q^{\alpha} \times \varphi$$

其中，C_k、β 和 α 都是经验压降常数，ρ 是基于平均压力和温度的平均密度，Q 是体积流量，φ 是两相压降倍数（采用 Lockheart-Martinelli 法计算）。

① 在画布中选择一般经验关系（General Empirical Relationship）组件并按下键盘上的 F4 键，在屏幕左侧显示其属性窗口；

② 在“C_k”中输入 2；

③ 在“β”中输入 1；

④ 在“α”中输入 2。

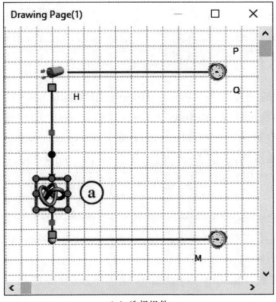

（a）选择组件

图 4-23　指定蒸汽发生器的输入

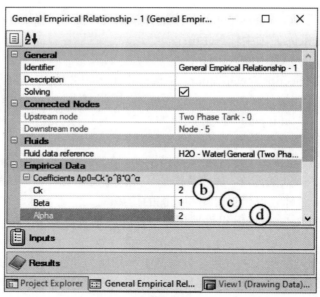

（b）指定属性

图 4-23　指定蒸汽发生器的输入（续）

步骤 7：求解网络（见图 4-24）。

① 点击保存（Save）项目。

② 选择求解稳态（Solve Steady State）。

③ 在画布中选择两相槽（Two Phase Tank）组件并按 F4 键，在屏幕左侧显示其属性窗口，切换到结果（Results）标签页查看结果。当前计算的水位是 6.06827 m，按照假设的稳压器高度 10 m 和 60%水位条件，应该得到的水位是 6 m，接下来使用设计器（Designer）功能来满足这个条件。

④ 在画布中选择一般经验关系（General Empirical Relationship）组件并按 F4 键，在屏幕左侧显示其属性窗口，切换到结果（Results）标签页查看结果。当前计算的压降是 912.372 kPa，按照设计条件应该是 700 kPa。接下来使用设计器（Designer）功能来满足这个条件。

步骤 8：使用设计器以满足水位设计值（见图 4-25～图 4-29）。

① 在菜单栏中切换到配置功能区（Configurations），选择设计器设置（Designer Setup）选项；

② 在设计器配置（Designer Configuration）窗口中的空白处右击鼠标并选择添加（Add）；

③ 选中新创建的设计器配置（Designer Config）选项，将其重命名为"Level"；

④ 在左下方相等约束（Equality Constraints）窗口中的空白处右击鼠标并选择添加（Add）；

⑤ 在左下方相等约束（Equality Constraints）窗口的成分及性质（Component and Property）窗格中，点击"..."浏览符号；

图 4-24　求解网络

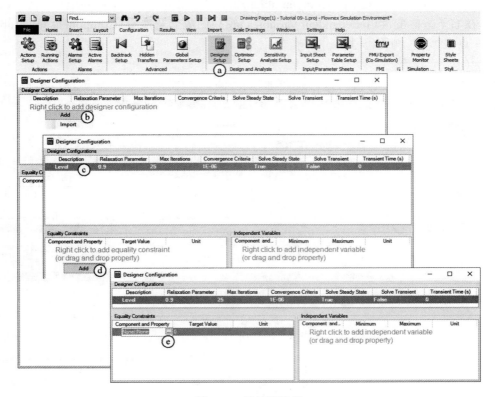

图 4-25　设计器设置

⑥ 在弹出的窗口中选择两相槽（Two Phase Tank），在右侧属性（Property）窗格中切换到结果（Results）标签页，选择"Level"；

⑦ 点击确定（OK）；

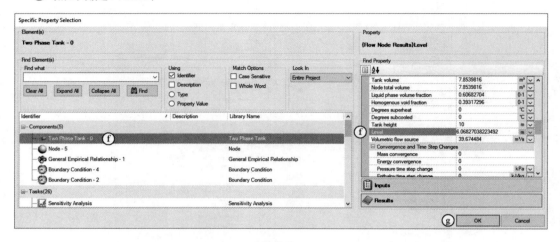

图 4-26 两相水箱属性

⑧ 在左下方相等约束（Equality Constraints）窗口的目标值（Target Value）中输入"6"，单位（Units）选择"m"；

⑨ 在右下方自变量（Independent Variables）窗口中空白处，右击鼠标并选择添加（Add）；

⑩ 在右下方自变量（Independent Variables）窗口的成分及性质（Component and Property）窗格中，点击"..."浏览符号；

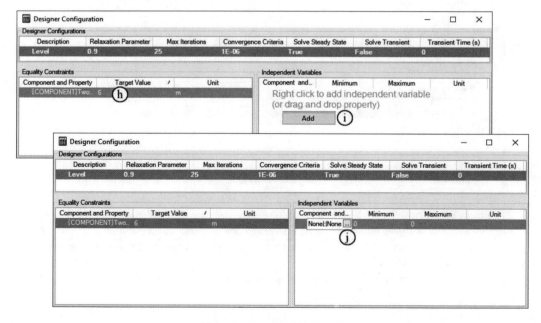

图 4-27 设计器组件与属性

⑪ 在弹出的窗口中选择上游的边界条件（Boundary Condition），在右侧属性（Property）窗格中切换到输入（Inputs）标签页，选择质量（Quality）；

⑫ 点击确定（OK）；

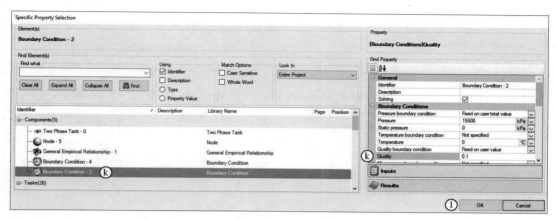

图 4-28　边界条件设置

⑬ 在右下方因变量（dependent Variables）窗口的最小值（Minimum）中输入"0"，最大值（Maximum）中输入"1"；

⑭ 关闭设计器配置（Designer Configuration）窗口。

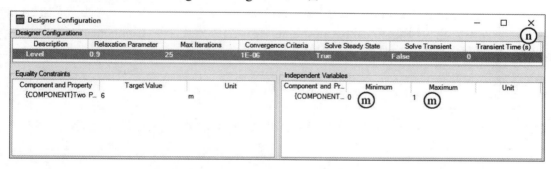

图 4-29　独立变量设置

步骤 9：运行设计器并查看结果（见图 4-30）。

① 在菜单栏中切换到主页（Home）功能区，点击运行设计器（Run Designer），开始设计迭代；

② 设计器运行结束后，注意观察控制台（Console）标签页中的内容，如果出现设计器找到解决方案（Designer found solution）字样，代表设计迭代找到了收敛解，如果出现发散的提示，需要去模型中或求解器的设置中查错再重新运行；

③ 在画布中选择两相槽（Two Phase Tank）并按 F4 键显示其属性窗口，可以在结果（Results）标签页中看到此时的水位（Level）为 6 m，满足设计值的要求；

④ 在画布中选择上游的边界条件（Boundary Condition）并按 F4 键显示其属性窗口。可以在输入（Inputs）标签页中看到，使用设计器（Designer）设计出来的质量（Quality）为 0.102597。

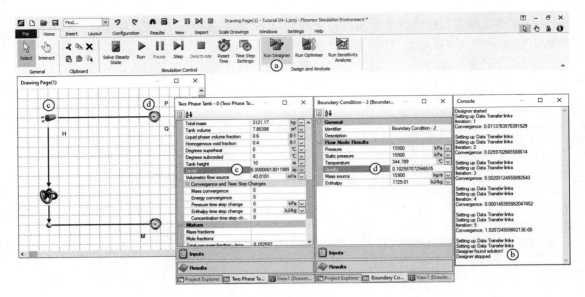

图 4-30　查看计算结果

步骤 10：使用设计器以满足压降设计值（见图 4-31～图 4-36）。

① 在设计器配置（Designer Configuration）窗口中的空白处右击鼠标并选择添加（Add）；

② 选中新创建的设计器配置（Designer Config），将其重命名为"Pressure Drop"；

③ 在左下方相等约束（Equality Constraints）窗口中的空白处右击鼠标并选择添加（Add）；

④ 在左下方相等约束（Equality Constraints）窗口的成分及性质（Component and Property）窗格中，点击"..."浏览符号；

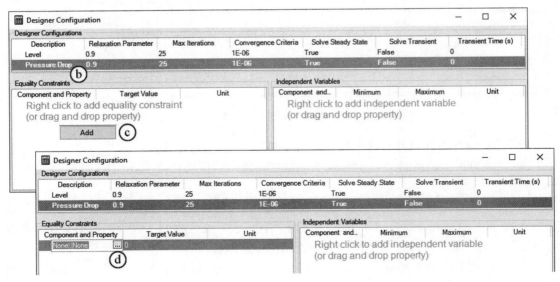

图 4-31　压降设计

⑤ 在弹出的窗口中选择一般经验关系（General Empirical Relationship），在右侧属性（Property）窗格中切换到结果（Results）标签页，选择压降—不包括高程（Pressure drop excluding elevation）；

⑥　点击确定（OK）；

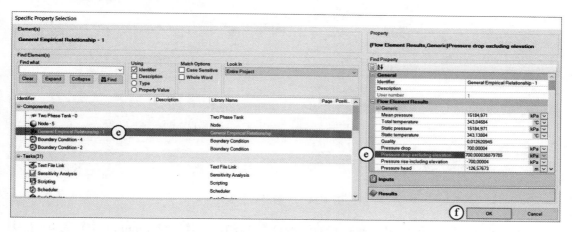

图 4-32　一般经验公式设置

⑦　在左下方 Equality Constraints 窗口的 Target value 中输入 700，Unit 选择 kPa；

⑧　在右下方 Independent Variables 窗口中的空白处右击鼠标并选择 Add；

⑨　在右下方 Independent Variables 窗口的 Component and Property 窗格中，点击"…"浏览符号；

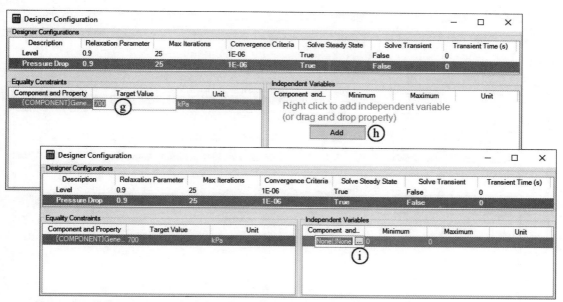

图 4-33　独立变量设置

⑩　在弹出的窗口中选择一般经验关系（General Empirical Relationship），在右侧属性（Property）窗格中切换到输入（Inputs）标签页，选择"Ck"；

⑪　点击确定（OK）；

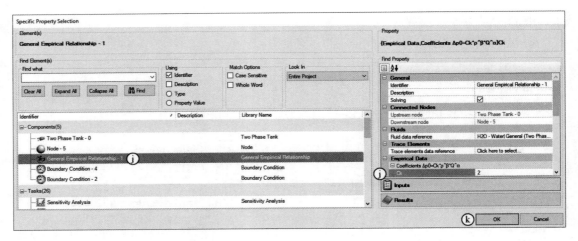

图 4-34　一般经验公式

⑫ 在右下方自变量（Independent Variables）窗口的最小值（Minimum）中输入 0，最大值（Maximum）中输入 100；

⑬ 在设计器配置（Designer Configuration）窗口中右击鼠标压降（Pressure Drop），选择设为活跃（Set As Active）；

⑭ 关闭设计器配置（Designer Configuration）窗口。

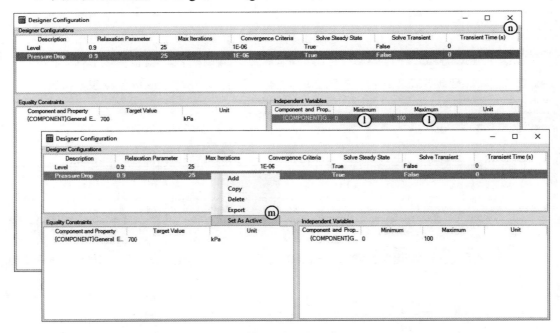

图 4-35　设计器配置

步骤 11：运行设计器并查看结果（见图 4-36）。

① 在菜单栏中切换到主页（Home）功能区，点击运行设计器（Run Designer），开始设计迭代。

② 设计器运行结束后，注意观察操纵板（Console）标签页中的内容，如果出现设计器找到解决方案！（Designer found solution!）字样，代表设计迭代找到了收敛解，如果出现发散的提示，需要去模型中或求解器的设置中查错再重新运行。

③ 在画布中选择一般经验关系（General Empirical Relationship）并按下键盘上的 F4 键显示其属性窗口。可以在结果（Results）标签页中看到，此时的压降（Pressure Drop）为 700 kPa，满足设计值的要求。可以在输入（Inputs）标签页中看到，使用设计器（Designer）设计出来的"Ck"为 1.56155。

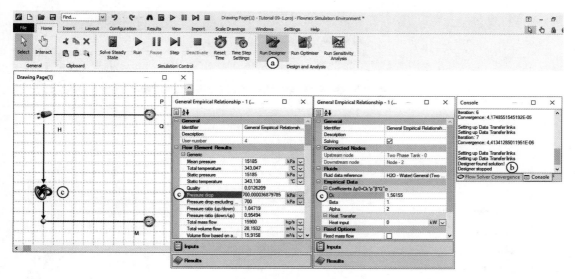

图 4-36　运行设计器并查看结果

步骤 12：插入结果图层（见图 4-37～图 4-40）。

① 在菜单栏中切换到结果（Results）功能区，点击结果层设置（Result Layer Setup）；

② 在结果层（Result Layers）窗口中的空白处右击鼠标并选择添加结果层（Add Result Layer）；

③ 选中新创建的结果层（Result Layer），将其重命名为"Quality"；

④ 在所选结果层架构（Selected Result Layers Schema）窗格中的空白处右击鼠标并选择添加通用架构（Add Generic Schema）；

⑤ 在所选结果层架构（Selected Result Layers Schema）窗格中，点击"…"浏览符号；

⑥ 在弹出的窗口中选择两相槽（Two Phase Tank），在右侧属性（Property）窗格中切换到结果（Results）标签页，选择"Quality"；

⑦ 点击确定（OK）；

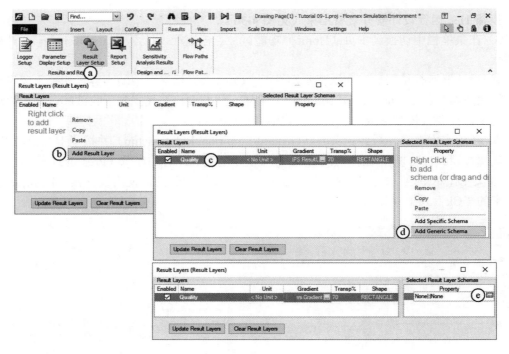

图 4-37　插入结果图层

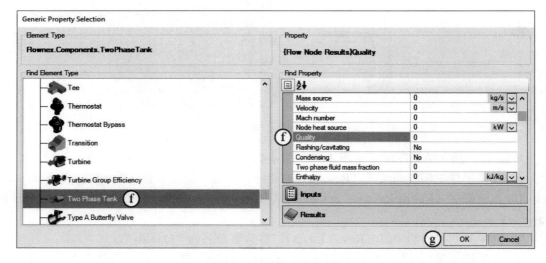

图 4-38　两相水箱属性

⑧ 再次在所选结果层架构（Selected Result Layers Schema）窗格中的空白处右击鼠标并选择添加通用架构（Add Generic Schema），点击"..."浏览符号，在弹出的窗口中选择节点（Node），在右侧属性（Property）窗格中切换到结果（Results）标签页，选择"Quality"；

⑨ 点击确定（OK）；

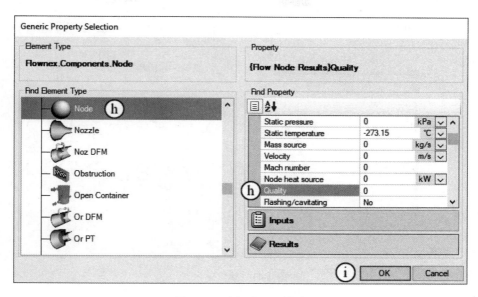

图 4-39　选择结果层模式

⑩ 点击更新结果层（Update Result Layers），关闭结果层（Result Layers）窗口，在画布中查看以云图方式显示的"Quality"结果。

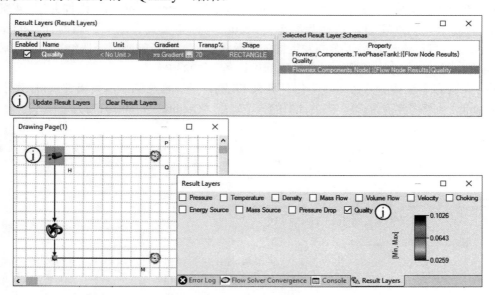

图 4-40　结果层

步骤 13：指定热量输入（见图 4-41）。

① 在画布中选择一般经验关系（General Empirical Relationship）组件并按 F4 键，在屏幕左侧显示其属性窗口；

② 在输入（Inputs）标签页中，在热量输入（Heat input）中输入–3425 MW。

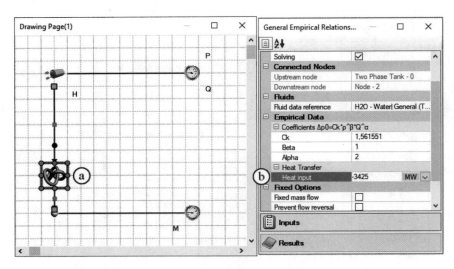

图 4-41　热量输入

步骤 14：求解网络（见图 4-42）。

① 点击保存（Save）项目。

② 点击求解稳态（Solve Steady State）。

③ 在画布中选择一般经验关系（General Empirical Relationship）组件并按 F4 键，在屏幕左侧显示其属性窗口，切换到结果（Results）标签页查看结果。当前计算的压降是 608.756 kPa，可以看到新增了蒸汽发生器的换热条件后，会影响到其降压结果。后续还将再次使用设计器（Designer）功能来满足压降设计条件 700 kPa。

④ 在画布中选择节点（Node）组件并按 F4 键，在屏幕左侧显示其属性窗口，切换到结果（Results）标签页查看结果。当前计算的该节点处"Quality"是 −0.191721。

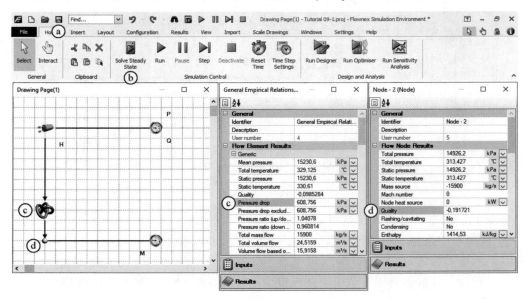

图 4-42　求解网络

步骤 15：创建 XY 图（见图 4-43～图 4-48）。

① 选择组件（Components）标签页；

② 展开可视化（Visualisation）选项卡；

③ 展开图表（Graphs）选项卡；

④ 拖曳一个 XY 图（XY Graph）到画布中；

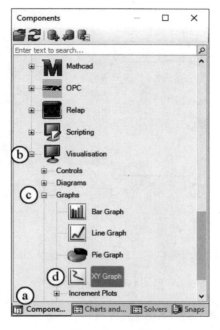

图 4-43　XY 图

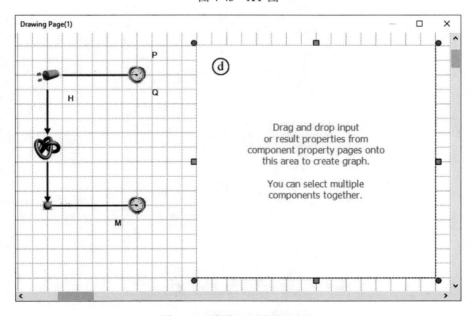

图 4-44　放置 XY 图到画布上

⑤ 在画布中选择两相槽（Two Phase Tank）并按 F4 键，在屏幕左侧显示其属性窗口；

⑥ 拖曳输入（Inputs）标签页中的流体数据参考（Fluid Data Reference）到新建的 XY 图中，选择"T-S"创建温熵图；

⑦ 重复以上步骤，拖曳蒸汽发生器出口节点（Node）的流体数据参考（Fluid Data Reference）到新建的 XY 图中；

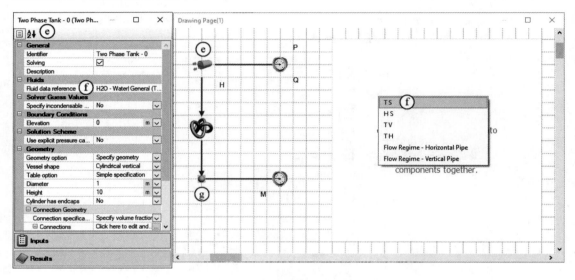

图 4-45　创建温熵图

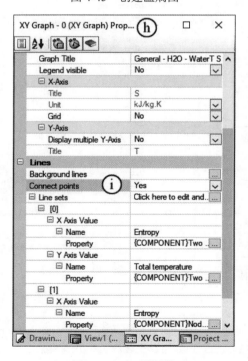

图 4-46　XY 图属性

⑧ 在画布中选择 XY 图并按 F4 键，显示其属性窗口；

⑨ 在连接点（Connect Points）中选择是（Yes）；

⑩ 按住 Shift 键，按下鼠标左键将 T-S 图上 1 和 2 状态点附近拖曳画框局部放大。

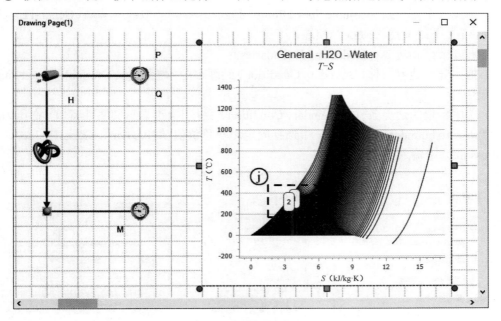

图 4-47　拖曳画框局部放大

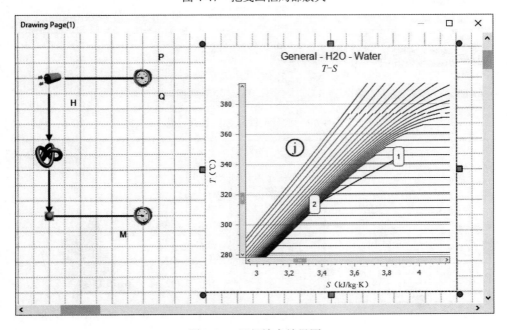

图 4-48　局部放大结果图

步骤 16：增加一个水泵组件（见图 4-49～图 4-50）。

① 删除与一般经验关系（General Empirical Relationship）下游节点（Node）相连的边界

条件（Boundary Condition）；

②　选择组件（Components）标签页；

③　展开涡轮和泵（Turbos and Pumps）；

④　拖曳一个变速泵（Variable Speed Pump）到画布中，与一般经验关系（General Empirical Relationship）下游节点（Node）相连；

⑤　展开节点和边界（Nodes and Boundaries）；

⑥　拖曳一个边界条件（Boundary Condition）到画布中，与变速泵（Variable Speed Pump）下游相连；

⑦　选中新增的边界条件（Boundary Condition）并按 F4 键显示其属性窗口，在压力边界条件（Pressure boundary condition）中选择固定用户总价值（Fixed on user total value），在压力（Pressure）中输入 15500 kPa。

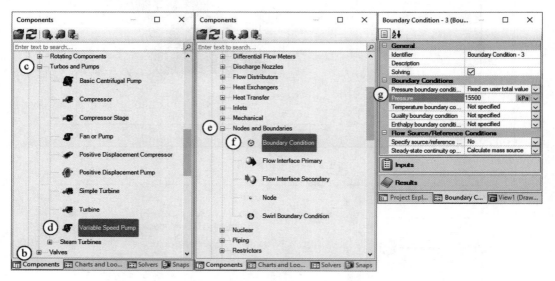

图 4-49　水泵组件与边界条件设置

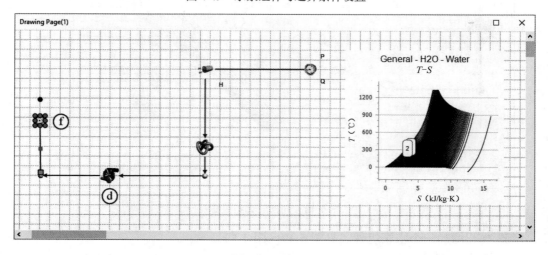

图 4-50　结果图

步骤 17：指定水泵的特性曲线（见图 4-51～图 4-55）。

① 在 Flownex 安装目录（例如 C：\Program Files\Flownex 8.11.1.3984\）下的 Tutorials 文件夹中，找到压缩文件 Template 09.zip，将其解压后得到 Coolant Pump.vsp 文件；

② 在窗口右下方选择图表和查阅表格（Charts and Lookup Tables）标签页；

③ 展开项目数据库（Project Database）中的流动求解器（Flow Solver）；

④ 展开涡轮和泵（Turbos and Pumps）；

⑤ 右击 Variable speed pump charts select Add Category（Variable Speed Pump Charts），选择添加类别（Add Category）；

⑥ 将新建的 New 1 重命名为冷却剂泵（Coolant Pump）；

⑦ 右击冷却剂泵（Coolant Pump）选择进口（Import）；

⑧ 在弹出的窗口中浏览并选择之前解压出的 Coolant Pump.vsp 文件，点击打开（Open）；

图 4-51　选择文件

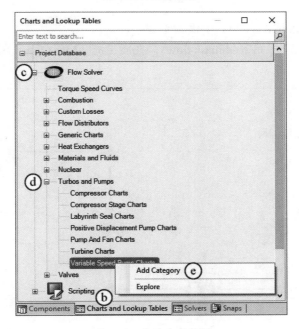

图 4-52　变速水泵设置

⑨ 在画布中选择变速泵（Variable Speed Pump）并按 F4 键显示其属性窗口，在泵或风扇曲线（Pump or fan curve）的下拉菜单中，选择项目数据库（Project Database）中的冷却剂泵（Coolant Pump），在说明（Description）中选择冷却剂泵（Coolant Pump）；

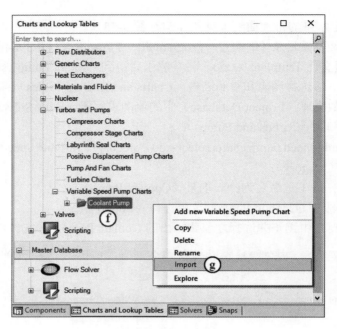

图 4-53　冷却液泵

⑩ 在转速（Rotational speed）中输入 1189 rpm；

⑪ 勾选固定质量流量（Fixed mass flow），在质量流（Mass flow）中输入 15900 kg/s，如图 4-55 所示。

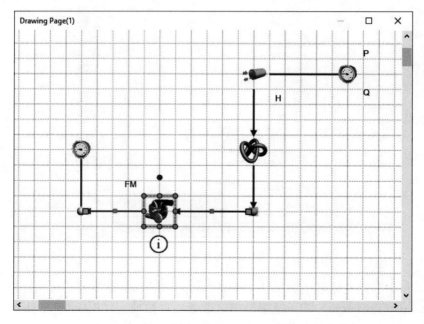

图 4-54　画布选择变速泵

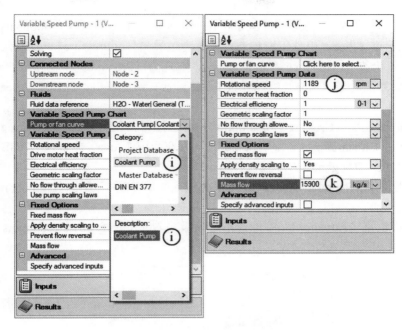

图 4-55　变速泵曲线设置

步骤 18：增加反应堆（见图 **4-56** 和图 **4-57**）。

① 删除与变速泵（Variable Speed Pump）下游节点（Node）相连的边界条件（Boundary Condition）；

② 选择组件（Components）标签页，展开管道（Piping），拖曳一个管道（Pipe）组件到画布中，连接变速泵（Variable Speed Pump）下游节点（Node）；

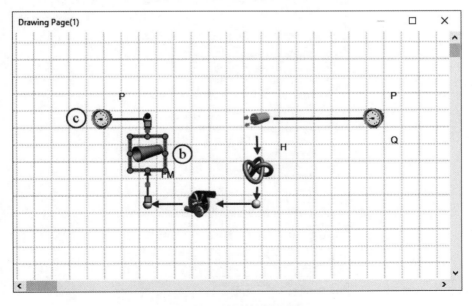

图 4-56　放置管道到画布

③ 展开节点和边界（Nodes and Boundaries），拖曳一个边界条件（Boundary Condition）到画布中，与管道（Pipe）组件下游相连，在压力边界条件（Pressure boundary condition）中选择固定用户总价值（Fixed on user total value），在压力（Pressure）中输入 15500 kPa；

④ 选中新增的管道（Pipe）组件并按 F4 键显示其属性窗口，在长度（Length）中输入 3.7 m；

⑤ 在横截面选项（Cross sectional option）中选择周长和面（Circumference and area）；

⑥ 在周长（Circumference）中输入 0.0298 m，在面积（Area）中输入 8.788E-05 m^2；

⑦ 在粗糙度（Roughness）中输入 30 μm；

⑧ 在增量数量（Number of increments）中输入 10，在并行编号（Number in parallel）中输入 50952；

⑨ 在高级设置（Advanced）中勾选指定高级输入（Specify advanced inputs），在热量输入（Heat input）中输入 3425 MW。

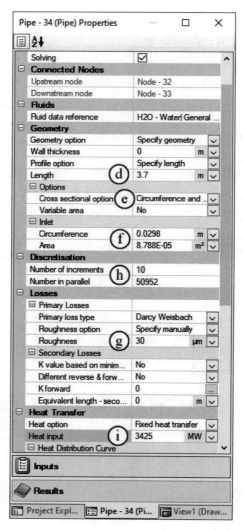

图 4-57　管道属性

步骤 19：求解网络（见图 4-58）。

① 点击保存（Save）项目；

② 点击求解稳态（Solve Steady State）；

③ 在画布中选择管道（Pipe）组件并按 F4 键，在屏幕左侧显示其属性窗口，切换到结果（Results）标签页查看结果。

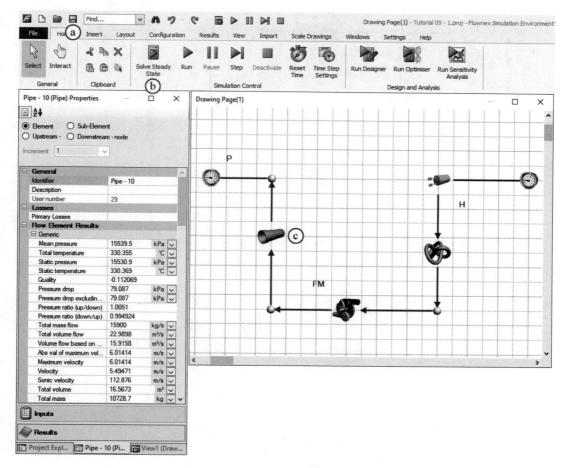

图 4-58　求解网络

步骤 20：增加连接的管路组件。

① 拖曳一个新的管道（Pipe）组件到画布中，位置如图 4-59 所示，其上游连接反应堆下游的节点（Node），其下游连接稳压器两相槽（Two Phase Tank）。

② 选中新增的管道（Pipe）组件并按 F4 键显示其属性窗口，在长度（Length）中输入 1 m（由于这只是一个概念模型，与通过反应器和蒸汽发生器的压降相比，这段管路由于阻力引起的准确压降值在现阶段并不重要，因此可以先任意设置其长度值），如图 4-60 所示。

③ 在直径（Diameter）中输入 3 m（与管路的长度情况类似，此时可以先任意设置管路的直径值）。

④ 在粗糙度（Roughness）中输入 30 μm。

⑤ 删除与反应堆下游节点（Node）相连的边界条件（Boundary Condition）。

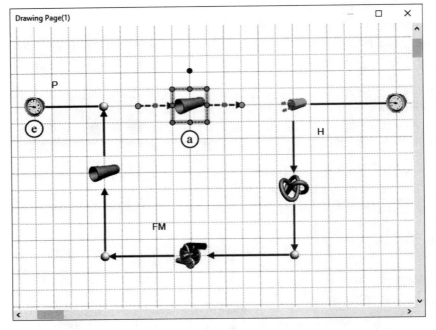

图 4-59　放置管道到画布上

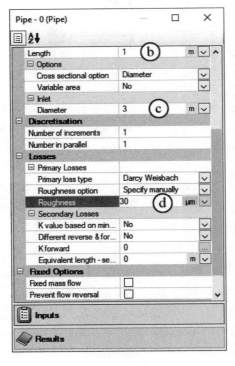

图 4-60　管道属性

⑥ 在画布中选择两相槽（Two Phase Tank）组件并按 F4 键，在屏幕左侧显示其属性窗口。

⑦ 在序号为[1]的连接（Connection）中，指定（Specify）选择是（Yes），如图 4-61 所示。

⑧ 点击保存（Save）项目，点击求解稳态（Solve Steady State）。

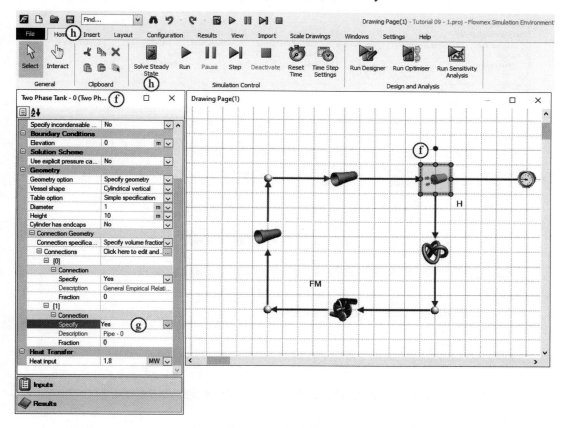

图 4-61　两相水箱属性

步骤 21：使用设计器以满足能量平衡（见图 4-62 和图 4-63）。

① 在菜单栏中切换到配置（Configurations）功能区，点击设计器设置（Designer Setup）；

② 在设计器配置（Designer Configuration）窗口中的空白处右击鼠标并选择，将新创建的设计器配置（Designer Config）重命名为能量平衡（Energy Balance）；

③ 在左下方相等约束（Equality Constraints）窗口中的空白处右击鼠标选择添加（Add），在成分及性质（Component and Property）窗格中点击"..."浏览符号，在弹出的窗口中选择一般经验关系（General Empirical Relationship），在右侧属性（Property）窗格中切换到结果（Results）标签页，选择压力降（Pressure Drop），点击确定（OK）；

④ 在左下方相等约束（Equality Constraints）窗口的目标值（Target Value）中输入 700，单位（Unit）选择 kPa；

⑤ 在右下方自变量（Independent Variables）窗口中的空白处右击鼠标并选择添加（Add）。

在成分及性质（Component and Property）窗格中点击"..."浏览符号，在弹出的窗口中选择一般经验关系（General Empirical Relationship），在右侧属性（Property）窗格中切换到输入（Inputs）标签页，选择"Ck"，点击确定（OK）；

　　⑥ 在右下方自变量（Independent Variables）窗口的最小值（Minimum）中输入 0，最大值（Maximum）中输入 100；

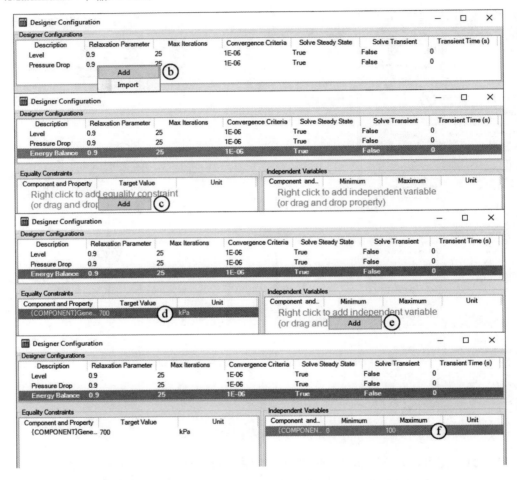

图 4-62　设计器配置

　　⑦ 在左下方相等约束（Equality Constraints）窗口中的空白处右击鼠标并选择添加（Add），在成分及性质（Component and Property）窗格中点击"..."浏览符号，在弹出的窗口中选择两相槽（Two Phase Tank），在右侧属性（Property）窗格中切换到结果（Results）标签页，选择能量源（Energy source），点击确定（OK）；

　　⑧ 在左下方相等约束（Equality Constraints）窗口的目标值（Target Value）中输入 0，单位（Unit）选择 MW；

　　⑨ 在右下方自变量（Independent Variables）窗口中的空白处右击鼠标右键并选择 Add，在成分及性质（Component and Property）窗格中点击"..."浏览符号，在弹出的窗口中选择一般经验关系（General Empirical Relationship），在右侧属性（Property）窗格中切换到输入

（Inputs）标签页，选择热量输入（Heat input），点击确定（OK）；

⑩ 在右下方自变量（Independent Variables）窗口的最小值（Minimum）中输入-100000，最大值（Maximum）中输入 0，单位（Unit）选择 MW；

⑪ 在设计器配置（Designer Configuration）窗口中右击能量平衡（Energy Balance），选择设为活跃（Set As Active）；

⑫ 关闭设计器配置（Designer Configuration）窗口。

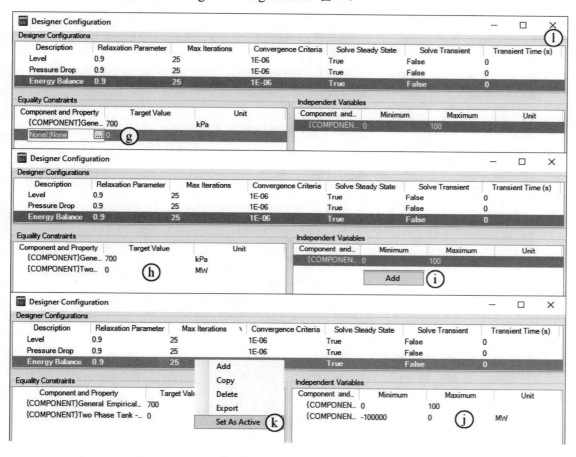

图 4-63　设计器配置

步骤 22：运行设计器并查看结果（见图 4-62）。

① 点击 Save 保存项目；

② 在菜单栏中切换到主页（Home）功能区，点击 Run Designer，开始设计迭代；

③ 在画布中选择一般经验关系（General Empirical Relationship）并按 F4 键显示其属性窗口。可以在结果（Results）标签页中看到，此时的压降（Pressure Drop）为 700 kPa，满足设计值的要求。可以在输入（Inputs）标签页中看到，使用设计器（Designer）设计出来的"Ck"为 1.79627，热量输入（Heat input）为-3443.61 MW。

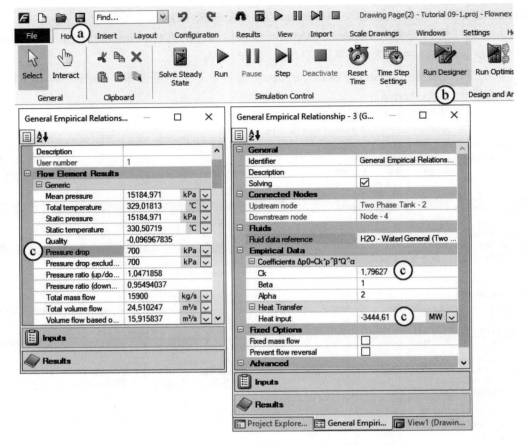

图 4-64　运行设计器并查看结果

步骤 23：创建二回路模型。

① 拖曳一个两相槽（Two Phase Tank）、两个边界条件（Boundary Condition）、三个管道（Pipe）到画布中，如图 6-65 所示连接二回路中的各组件；

② 选择二回路下游的边界条件（Boundary Condition），在 中选择固定在用户值上（Fixed on user value），在质量源（Mass source）中输入−1960 kg/s；

③ 选择二回路上游的边界条件（Boundary Condition），在压力边界条件（Pressure boundary condition）中选择固定在用户值上（Fixed on user value），在压力（Pressure）中输入 8014 kPa。在温度边界条件（Temperature boundary condition）中选择固定在用户值上（Fixed on user value），在温度（Temperature）中输入 232.5 ℃；

④ 按住 Ctrl 键，在画布中复选二回路中的三个管道（Pipe）组件，按 F4 键，显示多选（Multi Selection）的属性窗口，可以为多个组件同时修改参数，如图 4-66 所示；

⑤ 在"Fluid data reference"的下拉菜单中，依次选择 Two Phase Fluids→General→H_2O-Water；

⑥ 在直径（Diameter）中输入 2 m；

⑦ 在粗糙度（Roughness）中输入 30 μm；

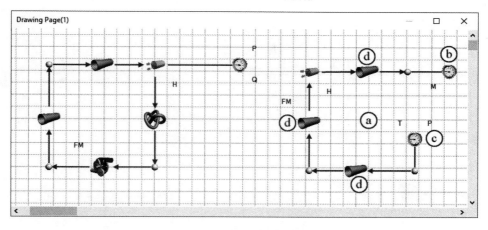

图 4-65　连接二回路中的各组件

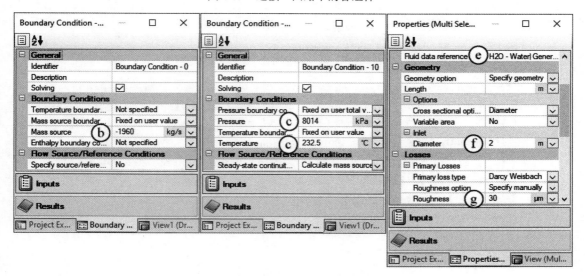

图 4-66　二回路边界条件与属性设置

⑧ 在二回路中选择两相槽（Two Phase Tank）下游的管道（Pipe），在其属性窗口长度（Length）中输入 20 m，如图 4-67 和图 4-68 所示；

⑨ 在二回路中复选两相槽（Two Phase Tank）上游的两个管道（Pipe），在其属性窗口长度（Length）中输入 10 m；

⑩ 在二回路中选择与下游边界条件（Boundary Condition）相连的节点（Node），在其属性窗口高程（Elevation）中输入 20 m，如图 4-69 所示；

⑪ 在二回路中选择与两相槽（Two Phase Tank）上游相连的管道（Pipe），在其属性窗口中勾选固定质量流量（Fixed mass flow）。

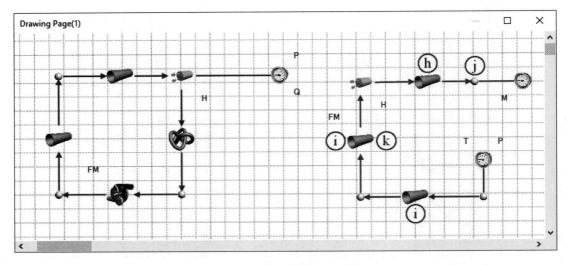

图 4-67　管道与节点设置

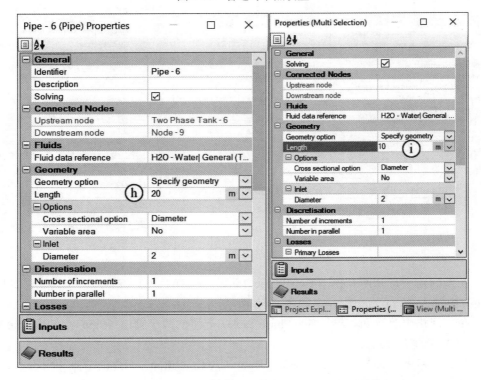

图 4-68　管道与节点设置

步骤 24：指定蒸汽发生器壳侧（二回路侧）的输入（见图 4-70）。

① 在二回路中选择两相槽（Two Phase Tank），按 F4 键显示其属性窗口，在几何体选项（Geometry option）中选择指定几何图形（Specify Geometry）。

② 在直径（Diameter）中输入 9 m。

③ 在高度（Height）中输入 20 m。

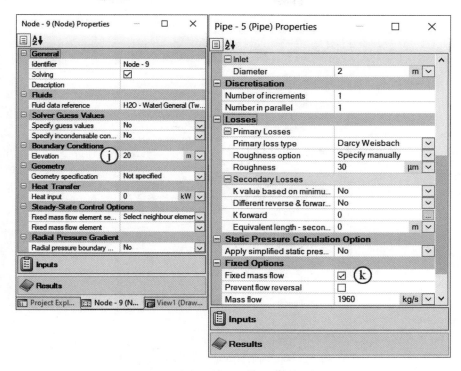

图 4-69　管道与节点设置

④　在连接规范（Connection specification）中选择指定体积分数（Specify Volume Fraction）。

⑤　在序号为[0]和[1]的连接（Connection）中，明确规定（Specify）都选择是（Yes）。

⑥　在与两相槽（Two Phase Tank）下游相连管道（Pipe）的连接（Connection）中［此例是图中序号为[0]的连接（Connection），实际模型中的连接关系可能与图中不同，具体的连接关系可以在画布中点击两相槽（Two Phase Tank）下游的管道（Pipe）组件查看其名称获知］，在分数（Fraction）中输入 1。

⑦　在热量输入（Heat input）中输入 3000 MW。

⑧　在稳态水平的选择（Steady-state level option）中选择指定级别（Specify level）。

⑨　在稳态能量选项（Steady-state energy option）中选择计算温度（Calculate Temperature）。

⑩　在质量（Quality）中输入 0.01。

⑪　在初始压力（Initial pressure）中输入 7900 kPa。

⑫　在固定质量流量组件（Fixed mass flow element）中选择与两相槽（Two Phase Tank）上游相连的管道（Pipe）。此例是图中名称为"管道 5"Pipe-5，实际模型中的名称可能与图中不同，具体可以在画布中点击两相槽（Two Phase Tank）上游的管道（Pipe）组件查看其名称获知。

⑬　点击求解稳态（Solve Steady State）。

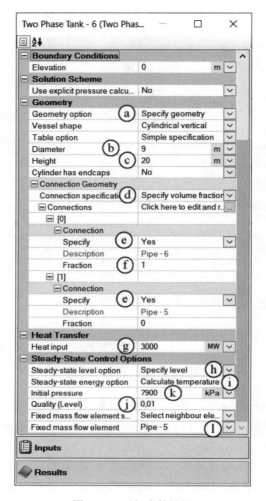

图 4-70　两相水箱设置

步骤 25：以满足水位设计值（见图 4-71～图 4-73）。

① 在菜单栏中切换到配置（Configurations）功能区，点击设计器设置（Designer Setup）；

② 在设计器配置（Designer Configuration）窗口中的空白处右击鼠标并选择添加（Add），将新创建的设计器配置（Designer Config）重命名为"Level 2-1"；

③ 在左下方相等约束（Equality Constraints）窗口中的空白处右击鼠标并选择添加（Add），在成分及性质（Component and Property）窗格中点击"…"浏览符号，在弹出的窗口中选择二回路的两相槽（Two Phase Tank），在右侧属性（Property）窗格中切换到结果（Results）标签页，选择液相体积分数（Liquid phase volume fraction），点击确定（OK），在左下方相等约束（Equality Constraints）窗口的目标值（Target value）中输入 0.7；

④ 在右下方自变量（Independent Variables）窗口中的空白处右击鼠标并选择添加（Add），在成分及性质（Component and Property）窗格中点击"…"浏览符号，在弹出的窗口中选择二回路的两相槽（Two-Phase Tank），在右侧属性（Property）窗格中切换到输入（Inputs）标签页，选择质量（等级）[Quality（level）]，点击确定（OK），在右下方自变量（Independent

Variables）窗口的最小值（Minimum）中输入 0.01，最大值（Maximum）中输入 0.15；

⑤ 在菜单栏中切换到主页（Home）功能区，点击运行设计器（Run Designer），开始对"Level 2-1"进行设计迭代；

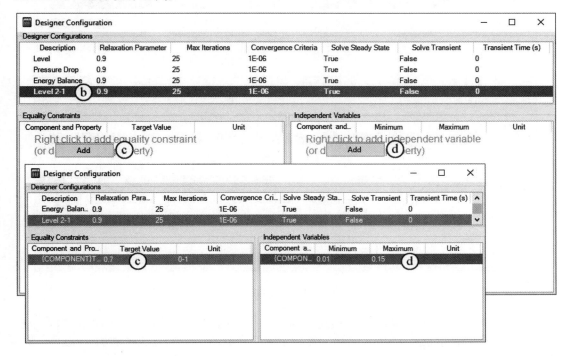

图 4-71 设计器配置

⑥ 在菜单栏中切换到配置（Configurations）功能区，点击设计器设置（Designer Setup）；

⑦ 在设计器配置（Designer Configuration）窗口中的空白处右击鼠标并选择添加（Add），将新创建的设计器配置（Designer Config）重命名为"Level 2-2"；

⑧ 在左下方相等约束（Equality Constraints）窗口中的空白处右击鼠标并选择添加（Add），在成分及性质（Component and Property）窗格中点击"..."浏览符号，在弹出的窗口中选择二回路的两相槽（Two Phase Tank），在右侧属性（Property）窗格中切换到结果（Results）标签页，选择总压力（Total pressure），点击确定（OK），在左下方相等约束（Equality Constraints）窗口的目标值（Target Value）中输入 7900，单位（Unit）选择 kPa；

⑨ 在右下方自变量（Independent Variables）窗口中的空白处右击鼠标并选择添加（Add），在成分及性质（Component and Property）窗格中点击"..."浏览符号，在弹出的窗口中选择二回路的两相槽（Two Phase Tank），在右侧属性（Property）窗格中切换到输入（Inputs）标签页，选择热量输入（Heat input），点击确定（OK），在右下方自变量（Independent Variables）窗口的最小值（Minimum）中输入 3400，最大值（Maximum）中输入 3500，单位（Unit）选择 MW；

⑩ 在菜单栏中切换到主页（Home）功能区，点击运行设计器（Run Designer），开始对"Level 2-2"进行设计迭代；

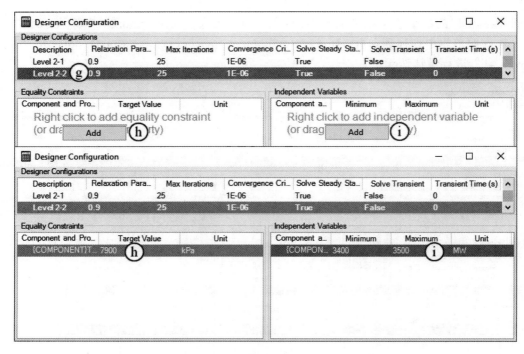

图 4-72　设计器配置

⑪ 在菜单栏中切换到配置（Configurations）功能区，点击设计器设置（Designer Setup），在设计器配置（Designer Configuration）窗口中的空白处右击鼠标并选择添加（Add），将新创建的设计器配置（Designer Config）重命名为"Level 2-3"；

⑫ 重复③和④的步骤；

⑬ 重复⑧和⑨的步骤。

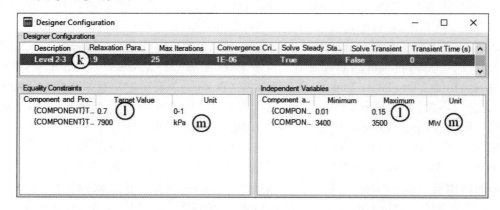

图 4-73　新建设计器图层

步骤 26：运行设计器并查看结果（见图 4-74）。

① 在菜单栏中切换到主页（Home）功能区，点击运行设计器（Run Designer），开始对"Level 2-3"进行设计迭代；

② 在画布中选择二回路的两相槽（Two Phase Tank）并按 F4 键显示其属性窗口，查看计算结果；

③ 切换到结果层（Result Layers）标签页，勾选能源（Energy Source），在画布中查看以云图方式显示的能源（Energy Source）结果。

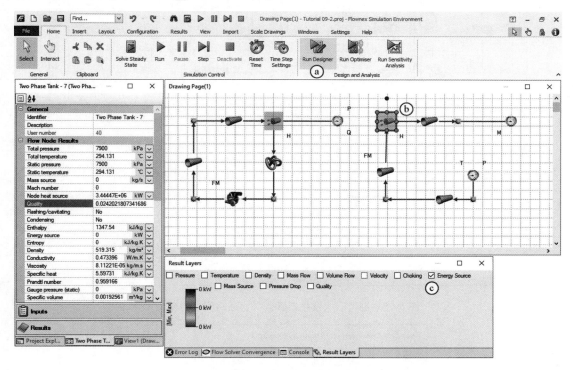

图 4-74　运行设计器并查看结果

步骤 27：创建蒸汽发生器管侧（一回路侧）的模型。

① 在画布中使用鼠标框选如图 4-75 所示的这些组件，选择复制（Copy）；

② 在画布空白处选择粘贴（Paste）；

③ 拖曳一个边界条件（Boundary Condition）到画布中，与下游的节点（Node）连接起来；

④ 在压力边界条件（Pressure boundary condition）中选择固定用户总价值（Fixed on user total value），在压力（Pressure）中输入 14800 kPa，如图 4-76 所示；

⑤ 删除所粘贴的组件中的一般经验关系（General Empirical Relationship），拖曳一个管道（Pipe）组件代替其位置，按照其原有的上下游关系连接好管道（Pipe）组件，如图 4-77 所示；

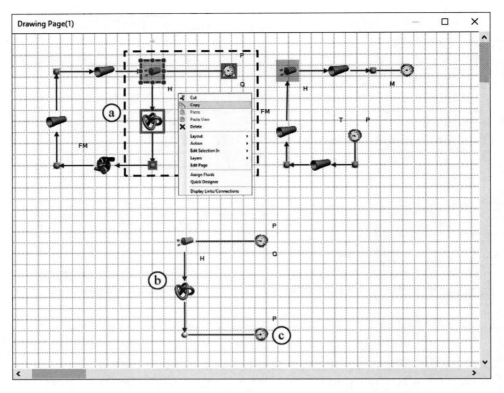

图 4-75　创建蒸汽发生器管侧（一回路侧）的模型

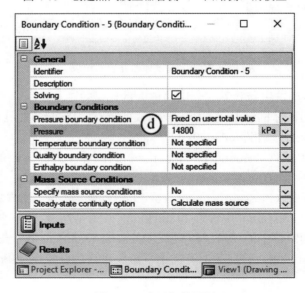

图 4-76　边界条件设置

⑥ 选择所粘贴组件中的两相槽（Two Phase Tank），按 F4 键显示其属性窗口，在序号为 [0]的连接（Connection）中，明确规定（Specify）选择是（Yes），如图 4-78 所示；

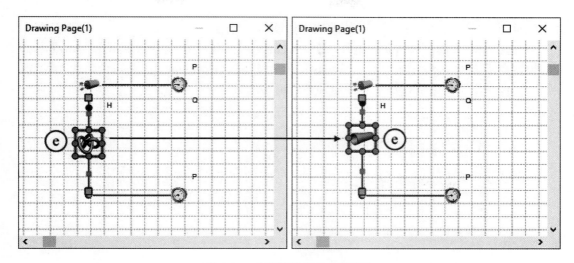

图 4-77　放置管道代替一般经验

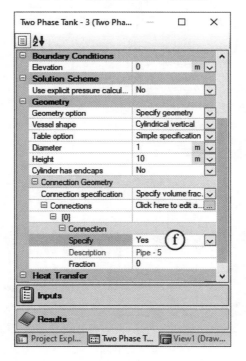

图 4-78　两相水箱设置

⑦ 选择新替换的管道（Pipe）组件，按 F4 键显示其属性窗口，如图 4-79 所示；

⑧ 在长度（Length）中输入 10 m；

⑨ 在直径（Diameter）中输入 0.02 m；

⑩ 在粗糙度（Roughness）中输入 30 μm；

⑪ 在增量数量（Number of increments）中输入 10，在并行编号（Number in parallel）中输入 40000；

⑫ 选择一回路中的一般经验关系（General Empirical Relationship），在输入（Inputs）标签

页中，复制热量输入（Heat input）的数值，如图 4-80 所示；

　　⑬ 选择新替换的管道（Pipe）组件，在输入（Inputs）标签页中，勾选高级设置（Advanced）中的指定高级输入（Specify advanced inputs），在热量输入（Heat input）中将单位修改为 MW，粘贴上一步中复制的数值，注意不要遗漏数值前面的负号；

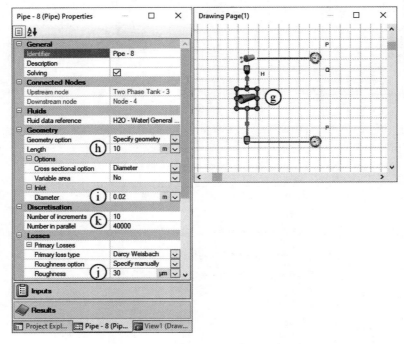

图 4-79　管道设置

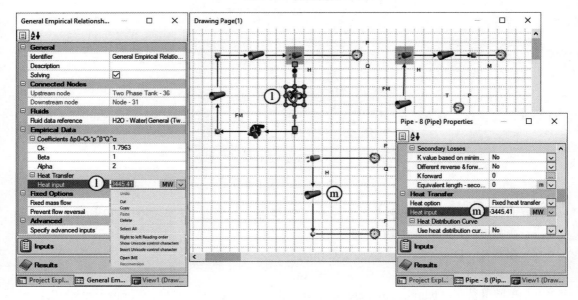

图 4-80　输入参数

⑭ 点击保存（Save）项目，点击求解稳态（Solve Steady State）计算并查看结果，如图 4-81 所示。

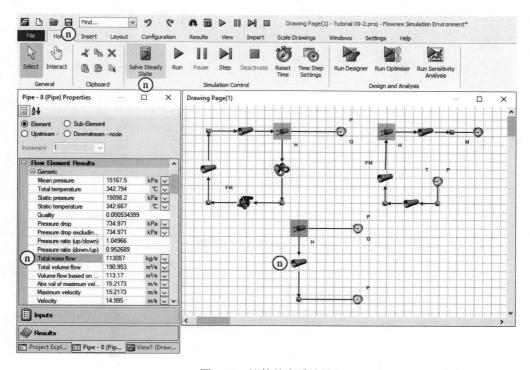

图 4-81　计算并查看结果

步骤 28：使用设计器以满足二回路流量设计值（见图 4-82 和图 4-83）。

① 在菜单栏中切换到配置（Configurations）功能区，点击设计器设置（Designer Setup）；

② 在设计器配置（Designer Configuration）窗口中的空白处右击鼠标并选择添加（Add），将新创建的设计器配置（Designer Config）重命名为总质量流量（Total Mass Flow）；

③ 在左下方相等约束（Equality Constraints）窗口中的空白处右击鼠标并选择添加（Add）；

④ 在成分及性质（Component and Property）窗格中点击 "..." 浏览符号，在弹出的窗口中选择新替换的管道（Pipe）组件，在右侧属性（Property）窗格中切换到结果（Results）标签页，选择总质量流量（Total mass flow），点击确定（OK）；

⑤ 在左下方相等约束（Equality Constraints）窗口的目标值（Target Value）中输入 15900，单位（Unit）选择 kg/s；

⑥ 在右下方自变量（Independent Variables）窗口中的空白处右击鼠标并选择添加（Add）；

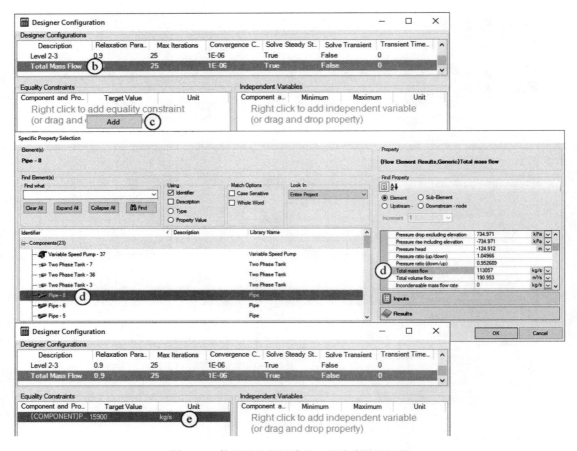

图 4-82　使用设计器以满足二回路流量设计值

⑦ 在成分及性质（Component and Property）窗格中点击"…"浏览符号，在弹出的窗口中选择新替换的管道（Pipe）组件，在右侧属性（Property）窗格中切换到输入（Inputs）标签页，选择 K forward，点击"OK"；

⑧ 在右下方自变量（Independent Variables）窗口的最小值（Minimum）中输入 0，最大值（Maximum）中输入 500000；

⑨ 关闭设计器配置（Designer Configuration）窗口。

步骤 29：运行设计器并查看结果（见图 4-84）。

① 点击保存（Save）项目；

② 在菜单栏中切换主页（Home）功能区，点击运行设计器（Run Designer），开始对总质量流量（Total Mass Flow）进行设计迭代；

③ 在画布中选择新替换的管道（Pipe）组件并按 F4 键显示其属性窗口，可以在结果（Results）标签页中看到，此时的总质量流量（Total Mass Flow）为 15900 kg/s，满足设计值的要求。

图 4-83　使用设计器以满足二回路流量设计值

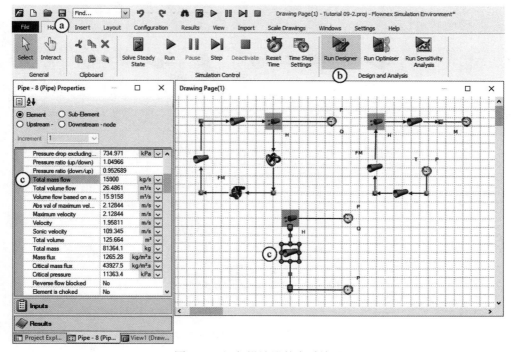

图 4-84　运行设计器并查看结果

步骤 30：替换蒸汽发生器管侧（一回路侧）的模型。

① 在画布中删除原来一回路的一般经验关系（General Empirical Relationship）组件，将如图 4-85 所示的管道（Pipe）组件拖动过去替换其位置，连接好管道（Pipe）组件的上下游；

② 在画布中删除如图 4-86 所示的组件；

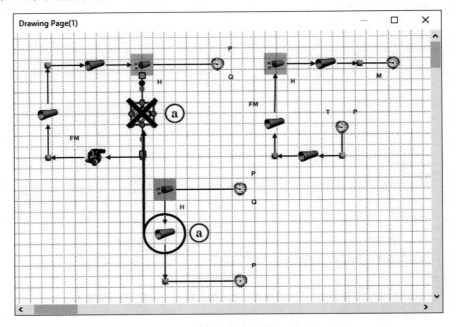

图 4-85　删除一般经验公式组件

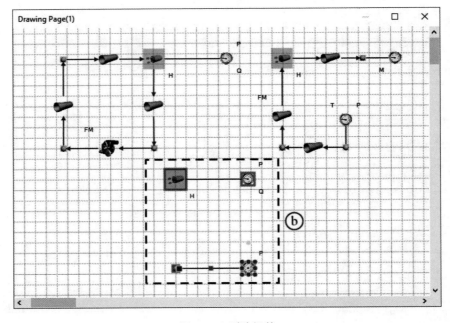

图 4-86　删除组件

③ 在画布中选择一回路的两相槽（Two Phase Tank）组件并按 F4 键显示其属性窗口。在序号为[0]和[1]的连接（Connection）中，明确规定（Specify）都选择确定（Yes），如图 4-87 所示；

④ 点击保存（Save）项目，点击求解稳态（Solve Steady State）计算。

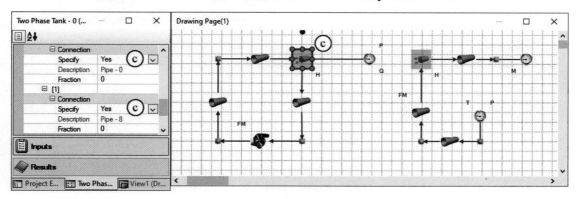

图 4-87　一回路两相水箱设置

步骤 31：增加一个组合式传热组件（见图 4-88～图 4-91）。

① 选择组件（Components）标签页，展开传热（Heat Transfer），拖曳一个组合式传热（Composite Heat Transfer）到画布中，将其上游与蒸汽发生器管侧（一回路侧）相连，下游与蒸汽发生器壳侧（二回路侧）相连；

② 选择组合式传热（Composite Heat Transfer）组件并按 F4 键显示其属性窗口；

③ 在传导区（Conduction areas）中选择使用上游管道区域（Use upstream pipe areas）；

④ 在层（Layers）中，点击"..."浏览符号，在弹出的菜单中点击添加（Add）；

⑤ 选中层（Layers）[0]，在构件方向的厚度（Thickness in element direction）中输入 0.002 m，在节点数（Number of nodes）中输入 2；

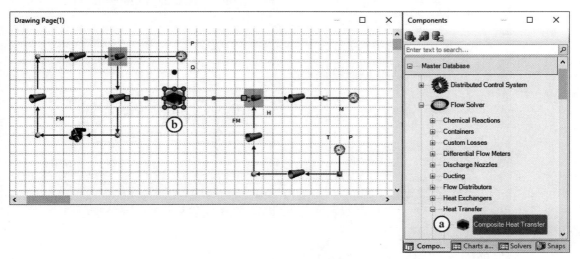

图 4-88　组合式传热组件

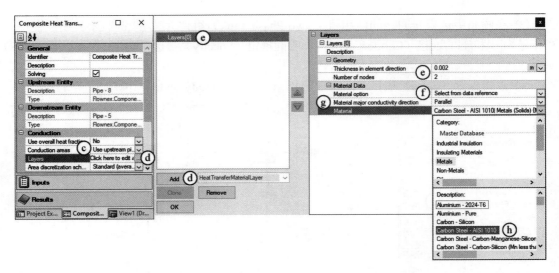

图 4-89　材料设置

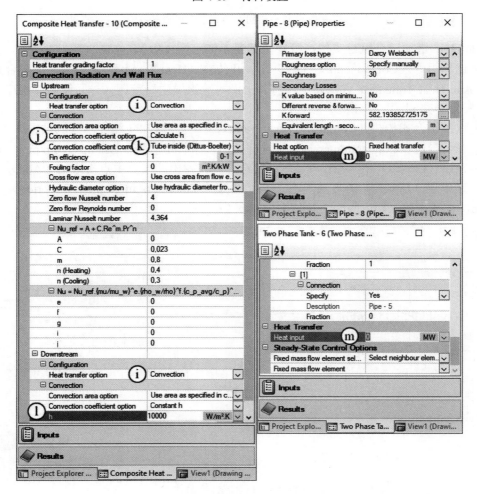

图 4-90　组合式传热设置

⑥ 在材料选择（Material option）中选择 Select from data reference；

⑦ 在材料主要传导方向（Material major conductivity direction）中选择平行（Parallel）；

⑧ 在材料（Material）的下拉菜单中，依次选择"Metals"→"Carbon Steel - AISI 1010"。点击"OK"；

⑨ 在上游（Upstream）和下游（Downstream）的传热选项（Heat transfer options）中都选择对流（Convection）选项；

⑩ 在上游（Upstream）的对流系数选项（Convection coefficient option）中选择计算 h（Calculate h）；

⑪ 在上游（Upstream）的对流系数相关选择（Convection coefficient correlation selection）中选择"Tube inside（Dittus-Boelter）"；

⑫ 在下游（Downstream）的对流系数选项（Convection coefficient option）中选择"Calculate h"，在 h 中输入 10000 W/m² · K；

⑬ 在蒸汽发生器管侧的管道（Pipe）组件和壳侧的两相槽（Two Phase Tank）组件的属性中，热量输入（Heat input）都设置为 0 MW；

⑭ 点击保存（Save）项目，点击求解稳态（Solve Steady State）计算。

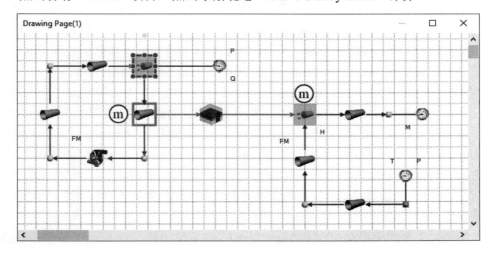

图 4-91　组合式传热设置

步骤 32：使用设计器以满足能量平衡（见图 4-92～图 4-95）。

① 在菜单栏中切换到配置（Configurations）功能区，点击设计器设置（Designer Setup）。

② 在设计器配置（Designer Configuration）窗口中的空白处右击鼠标并选择添加（Add）。将新创建的设计器配置（Designer Config）重命名为"Heat Transfer 1-1"。

③ 在左下方相等约束（Equality Constraints）窗口中的空白处右击鼠标并选择添加（Add）。在成分及性质（Component and Property）窗格中点击"..."浏览符号。在弹出的窗口中选择代表蒸汽发生器管侧的管道（Pipe），在右侧属性（Property）窗格中切换到结果（Results）标签页，选择压力降（Pressure drop），点击确定（OK）。在左下方相等约束（Equality Constraints）窗口的 Target value 中输入 700，单位（Units）选择 kPa。

④ 在右下方自变量（Independent Variables）窗口中的空白处右击鼠标并选择添加（Add）。

在成分及性质（Component and Property）窗格中点击"…"浏览符号。在弹出的窗口中选择代表蒸汽发生器管侧的管道（Pipe），在右侧属性（Property）窗格中切换到输入（inputs）标签页，选择"K forward"，点击确定（OK）。在右下方自变量（Independent Variables）窗口的最小值（Minimum）中输入 0，最大值（Maximum）中输入 2000。

⑤　在菜单栏中切换到主页（Home）功能区，点击运行设计器（Run Designer），开始对 Heat Transfer 1-1 进行设计迭代。

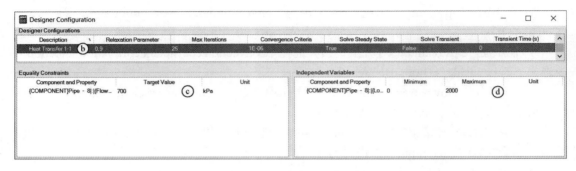

图 4-92　设计器配置

⑥　在菜单栏中切换到配置（Configurations）功能区，点击设计器设置（Designer Setup）。

⑦　在设计器配置（Designer Configuration）窗口中的空白处右击鼠标并选择添加（Add）。将新创建的设计器配置（Designer Config）重命名为 Heat Transfer 1-2。

⑧　在左下方相等约束（Equality Constraints）窗口中的空白处右击鼠标并选择添加（Add）。在成分及性质（Component and Property）窗格中点击"…"浏览符号。在弹出的窗口中选择代表蒸汽发生器壳侧的两相槽（Two-Phase Tank），在右侧属性（Property）窗格中切换到结果（Results）标签页，选择液相体积分数（Liquid phase volume fraction），点击确定（OK）。在左下方相等约束（Equality Constraints）窗口的目标值（Target value）中输入 0.7。

⑨　在右下方自变量（Independent Variables）窗口中的空白处右击鼠标并选择添加（Add）。在成分及性质（Component and Property）窗格中点击"…"浏览符号。在弹出的窗口中选择代表蒸汽发生器壳侧的两相槽（Two-Phase Tank），在右侧属性（Property）窗格中切换到输入（inputs）标签页，选择质量（等级）[Quality（level）]，点击确定（OK）。在右下方自变量（Independent Variables）窗口的最小值（Minimum）中输入 0，最大值（Maximum）中输入 1。

⑩　在菜单栏中切换到主页（Home）功能区，点击运行设计器（Run Designer），开始对 Heat Transfer 1-2 进行设计迭代。

⑪　在菜单栏中切换到配置（Configurations）功能区，点击设计器设置（Designer Setup）。

⑫　在设计器配置（Designer Configuration）窗口中的空白处右击鼠标并选择添加（Add）。将新创建的设计器配置（Designer Config）重命名为 Heat Transfer 1-3。

⑬　在左下方相等约束（Equality Constraints）窗口中的空白处右击鼠标并选择添加（Add）。在成分及性质（Component and Property）窗格中点击"…"浏览符号。在弹出的窗口中选择代表蒸汽发生器壳侧的两相槽（Two-Phase Tank），在右侧属性（Property）窗格中切换到结

果（Results）标签页，选择能源（Energy Source），点击确定（OK）。在左下方相等约束（Equality Constraints）窗口的目标值（Target value）中输入 0，单位（Units）选择 kW。

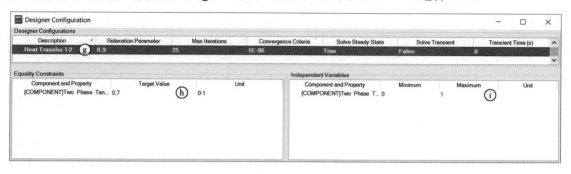

图 4-93　设计器配置

⑭ 在右下方自变量（Independent Variables）窗口中的空白处右击鼠标并选择添加（Add）。在成分及性质（Component and Property）窗格中点击"…"浏览符号。在弹出的窗口中选择组合式传热（Composite Heat Transfer）组件，在右侧属性（Property）窗格中切换到输入（inputs）标签页，选择"Downstream"→"Convection"→"h"，点击"OK"。在右下方自变量（Independent Variables）窗口的最小值（Minimum）中输入 0，最大值（Maximum）中输入 10000，单位（Units）选择 $W/m^2 \cdot K$。

⑮ 在菜单栏中切换到主页（Home）功能区，点击运行设计器（Run Designer），开始对 Heat Transfer 1-3 进行设计迭代。

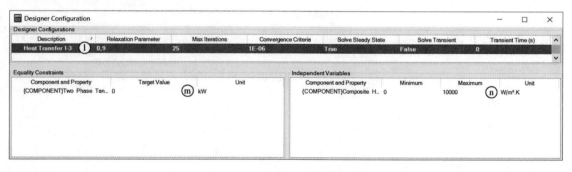

图 4-94　设计器配置

⑯ 在菜单栏中切换到配置（Configurations）功能区，点击设计器设置（Designer Setup）。在设计器配置（Designer Configuration）窗口中的空白处右击鼠标并选择添加（Add）。将新创建的设计器配置（Designer Config）重命名为 Heat Transfer 1-4。

⑰ 重复上述③和④的步骤。

⑱ 重复上述⑧和⑨的步骤。

⑲ 重复上述⑬和⑭的步骤。

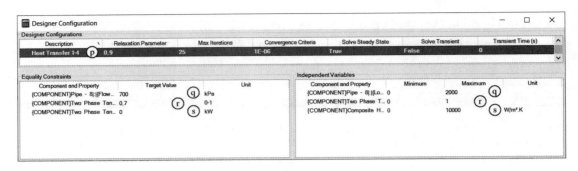

图 4-95　设计器配置

步骤 33：并查看结果（见图 4-96）。

① 点击保存（Save）保项目；

② 在菜单栏中切换到主页（Home）功能区，点击运行设计器（Run Designer），开始对 Heat Transfer 1-4 进行设计迭代；

③ 查看蒸汽发生器管侧、壳侧及组合式传热组件的计算结果。

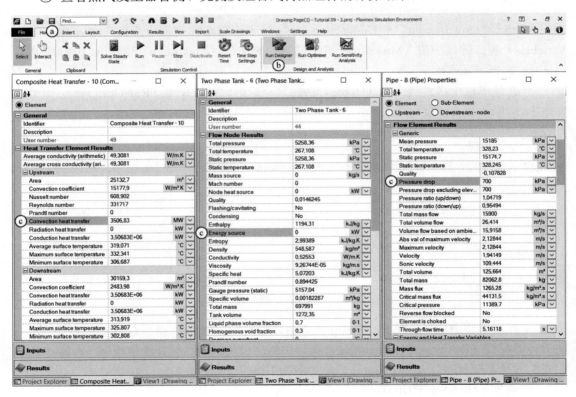

图 4-96　运行设计器并查看结果

步骤 34：创建水位图（见图 4-97～图 4-100）。

① 选择组件（Components）标签页，展开可视化（Visualisation），展开图（Graphs），拖曳一个线形图（Line Graphs）到画布中。

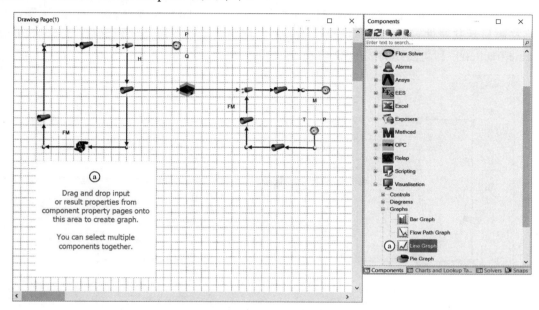

图 4-97　放置曲线图到画布上

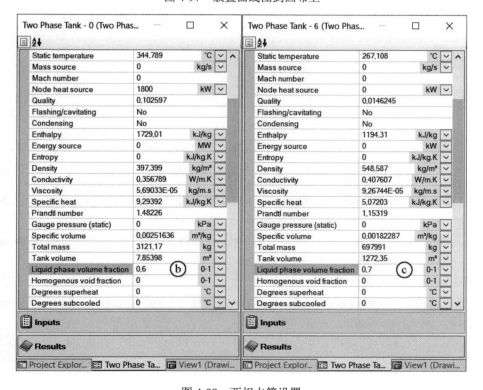

图 4-98　两相水箱设置

　　② 在画布中选择一回路中的稳压器两相槽（Two Phase Tank）并按 F4 键，在屏幕左侧显示其属性窗口，选择结果（Results）标签页，拖曳液相体积分数（Liquid phase volume fraction）到新创建的线形图（Line Graphs）中。

　　③ 在画布中选择二回路中的蒸汽发生器壳侧两相槽（Two Phase Tank）并按 F4 键，在屏幕左侧显示其属性窗口，选择结果（Results）标签页，拖曳液相体积分数（Liquid phase volume fraction）到新创建的线形图（Line Graphs）中。

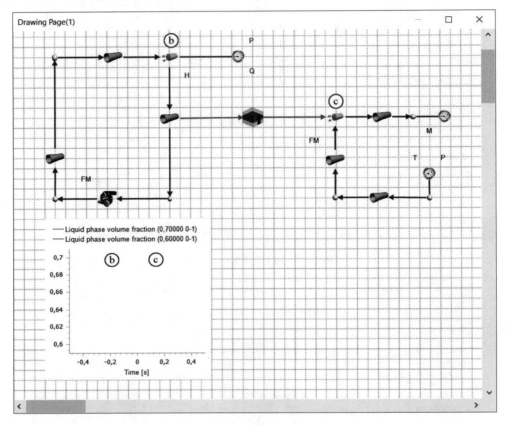

图 4-99　添加液相体积分数到图中

　　④ 在画布中选择线形图（Line Graphs），按 F4 键显示其属性窗口，在高级格式（Advanced Formatting）中勾选图形格式（Graph formatting），在 Y 轴（Y-Axis）属性中，自动缩放/平移（Auto zoom/pan）选择否（No），自动缩放范围（Auto scale range）选择 No，最大值（Maximum）中输入 1，最小值（Minimum）中输入 0。

　　步骤 35：创建压力图（见图 4-101）。

　　① 选择组件（Components）标签页，展开可视化（Visualisation），展开图（Graphs），拖曳一个线形图（Line Graphs）到画布中；

　　② 在画布中选择一回路中的稳压器两相槽（Two Phase Tank）并按 F4 键，在屏幕左侧显示其属性窗口，选择结果（Results）标签页，拖曳总压力（Total Pressure）到新创建的线形图（Line Graphs）中。

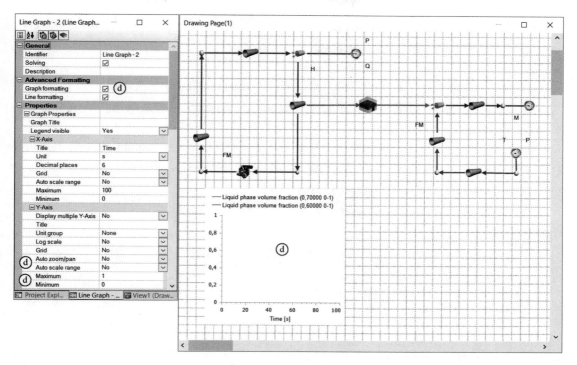

图 4-100　曲线图设置

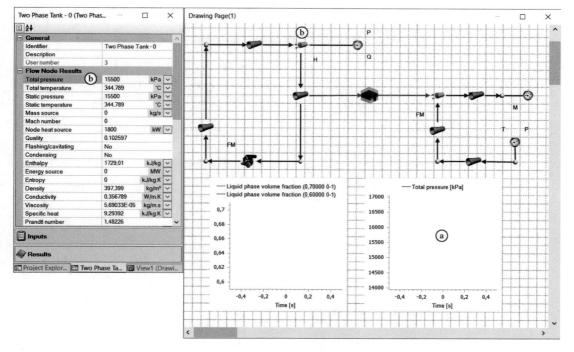

图 4-101　创建压力图

步骤 36：求解网络（见图 4-102）。

① 点击求解稳态（Solve Steady State）；

② 点击运行（Run）开始进行瞬态求解；

③ 当瞬态求解运行了一段时间后，点击暂停（Pause）暂时停止计算；

④ 在画布中选择一回路中的变速泵（Variable Speed Pump），将质量流（Mass flow）修改为 13000 kg/s；

⑤ 在画布中选择一回路中和稳压器相连的边界条件（Boundary Condition），将压力边界条件（Pressure boundary condition）修改为未指定（Not specified），将质量边界条件（Quality boundary condition）修改为未指定（Not specified）；

⑥ 点击运行（Run）继续进行瞬态求解，观察水泵流量发生变化后对系统的影响。

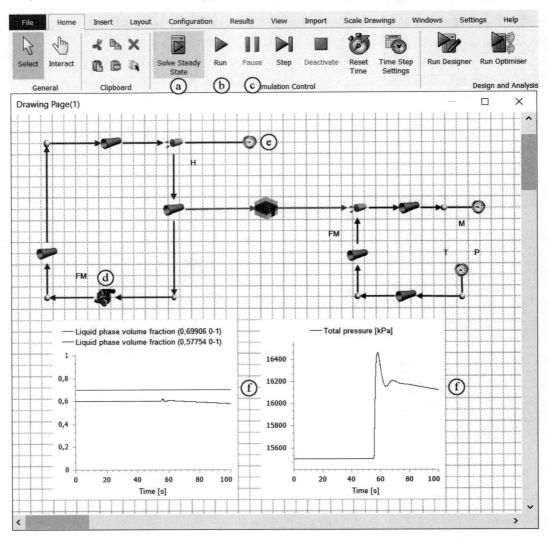

图 4-102　求解网络

4.8.3　算例小结

本算例详细演示了如何使用 Flownex 创建压水反应堆循环系统的仿真模型。通过本算例的学习，我们能够了解水泵、两相容器、组合式传热等多种组件的用法和参数设置，了解如何使用设计器功能来寻找满足设计预期的合理参数，同时也锻炼了使用 Flownex 解决复杂系统网络问题的能力。

第 5 章　热流系统节流组件的建模仿真

阀门是输送流体系统中的控制部件，可以起到开闭管路、控制流向，调节所输送流体的作用。作为输送介质的管路附件，阀门具有调节、截止、导流、稳压、分流、溢流等功能，是管路系统中不可缺少的组件。阀门在自动系统中应用也很广泛。本章将具体介绍常用的止回阀、溢流阀、控制阀、减压阀、恒温器、球阀、截止阀、蝶阀的应用原理，为管路系统的研究做铺垫[12]。

5.1　节流组件的基本形式

5.1.1　基本原理

节流组件起节流降压的作用，并可以根据负荷变化调节制冷剂流量。节流阀又称膨胀阀，是制冷系统的重要部件。高温高压制冷剂经过冷凝器后流入节流阀，使得部分制冷剂液化，同时温度降低，成为低温低压蒸汽，继而流入蒸发器。蒸发器末端通过热度控制阀门流量。

从流体力学的观点看，调节阀是一个局部阻力可以变化的节流组件。对不可压缩流体，有

$$\Delta P = P_1 - P_2 = \xi \frac{\rho v^2}{2} \tag{5-1}$$

$$Q = F \cdot v \tag{5-2}$$

式中，P_1、P_2、ΔP 分别为调节阀前后的压力及其压差，单位为 Pa；ξ 为调节阀阻力系数；ρ 为流体密度，单位为 kg/m³；F 为调节阀接管截面积，单位为 m²；v 为调节阀接管内流体流速，单位为 m/s；Q 为调节阀接管内流体流量，单位为 m³/s；

将式（5-1）代入式（5-2）可得

$$Q = \frac{F}{\sqrt{\xi}} \sqrt{\frac{2(P_1 - P_2)}{\rho}} \tag{5-3}$$

如果令

$$C = \frac{F}{\sqrt{\xi}} \sqrt{2} \tag{5-4}$$

则

$$Q = C \sqrt{\frac{(P_1 - P_2)}{\rho}} \tag{5-5}$$

即

$$C = \frac{Q}{\sqrt{\dfrac{(P_1 - P_2)}{\rho}}} \tag{5-6}$$

式中，C 为调节阀的流通能力，式（5-4）表明对于某一种规格的调节阀，其允许流体通过的能力取决于阀前后的作用压差。

如果以阻抗的方式来表达阀门在全开时的阻力特性，即 $\Delta P = P_1 - P_2 = SQ^2$，可知其流通能力 C 与 S 有如下关系，即

$$S = \frac{\rho}{C^2} \tag{5-7}$$

节流阀有手动式膨胀阀、浮球阀、热力式膨胀阀、电子膨胀阀等。其中，按照平衡方式的不同，热力膨胀阀分为内平衡式和外平衡式两种。若蒸发器阻力较大，压力下降较大应选用外平衡式膨胀阀；当蒸发器阻力较小，压力损失不大时可选内平衡式膨胀阀。

5.1.2　简化的控制阀

根据 ANSI 标准模拟简化控制阀，可以设置流体、最大开度下的定容比热 C_v、阀直径、流体类型、气门升程。模拟流经控制阀的水流模型，需要输入上游（入口）边界条件，下游边界条件（压力），流体类型、阀门直径、定容比热 C_v、阀门扬程、上游压力边界条件、温度边界条件、下游压力边界条件。控制阀如图 5-1 所示。

入口：温度、压力　　　　　　　出口：压力

图 5-1　控制阀

5.1.3　调节阀的工作原理

在执行结构输出力和输出位移的作用下，调节阀调节机构阀芯动作，改变了流体的流通面积，即改变了阀的阻力系数，使被控介质流量相应改变。调节阀的工作原理如图 5-2 所示。

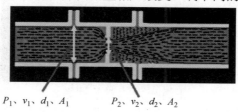

P_1、v_1、d_1、A_1　　　　P_2、v_2、d_2、A_2

图 5-2　调节阀的工作原理

由伯努利方程可得

$$\frac{P_1}{\rho} + \frac{v_1^2}{2} = \frac{P_2}{\rho} + \frac{v_2^2}{2} \tag{5-8}$$

由流体连续性方程可得

$$Q = A_1 \cdot v_1 = A_2 \cdot v_2 \tag{5-9}$$

综合可得

$$Q = \frac{A}{\sqrt{\dfrac{d_1^4}{d_2^4} - 1}} \cdot \sqrt{\frac{2(P_1 - P_2)}{\rho}} \qquad (5\text{-}10)$$

令

$$\xi = \frac{d_1^4}{d_2^4} - 1 \qquad (5\text{-}11)$$

其中，ξ 为调节阀的阻力系数。

则

$$Q = \frac{A_1}{\sqrt{\xi}} \cdot \sqrt{\frac{2(P_1 - P_2)}{\rho}} \qquad (5\text{-}12)$$

由式（5-12）可知，当阀的开度增大时，调节阀的阻力系数 ξ 减小，流量 Q 增大；当阀的开度减小时，调节阀的阻力系数 ξ 增大，流量 Q 减小。

5.2 止回阀

止回阀是只允许单向流动的阀门。模拟需要输入的项包括流体类型、阀门直径、定容比热 C_v、上游压力边界条件、温度边界条件、下游压力边界条件、特征开或关的时间等。

如图 5-3 所示的例子模拟了水流过止回阀的模型，该模型包括一个连接到上游（入口）和下游（出口）边界条件的止回阀组件。

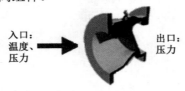

图 5-3　止回阀

5.3 溢流阀

模拟溢流阀（EFV）主要用作管道中的保护装置，在 EFV 下游管道破裂时关闭管道。输入项包括流体、阀门直径、最大开度时的 C_v 和 K_v、阀门曲线、参考密度、稳态开度选择、上游压力边界条、温度边界条件、下游压力边界条件等。

如图 5-4 所示的例子模拟了水流过溢流阀的模型，该模型由一个连接到上游（入口）和下游（出口）边界条件的溢流阀组件组成。

图 5-4　溢流阀

5.4　控制阀

控制阀是模拟调节管网中压力的阀。图 5-5 模拟了一个控制阀，其中阀门后（下游）的压力正在调节。模拟需要输入流体类型、下游压力设定值、全开压差基准、全开流量基准、全开密度基准。

模型包括一个调压阀组件和两个连接到上游（入口）和下游（出口）边界条件的管道组件。

图 5-5　控制阀

5.5　减压阀

减压阀是模拟当入口达到一定压力时打开的阀门。模拟需要输入的项包括流体类型、压力设定点、区域。

如图 5-6 所示的例子模拟了由于上游系统压力高于阀门设定压力而通过减压阀释放水的模型，该模型包括一个减压阀部件，其连接到上游（入口）和下游（出口）边界条件。

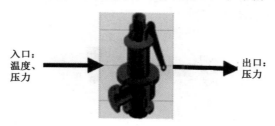

图 5-6　减压阀

5.6　恒温器

在控制工作流体的加热或冷却接近所需温度的系统中需要恒温器。这种部件通常存在于大型建筑物的发动机冷却系统或加热系统中。恒温器可以同时具备测量温度和将温度控制在接近所需设定值的范围内的功能。汽车应用中使用的典型恒温器有两条流道，即主流道和旁通流道，但也有不使用旁路的情况。为便于对带旁路和不带旁路的恒温器进行建模，Flownex 中的恒温器模型包括一个用于模拟主流道的恒温器组件和一个可选的恒温器旁路组件，该组件可在需要时对旁路流道进行建模。

输入项包括恒温器流体、阀门直径、开度与温度图表、二次损失与开启图表。恒温器旁路包括流体类型、阀门直径、开度与开度图表、二次损失与开启图表、恒温器组件。

下面的例子模拟了流经恒温器和恒温器旁路的水的模型，该模型由一个恒温器组件和一个连接到 1 个上游（入口）和 2 个下游（出口）边界条件的恒温器旁路组件组成，如图 5-7 所示。

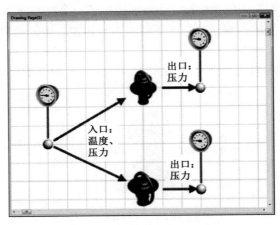

图 5-7　恒温器和恒温器旁路

5.7　球阀

模拟球阀（计算基于 Miller 的球阀数据），球阀模拟需要输入流体类型、管道直径、阀门角度。

如图 5-8 所示的例子模拟了流经阀门的水的模型，该模型包括一个连接到上游（入口）和下游（出口）边界条件的球阀组件。

图 5-8　球阀

5.8　截止阀

模拟截止阀（计算基于 Miller 的截止阀数据），输入项包括流体类型、阀门直径、打开部分、入口管道直径、出口管道直径。

如图 5-9 所示的例子模拟了流经阀门的水的模型，模型包括一个连接到上游（入口）和下游（出口）边界条件的截止阀组件。

图 5-9　截止阀

5.9　蝶阀

　　蝶阀又称翻板阀，属于角行程阀，常被用于调节液体、气体和蒸汽的流量。蝶阀的特点是流通能力大，阻力损失小，流体通过时压降低，具有自清洗功能，沉积物不易积存，泄漏量大。蝶阀可广泛应用于含有悬浮颗粒物的浓浆状流体，特别适用于大口径、大流量和低压差的场合。蝶阀模拟的输入项包括流体、管道直径、阀门角度。

　　如图 5-10 所示的例子模拟了流经蝶阀的水的模型，该模型包括连接到上游（入口）和下游（出口）边界条件的蝶阀组件。

图 5-10　蝶阀

第6章　热流系统储液组件的建模仿真

储罐是用于储存各种液体或气体等原料及成品的设备，在许多行业的生产中是关键容器。储罐的形式各异，按不同储存介质、结构、大小、用途等可以分成不同种类。

储液器在制冷系统中的主要用途是储存制冷剂，可以在蒸发冷凝过程中储存制冷剂，维持蒸发与冷凝之间的平衡。制冷系统储液器用于蒸发负荷变化大的制冷系统，在工况发生变化时为适应蒸发器负荷变动可以调节制冷剂循环量，为保证高负荷循环量大时有足够的供液，同时低负荷循环量小时液体制冷剂不至于侵入冷凝器内而影响散热效果，因此系统配置储液器能使其良好运行。高压储液器的位置在冷凝器与膨胀阀之间，避免冷凝液在冷凝器中积存而减小其传热面积。储液器也起到一定的过滤、消音作用。

6.1　累加器

累加器模拟一个被弹性隔膜隔开的容器。作用在网络流体上的压力是由隔膜另一侧的气体压缩产生的。当对活塞缸布置或液压蓄能器进行建模时，该部件特别有用，以在泵送功率损失的情况下抑制水锤或确保足够的质量流量。

在模拟累加器时需要输入最大气体体积、参考气体体积、参考压力、总体积、多变过程指数。

如图6-1所示的例子模拟了水在累加器中的流入和流出。该模型包括连接到上游（入口）和下游（出口）管道组件的累加器组件，每个管道都连接到一个边界条件。

图 6-1　累加器

6.2　储罐接口

储罐接口组件可用于模拟储罐中动态变化的体积，其中两个流体通过移动隔膜上的力平衡机械耦合。我们可以在任何一侧指定任何流体类型。这些组件可用于模拟两个流体之间的任何体积置换过程，如泵送系统和能量回收系统。

在模拟储罐接口时储罐接口顶部需要输入面积和流体；储罐接口底部需要输入面积、位移长度、稳态界面位置和流体。

如图 6-2 所示的例子模拟了液体在储罐界面的顶部和底部流入和流出。每个流阻元件都连接一个边界条件。

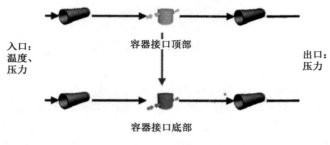

图 6-2　储罐接口

6.3　开放容器

这里模拟一个对大气开放的容器，打开的容器组件可以跟踪液位、满容量添加液体时的溢出，以及容器空时没有流出。在模拟开放容器时需要输入水平表面、自由表面的压力、直径、高度。

如图 6-3 所示的例子模拟了进出开放容器的水。该模型包括连接到上游（入口）和下游（出口）管道组件的开放容器组件，每个管道都连接一个边界条件。

图 6-3　开放容器

6.4　蓄水池

蓄水池可以用来模拟水库或容器的储存容量和热惯性。在模拟蓄水池时需要输入体积、直径、液体类型。

如图 6-4 所示例子模拟了进出蓄水池的水流。该模型包括连接到上游（入口）和下游（出口）管道组件的蓄水池组件。每个管道都连接一个边界条件，边界条件用于指定系统入口和出口处的环境条件。

图 6-4　蓄水池

6.5　两相槽

两相槽用于模拟一个可以跟踪两相流体液相液位的容器，如图 6-5 所示。

图 6-5　两相槽

6.6　半密闭式容器

半密闭式容器用于模拟一个容器，它在部分填充时是向大气敞开的，一旦填充，压力会增加而不是溢出。在对单相网络中带有净化阀的除氧器或水箱进行建模时，此组件特别有用。

在模拟半密闭式容器时需要输入水平表面、直径、高度、自由表面的压力。

如图 6-6 所示的例子模拟了半密闭式容器（水箱）中水流入和流出的情况，当水箱中的水位变化时，空气可以通过该阀逸出或进入。该模型包括连接到上游（入口）和下游（出口）管道组件的半密闭式容器组件。每个管道都连接到一个边界条件。

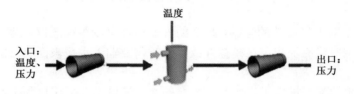

图 6-6　半密闭式容器

6.7　案例 6-1：带储罐的管流模拟

6.7.1　问题描述

水通过单一基本管道在两个储罐之间流动，假设管道入口为储罐 A，入口处有一个尖锐的进入式几何形状。设定大气压力为 100 kPa，仪表压力读数如图 6-7 所示。要求计算通过管道的质量流量。（流体性质：密度为 996 kg/m^3，黏度为 0.0008 kg/m·s）

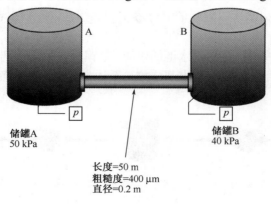

图 6-7　双水箱

注意：因为管道的进出口压力保持不变，所以储罐不需要建模。唯一需要建模的元件是管道，管道的进出口压力指定为附加边界条件。

6.7.2　建模步骤

步骤 1：启动 Flownex（见图 6-8 和图 6-9）。

① 打开 Flownex；

② 选择"File"→"New"；

③ 将文件以适当的名称保存，如"Tutorial 01"，并保存在首选位置。

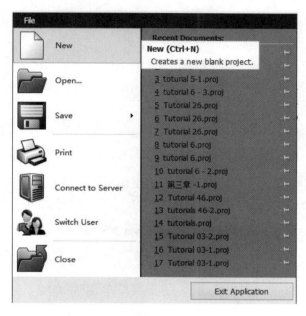

图 6-8　新建文件

图 6-9　保存文件

步骤 2：调整画布大小（见图 6-10 和图 6-11）。

① 右击画布，然后在上下文菜单中选择编辑页面（Edit Page）选项；

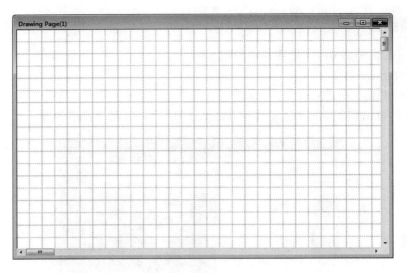

图 6-10　画布

② 在属性窗口中选择页面\Flownex 工程图页面属性选项；

③ 将宽度（Width）更改为 300，将高度（Height）更改为 250；

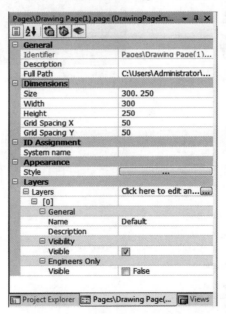

图 6-11　画布属性

④ 在功能区菜单上选择查看（View）选项，然后按缩放至适合页面（Zoom To Fit Page）按钮。

注意：画布的大小已调整到左上角，所有组件都必须在该范围内，以便更改画布的大小。

步骤 3：创建元件、节点和边界条件（见图 6-12 和图 6-13）。

① 在库窗口中选择组件（Components）选项卡；

② 展开流量求解器（Flow Solver）支列；

③ 展开管道（Piping）分支；

④ 选择一个基本管道（Basic Pipe）并将其拖至工程图画布上；

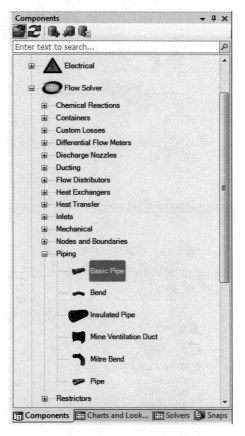

图 6-12　组件选项

⑤ 在功能区菜单上选择查看（View）选项；

⑥ 切换标识符（Identifiers）按钮以隐藏组件名称。

步骤 4：连接节点、组件和边界条件（见图 6-14 和图 6-15）。

① 展开节点和边界（Nodes and Boundaries）支列；

② 选择边界条件（Boundary Condition）并将其拖至绘图画布上；

③ 将每个边界条件（Boundary Condition）链接到一个节点（Node）；

（a）菜单栏

图 6-13　隐藏组件名称

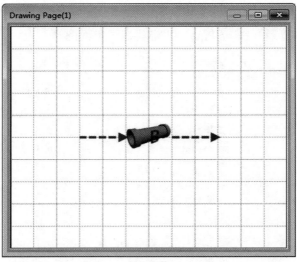

（b）组件

图 6-13　隐藏组件名称（续）

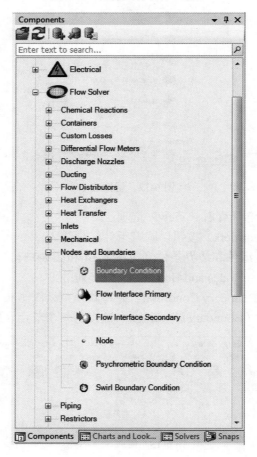

图 6-14　边界条件

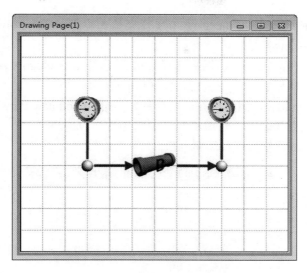

图 6-15　边界条件链接到一个节点

注意：要在两个组件之间创建链接，在移动链接时将链接到边界条件的链接的末端悬停在蓝色部分，将自动创建一个节点。

步骤 5：创建工作流体（见图 6-16 和图 6-17）。

① 指定自定义流体，在库窗口中选择图表和查找表（Charts and Lookup Tables）选项卡；

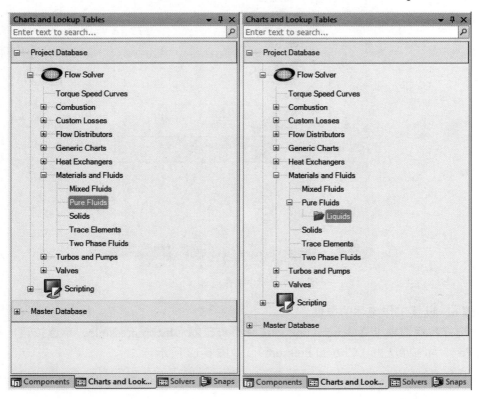

图 6-16　创建工作流体（一）

② 在项目数据库（Project Database）中展开流量求解器（Flow Solver）支列，然后浏览材料和流体（Materials and Fluids）；

③ 右击纯流体（Pure Fluids），然后选择添加类别（Add Category）；

④ 右击新类别，然后将其重命名为液体（Liquids）；

⑤ 右击液体（Liquids），然后选择添加新的纯流体（Add new Pure Fluid）；

⑥ 右击新图表或查找表项，然后将其重命名为水（Water）；

⑦ 右击水（Water），然后选择编辑（Edit）。

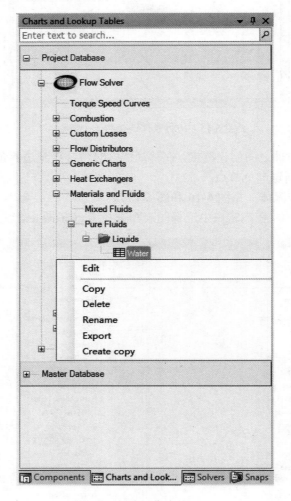

图 6-17　创建工作流体（二）

步骤 6：设置工作流体的属性。

① 选择常规选项卡（General tab），选择不可压缩（Incompressible）单选按钮，并输入 22064 kPa 作为临界压力（Critical Pressure），如图 6-18 所示。

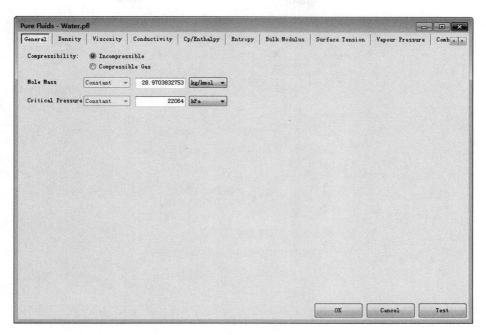

图 6-18　常规选项卡

② 选择密度（Density）标签，在下拉列表框中选择常量（Constant），并输入 $996\,\text{kg}\,/\,\text{m}^3$ 作为密度（Density），如图 6-19 所示。

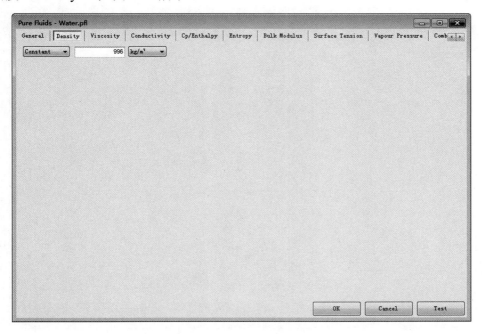

图 6-19　"Density" 标签

③ 选择黏度（Viscosity）选项卡，确保选择常量（Constant），输入 $0.0008\,\text{kg}\,/\,\text{m}\cdot\text{s}$，如图 6-20 所示。

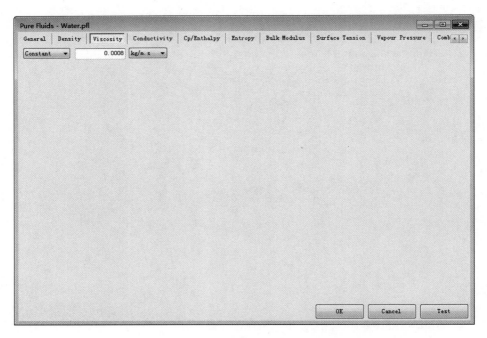

图 6-20　　"Viscosity"选项卡

④ 选择热导率（Conductivity）选项卡，确保选择常量（Constant），并输入 0.0263 W / m · K，如图 6-21 所示。

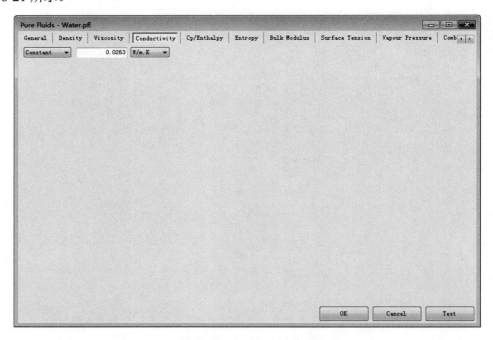

图 6-21　　"Conductivity"选项卡

⑤ 选择 Cp/焓（Cp/Enthalpy）选项卡，确保选择常量（Constant），输入 4.183 kJ / k · K 作为焓值，并单击确定（OK）按钮，如图 6-22 所示。

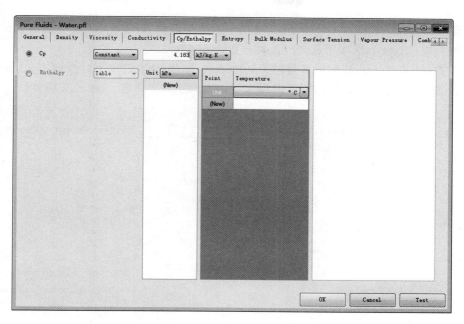

图 6-22　"Cp/ Enthalpy"选项卡

步骤 7：分配工作流体（见图 6-23 和图 6-24）。

① 右击任何流组件，然后选择分配流体（Assign Fluids）选项；

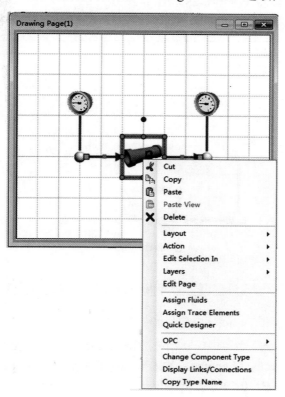

图 6-23　分配流体

② 在流体分配（Fluid Assignment）窗口中，选择流体（Fluid）下的下拉箭头；
③ 在类型（Type）选项下选择纯流体（Pure Fluids）；
④ 在类别（Category）和项目数据库（Project Database）选项下选择液体（Liquids）；
⑤ 在说明（Description）选项下选择水（Water），单击确定（OK）按钮。

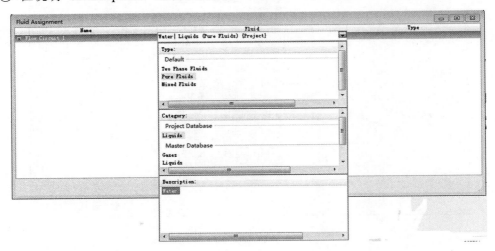

图 6-24　分配工作流体

步骤 8：定义管道属性（见图 6-25 和图 6-26）。
① 双击基本管道（Basic Pipe）以显示属性窗口，然后选择输入（Input）选项；

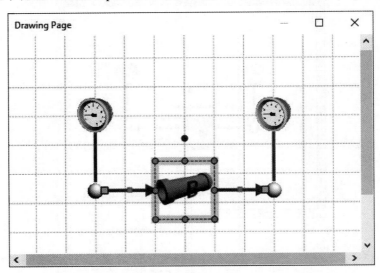

图 6-25　基本管道

② 在几何（Geometry）选项中，从下拉列表中选择指定几何（Specify geometry）；
③ 输入 50 m 作为长度（Length），输入 0.2 m 作为直径（Diameter）；
④ 选择锐利边缘（$K=0.5$）［Sharp edge（$K=0.5$）］作为入口损失（前向流量）；
⑤ 选择到油箱（$K=1$）［To tank（$K=1$）］以获得出口损失（正向流量）；

⑥ 输入 400 μm 作为粗糙度（Roughness）。

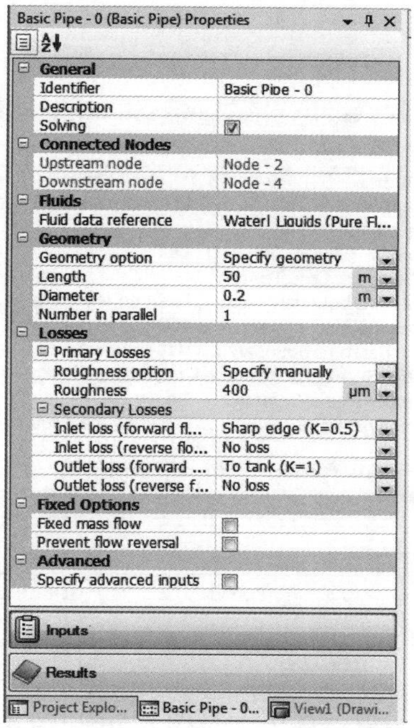

图 6-26　定义管道属性

注意：基本管道允许用户根据管道入口和出口的几何形状选择次级损耗值。这三个选项是"锐边""向内投影""齐平"。 在平齐入口，可以指定倒角的半径。还存在为正向和反向流指定不同 K 值的选项（正向是在连接方向上）。

步骤 9：定义边界条件——入口压力（见图 6-27 和图 6-28）。

① 双击边界条件 1（Boundary Condition 1）选项以显示属性（Properties）窗口；

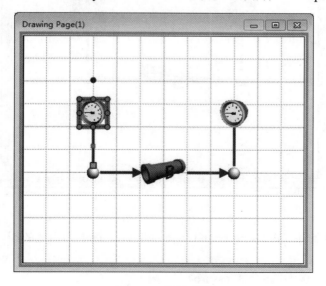

图 6-27　管网布置

② 将压力边界条件（Pressure boundary condition）指定为固定于用户总计（Fixed on user total value）；

③ 输入 150 kPa 作为压力（Pressure）。

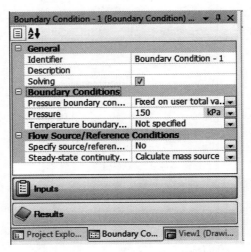

图 6-28　入口边界条件设置

步骤 10：定义边界条件——出口压力（见图 6-29 和图 6-30）。

① 双击边界条件 2（Boundary Condition 2）选项以显示属性（Properties）窗口；

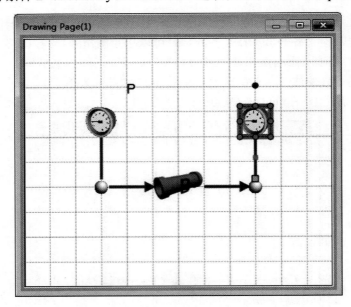

图 6-29　管网布置

② 将压力边界条件（Pressure boundary condition）指定为固定的用户值（Fixed on user value）；

③ 输入 140 kPa 作为压力（Pressure）。

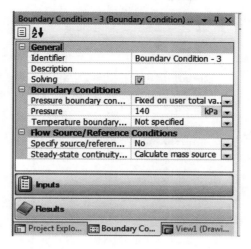

图 6-30　出口边界条件设置

步骤 11：计算网络并查看结果（见图 6-31 和图 6-32）。

① 按主页（Home）按钮查看求解器控制按钮；

② 选择解决稳定状态（Solve Steady State）选项；

③ 双击基本管道（Basic Pipe）选项以显示属性（Properties）窗口。

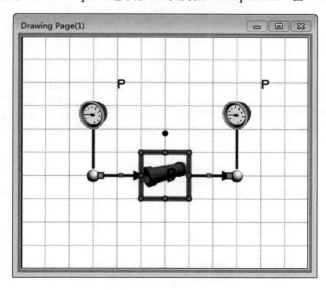

图 6-31　管网布置

④ 选择结果选项卡（Results tab）；

⑤ 显示结果，通过管道的总质量流量约为 51.2035 kg/s。

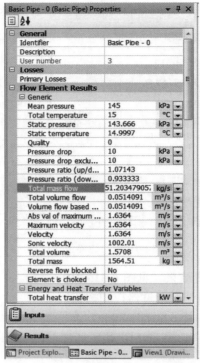

（a）管道结果

（b）计算结果

图 6-32　结果

第 7 章　热流系统流体输配管网的建模仿真

许多公用设备工程，如通风空调、采暖供热、燃气供应、建筑给水排水等，需要将流体输送并分配到各相关设备，或者从各接收点将流体收集起来输送到指定点。承担这一功能的管网系统称为流体输配管网，包括管道系统、动力系统、调节装置、末端装置及保证管网正常工作的其他附属装置。各类工程的流体输配管网型式不同，装置和系统布置也各有不同。

7.1　流体输配管网系统的基本组成与原理

7.1.1　流体输配管网系统简介

管网即管路系统，承担输送、分配流体的功能，管路是流体流动的路径。工程实例中很多场合都需要将流体按需输送和分配到不同场合，承担这一功能的就是流体输配管网。管网系统连接各个末端，可以从末端收集指定流体再输送到指定地点或向末端输配指定流体，管网系统是通风空调、供暖、供燃气、建筑给排水等工程必需的功能环节[12]。

7.1.2　流体输配管网系统组成

管网系统中包括管道、动力装置、调节装置、末端装置及一些其他附属设备，这些装置组合共同保证了管网的正常功能。根据各类工程的需要，输配管网系统有不同的装置和布置。

管道是保证流体正常流动的通路，管道和管道连接件连接可以输送气体、液体，在供水、供热、通风、供暖、供燃气及长距离运输中十分重要，且用途广泛。

动力装置提供流动所需动力，如泵和风机。实际流动过程中有阻力影响，通常可以利用流体自身重力或压力从管道高压处向低压处流动，显然在工程中增设动力装置设备是十分有必要的。泵和风机利用了外加能量对流体增压，可以顺利地为流体输送提供动力，是工程中应用最广泛的动力装置。

调节装置起到调节、控制流体流量的作用，如调节阀、关断阀等阀门装置。末端对流量通常有一定需求，因此需要采用调节装置对各管段内流量进行调整以按需分配，且要求从节能、高效、安全的角度全面考虑。

末端装置如卫生器具、水龙头、消防喷水嘴等，与管网连接，可以接受从管网的另一端获取所需的流体，或将流体输送至另一端。

附属设备还有流量计、温度计等，以及一些其他装置和设备。

7.1.3　流体输配管网系统分类

对应不同的工程管网系统有不同分类，不同的用途也有不同的装置。在各类工程中，对应远距离输送工程、服务城市建设的市政工程、建筑相关工程有不同的管网系统。根据输送流体的不同，分为气体输配管网和液体输配管网。气体输配管网包括燃气输配管网、排烟输配管网、空调通风工程、空气输配管网等。液体输配管网包括市政给水管网、集中供热管网、空调水系统管网等。此外，还有输送多相流的管网系统，如蒸汽管网。

为了进行有针对性的分析，从不同角度有不同的分类方法。按照流体流动的相态，可分为单相流管网和多相流管网；按照驱动动力，可分为重力驱动管网和压力驱动管网；按照管网内流体与外界环境空间流体的联系，可分为开式管网和闭式管网；按照流动路径的确定性，可分为枝状管网和环状管网；按照各并联管段所在环路之间的流程长短，可分为同程式管网和异程式管网；按照管网之间的连接方式，可分为直接连接管网和间接连接管网；按照服务范围，可分为区域管网、城市管网、建筑管网、房间管网等。

7.2　气体输配管网

7.2.1　气体重力管流

管道内气体从断面 1 流向断面 2，竖管道内重力流如图 7-1 所示，流动能量方程为

$$P_{j1} + \frac{\rho v_1^2}{2} + g(\rho_a - \rho)(H_2 - H_1) = P_{j2} + \frac{\rho v_2^2}{2} + \Delta P_{1-2} \tag{7-1}$$

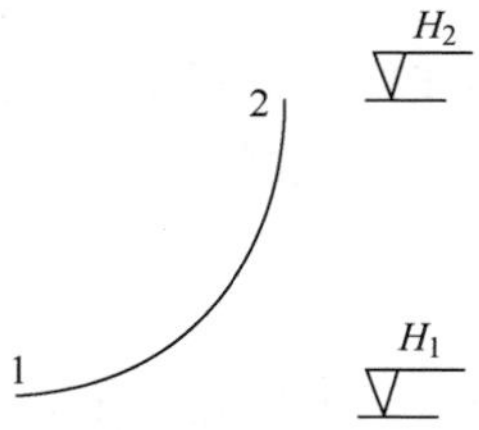

图 7-1　竖管道内重力流

式中，P_{j1}、P_{j2} 代表断面的静压，H_1、H_2 代表断面高度，v_1、v_2 代表不同断面的流速，g 代表重力加速度，ρ_a 为环境空气密度，ρ 为管内气体密度，ΔP_{1-2} 为从断面 1 到断面 2 的能量损失，$\dfrac{\rho v_1^2}{2}$、$\dfrac{\rho v_2^2}{2}$ 为断面的动压，$g(\rho_a - \rho)(H_2 - H_1)$ 是重力对流动的作用，在流体力学中称为位压。

若断面 1、2 分别代表（临近）入口处、出口处，则 $P_{j1} = 0, P_{j2} = 0, v_1 = 0$，则式（7-1）可以写为

$$g(\rho_a - \rho)(H_2 - H_1) = \frac{\rho v_2^2}{2} + \Delta P_{1-2} \tag{7-2}$$

可以看到位压为出口流体动压和断面间流动损失的来源。其中，位压实质上是重力对流体的作用，位压大小取决于密度差和高度差的乘积，当管道内外密度相同时，位压为零。流动阻力依靠位压来克服，从断面 1 到断面 2 的流动是由重力引起的，属于重力流。

7.2.2　气体压力管流

静压和动压之和称为全压，用 P_g 表示。当无机械动力装置，位压为零（如管道内外气体

不存在密度差）时，式（7-1）写为

$$P_{j1} + \frac{\rho v_1^2}{2} = P_{j2} + \frac{\rho v_2^2}{2} + \Delta P_{1-2} \tag{7-3}$$

$$P_{q1} - P_{q2} = \Delta P_{1-2} \tag{7-4}$$

当气体在管中流动时，若密度差很小或高度差很小，位压为零时，全压是克服流动阻力的动力。

全压和重力综合作用下的气体管内流动能量方程可写为

$$\left(P_{q1} - P_{q2}\right) + g\left(\rho_a - \rho\right)\left(H_2 - H_1\right) = \Delta P_{1-2} \tag{7-5}$$

式中，全压差 $\left(P_{q1} - P_{q2}\right)$ 表示压力作用，位压差 $g\left(\rho_a - \rho\right)\left(H_2 - H_1\right)$ 表示重力作用，在全压和重力的共同作用下气体克服流动损失流动。

7.3　液体输配管网

7.3.1　液体重力循环管流

液体管网中无机械动力装置时，管段断面 1、2 之间的能量方程为

$$z_1 + \frac{P_1}{\rho g} + \frac{v_1^2}{2g} = z_2 + \frac{P_2}{\rho g} + \frac{v_2^2}{2g} + \Delta H_{1-2} \tag{7-6}$$

式中，z_1、z_2 代表断面 1、2 相对于基准面的高度，称位置水头；$\frac{P_1}{\rho g}$、$\frac{P_2}{\rho g}$ 代表断面 1、2 的静压强水头，称压强水头；$\frac{v_1^2}{2g}$、$\frac{v_2^2}{2g}$ 代表断面 1、2 的流速水头；ΔH_{1-2} 代表管段 1-2 间的水头损失，用米水柱（mH_2O）表示。位置水头、压强水头、流速水头之和称为总水头。

液体管网内液体与管外气体密度差很大，故可忽略管外气体的影响，位压用水柱压力 $\rho g\left(z_2 - z_1\right)$ 表示。

$$\Delta H_{1-2} = \left(z_1 + \frac{P_1}{\rho g} + \frac{v_1^2}{2g}\right) - \left(z_2 + \frac{P_2}{\rho g} + \frac{v_2^2}{2g}\right) \tag{7-7}$$

无机械动力装置时，断面之间水头损失可用两端面总水头差表示。对于一个闭式液体管路，包括一个放热元件、一个加热元件，环路内水受热后沿着供水管流入放热元件，冷却后沿回水管流回加热元件，以此循环流动。流动中的能量方程为

$$gh\left(\rho_h - \rho_g\right) = \Delta P_1 \tag{7-8}$$

式中，ρ_h、ρ_g 分别代表回水密度、供水密度，h 代表加热元件与放热元件中心的高度差，g 代表重力加速度。放热与加热元件之间的密度差和高度差的乘积提供克服流动损失的动力。其中，供回水温度不同时液体密度不同，故每米高差产生的流动动力不同。重力循环作用下动力不大，要注意避免环路中的积气影响循环，应布置排气装置。管网中往往有多个放热、加热元件，以并联或串联方式形成环路。

7.3.2 液体机械循环管流

机械循环流动有别于重力循环流动，为循环增加了较大的循环动力，依靠循环动力装置（如水泵）的动力来克服流动阻力，维持循环正常进行[13]。在有能量输入的情况下，流动能量方程为

$$z_1 + \frac{P_1}{\rho g} + \frac{v_1^2}{2g} + H_i = z_2 + \frac{P_2}{\rho g} + \frac{v_2^2}{2g} + \Delta H_{1-2} \quad （7\text{-}9）$$

其中，H_i 为输入能量。若以输入功率 P_i 表示，则 $P_i = \rho g Q H_i$，Q 为流体通过管段的流量。在有能量输出的情况下，流动能量方程为

$$z_1 + \frac{P_1}{\rho g} + \frac{v_1^2}{2g} = z_2 + \frac{P_2}{\rho g} + \frac{v_2^2}{2g} + H_o + \Delta H_{1-2} \quad （7\text{-}10）$$

其中，H_o 为输出能量。若以输出功率 P_o 表示，则 $P_o = \rho g Q H_o$，Q 为流体通过管段的流量。

当动力装置和重力共同作用以克服循环阻力时，如果重力作用方向与动力装置方向相反，重力成为循环阻力。重力相比机械循环动力很小，故可以忽略不计。

7.4 案例 7-1：水力网络的建模和仿真

7.4.1 问题描述

本例灌溉网络由一根管道（PL2）组成，其中装有 10 个均匀分布的喷嘴，间隔为 12 m。进料管（PL1）与泵站的距离为 25 m，水力网络如图 7-2 所示。试选择合适容量的水泵加压以扩大灌溉范围。

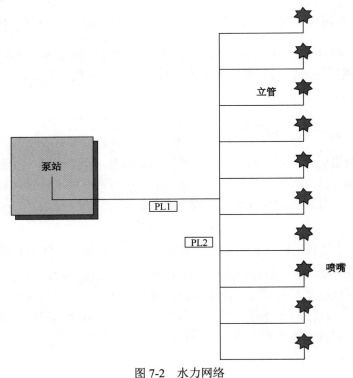

图 7-2 水力网络

　　喷嘴配置在立管上，每个立管的高度为 1 m。立管又通过 T 形接头连接到主管道。为解决连接处的压力损失问题，可以将每根竖管的次级损失系数增加为 0.6。各种管道的适用直径：立管为 25 mm，PL1 为 75 mm，PL2 为 75 mm，如表 7-1 所示。

表 7-1　管道适用直径

项　　目	竖　　管	PL1	PL2
直径（mm）	25	75	75

　　所有管道的壁面粗糙度均为 40 μm。用于加速灌溉系统出口水流的喷嘴直径为 5 mm。喷嘴的排出系数取 0.8。除了与膨胀的大气条件有关的损失，喷嘴中没有显著的压力损失，环境压力为 100 kPa。该扩展需要按图 7-3 安装一条额外的管道，该管道具有与 PL2 完全相似的立管和喷嘴。

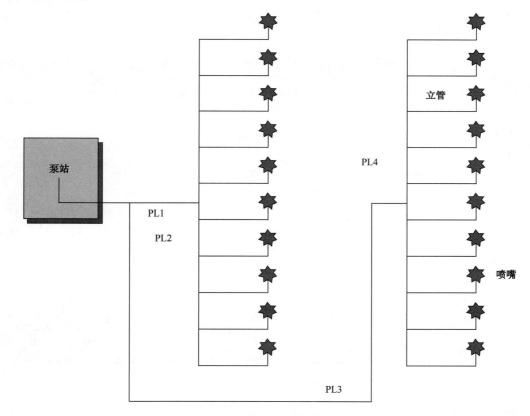

图 7-3　扩展额外管道的水力网络

　　如图 7-3 所示，PL3 通过 PL1 的 T 形接头将 PL4 连接到泵站。PL1 与 PL3 之间的交界处距离 PL2 和 PL1 的交界处 13 m。PL3 的长度为 500 m。PL3 的直径和粗糙度与 PL1 相同。从泵站开始，PL3 沿着一条土路到达与 PL4 的交叉口。需要使用 5 个弯管（弯头），每个弯管的转弯角度为 90°。5 个弯管的半径与直径之比均为 1.25，壁面粗糙度均为 100 μm。按照规定的距离沿 PL3 安装弯管。传输到网络的总质量流量正好是网络扩展之前传输到 PL2 流量的 2 倍。在给定所有数据和边界条件的情况下，计算出满足需求的泵头数。

7.4.2　案例 7-1-1

步骤 1：打开现有模型（见图 7-4）。

① 选择打开（Open）图标；

② 选择安装 Flownex 的目录，打开本地磁盘（Local Disk）—程序文件（Program Files）—Flownex—教程（Tutorials）；

③ 选择所有文件（*.*）［All files（*.*）］选项以显示所有压缩教程文件。提取教程 03，右击文件夹并选择全部提取（Extract all）选项；

④ 选择 Tutorial 03-1 并单击打开（Open）。

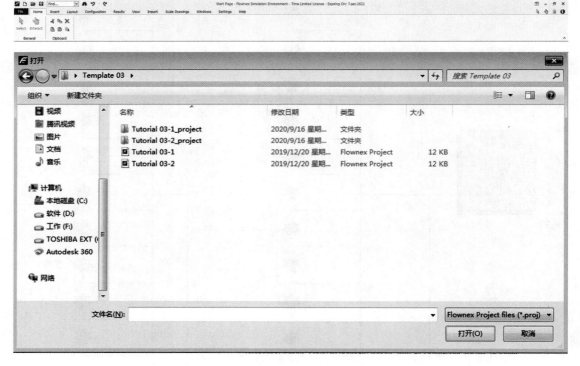

图 7-4　打开案例模型

步骤 2：保存项目（见图 7-5）。

① 选择"File"→"Save"→"Save As"；

② 为文件指定适当的名称，如教程 03-1（Tutorial 03-1）；

③ 保存在首选位置。

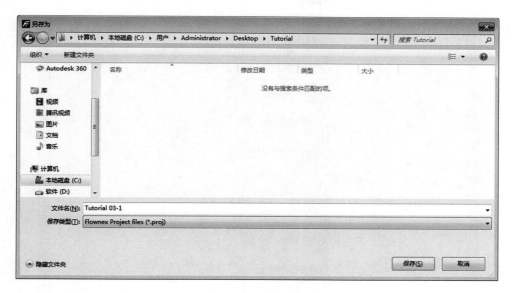

图 7-5　保存项目

步骤 3：解决原始网络（见图 7-6～图 7-8）。

① 按求解稳态按钮（Solve steady state button）；

② 选择结果层（Result Layers）选项卡；

③ 选中压力（Pressure）复选框以查看高、低和平均压力（High, Low and Average pressures）。

图 7-6　求解稳态

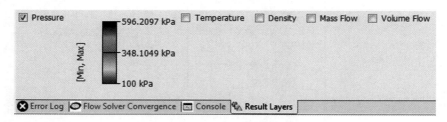

图 7-7　查看高、低和平均压力

步骤 4：复制适用的元件（见图 7-9）。

① 通过选择左上角并用光标拖动到右下角来选择所示的所有元件；

② 按 Ctrl 键和 C 键复制元件；

③ 单击其他位置并按 Ctrl 键和 V 键以粘贴所有复制的图元；

④ 将元件组拖动到所需位置。

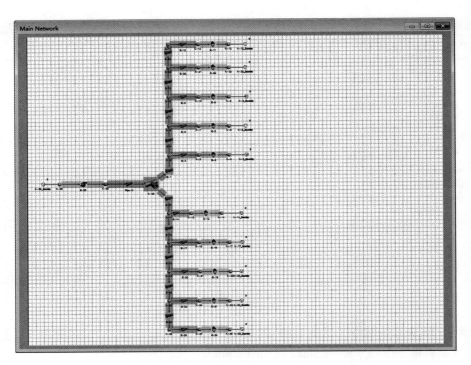

图 7-8　查看结果层

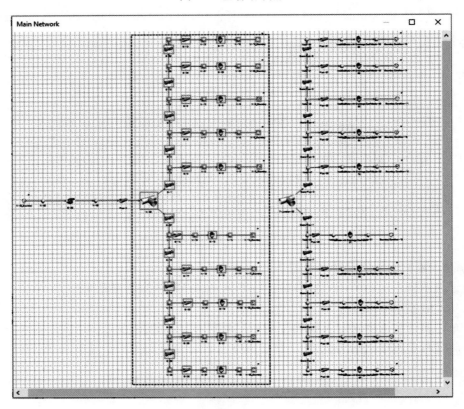

图 7-9　复制适用的元件

注：复制实体时，要保留分配给它们的所有信息。即使实体从一个 Flownex 模型复制到另一个模型（通过打开两个 Flownex 应用程序），分配的信息甚至组件图（如泵图表）也将复制到该模型中。

步骤 5：连接新创建的管道（见图 7-10）。

① 将 T 形接头添加到管道 PL1，并将管道（Pipe Component）构件替换为两个基本管道构件（Basic Pipe Components）（两个构件不能连接）。

② 使用基本管道（Basic Pipes）、弯头（Bends）和节点（Nodes）完成回路。

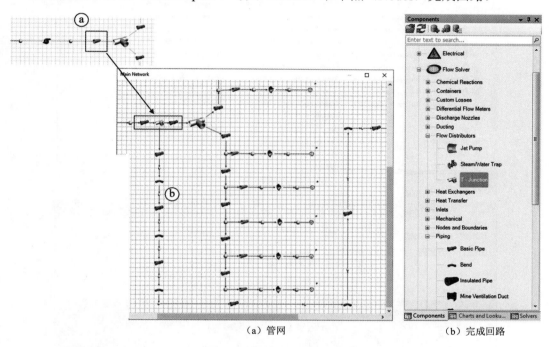

（a）管网　　　　　　　　　　　　　　　　（b）完成回路

图 7-10　连接新创建的管道

步骤 6：设置组件组的组件属性（见图 7-11）。

① 按 Ctrl 键和 F 键打开查找窗口；

② 在查找范围（Look In）下拉框中选择整个项目（Entire_Project）选项；

③ 在使用（Using）窗格中选择类型（Type）选项；

④ 在查找内容（Find what）下拉列表框中，选择所需组件，如折弯，然后按 Enter 键；

⑤ 选择查找（Find）选项；

⑥ 通过选择第一个项目，按住 Shift 键，然后选择最后一个项目来选择所有组件；

⑦ 按 F4 键可以同时编辑所有零部件特性。

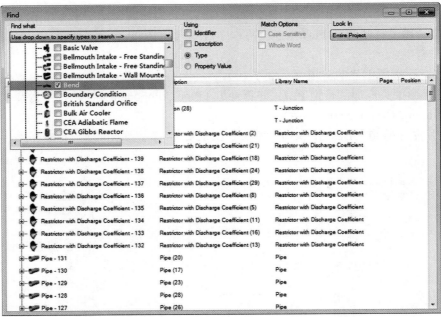

（a）查找

（b）编辑零件

图 7-11　设置组件组的组件属性

　　注：因为下一步是创建许多具有相同直径和粗糙度的管道和弯头，因此可以方便地使用多个组件选择来指定这些公共值。现在可以同时编辑模型中的所有类似图元。

步骤 7：为新创建的折弯设置属性（见图 7-12）。

① 在特性（Properties）对话框中将直径（Diameter）设置为 0.075 m；

② 将弯板角度（Bending Angle）设置为 90°；

③ 将半径（Radius）设置为直径的 1.25 倍（0.09375 m）；

④ 将粗糙度（Roughness）更改为 100 μm。

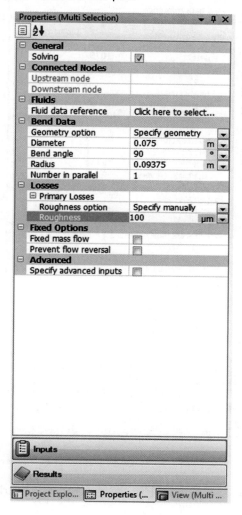

图 7-12　设置折弯属性

注：属性窗口（Properties Window）中的注释（多选），表示已选择多个组件。

步骤 8：为新创建的基本管道设置属性（见图 7-13）。

① 按住 Ctrl 键并选择 8 个新创建的基本管道（Basic Pipes）；

② 单击粉红色着色的基本管道，然后按 F4 键编辑直径和粗糙度；

③ 将直径（Diameter）设置为 0.075 m；

④ 将粗糙度（Roughness）设置为 40 μm。

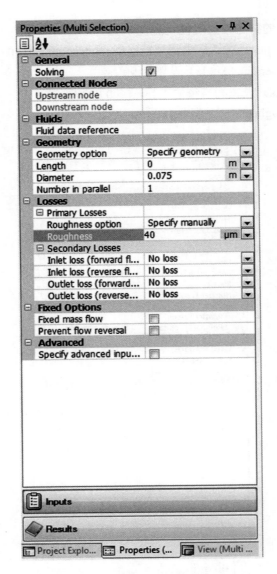

图 7-13　设置基本管道属性

注：在编辑具有相同数据的多个组件时，步骤 6 中介绍的 Ctrl 键和 F 键方法及这里介绍的方法非常有用。

步骤 9：为管道指定长度（见图 7-14）。

① 选择泵下游的基本管道（Basic Pipe）并打开属性窗口；

② 输入 12 m 的长度（Length）；

③ 对其余管道重复图 7-10（a）中的步骤ⓐ和ⓑ，方法是在左侧表格中插入值（管道在绘图画布中编号），管道长度值如表 7-2 所示。

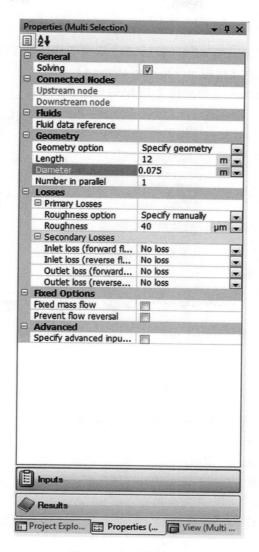

图 7-14　指定管道长度

表 7-2　管道长度值

管道 1	13 m
管道 2	10 m
管道 3	5 m
管道 4	55 m
管道 5	360 m
管道 6	30 m
管道 7	10 m

步骤 10：定义交叉口连通性（见图 **7-15**）。

① 选择第一个交叉点（first Junction）；

② 打开属性窗口；

③ 在指定高级损失（specify advanced losses）选项中选择是（Yes）选项，然后选择与其他两个管道垂直的管道作为连接图元（Joining element）；

④ 对其余接头（Junctions）重复图 7-15 中的步骤ⓐ～ⓒ。

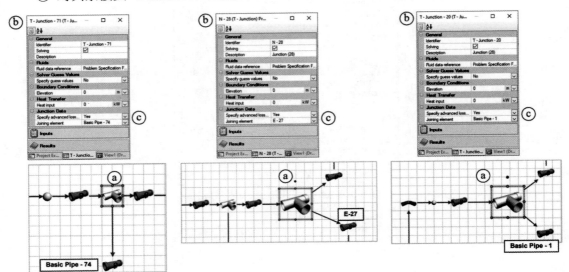

图 7-15　定义交叉口连通性

步骤 11：改变现有泵的质量流量（见图 7-16 和图 7-17）。

① 选择泵（Pump）部件；

② 打开属性（properties）窗口；

③ 勾选固定质量流量（Fixed mass flow）复选框；

④ 输入 9.83174 kg/s 的固定质量流量；

⑤ 选择缩放（Zoom）以适应页面。

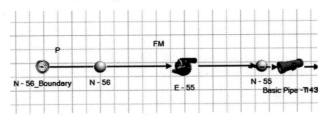

图 7-16　选择泵部件

步骤 12：查看压力结果（见图 7-18～图 7-20）。

① 单击求解稳态并保存（Solve Steady State and Save）选项；

② 打开泵组件属性（Pump component properties）窗口；

③ 选择结果（Results）选项卡；

④ 查看压力结果值，如表 7-3 所示。

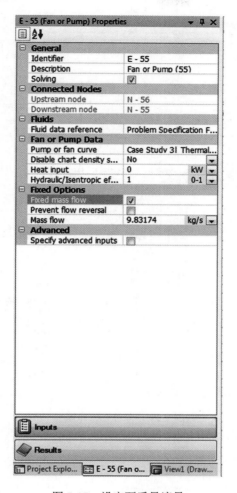

图 7-17 设定泵质量流量

图 7-18 求解稳态

表 7-3 压力结果值

泵上的压力上升（kPa）	541.678
所需压头（m）	55.2395
流量（l/s）	9.832

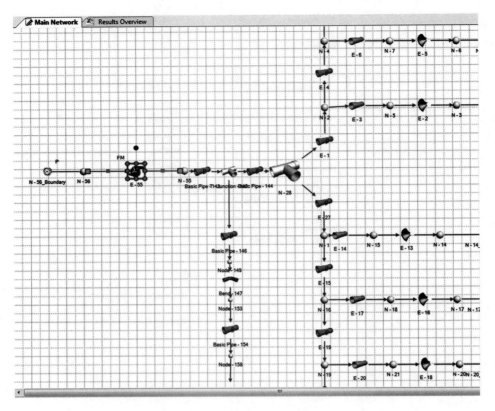

图 7-19　查看泵组件属性

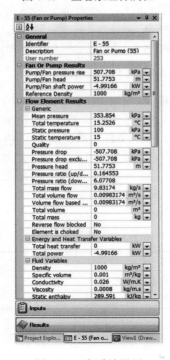

图 7-20　查看结果层

步骤 13：查看质量流结果。

① 在绘图画布上选择任意管道（Pipe）；

② 查看结果（Results），如图 7-21 所示。

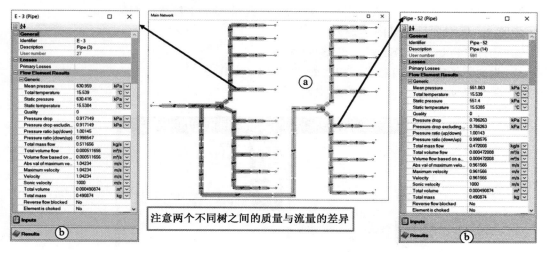

图 7-21　查看质量流结果

7.4.3　案例 7-1-2

在向相关农民展示了结果后，他们注意到 PL2 比 PL4 接收了更多的水流。要求优化系统，以便在 PL2 和 PL4 之间实现水流的平衡。于是决定在距离 PL1 和 PL2 连接处 6m 的地方给 PL1 添加一个阀。

根据制造商提供的参数，阀门压力损失系数可以取 50。完全打开时，阀门直径正好为 75mm。确定阀门直径（开度）以实现灌溉网络的平衡。

步骤 1：打开现有模型（见图 7-22）。

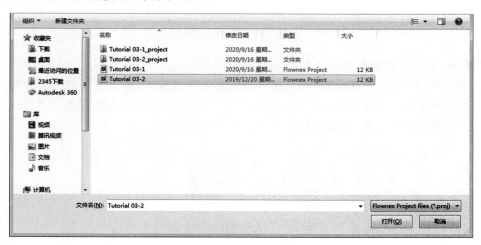

图 7-22　打开现有模型

① 选择"Open"图标；

② 选择文件教程 03（Tutorial 03-2）；

③ 单击"Open"按钮。

注：如果文件已成功完成，用户还可以使用教程 03-1 中修改过的文件。

步骤 2：保存项目（见图 7-23）。

① 选择"File"→"Save"→"Save As"；

② 为文件指定适当的名称，如教程 03-2（Tutorial 03-2）；

③ 单击 Save 按钮，保存在首选位置。

图 7-23　保存项目

步骤 3：从接头处断开管道（见图 7-24 和图 7-25）。

① 选择平移缩放工具 Pan Zoom Tool 图标并在画布上拖动，放大需要放置新阀的区域；

② 选择基本管道（Basic Pipe）上游的连接，并通过移动黄色控制柄断开连接；

③ 向上移动基本管道（Basic Pipe）以创建一些空间。

图 7-24　选择平移缩放工具

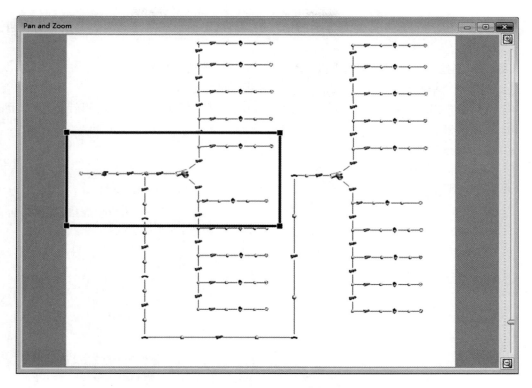

图 7-25　放大放置新阀区域

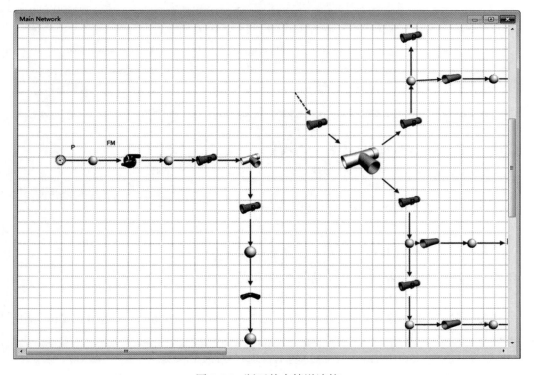

图 7-26　断开基本管道连接

注：元件的编号可能不一定与显示的相匹配，但这不会影响结果。网络由元件的连通性定义。

步骤 4：创建阀门（带损耗系数的节流器）和基本管道（见图 7-27）。

① 选择一个基本管道（Basic Pipe）组件并将其拖到绘图画布上；

② 选择带有损耗系数的限流器（Restrictor with Loss Coefficient）组件并将其拖到画布上；

③ 连接组件（Junction）；

④ 选择连接构件；

⑤ 打开属性窗口；

⑥ 选择与其他两个管道垂直的新管道作为连接图元（Joining Element）。

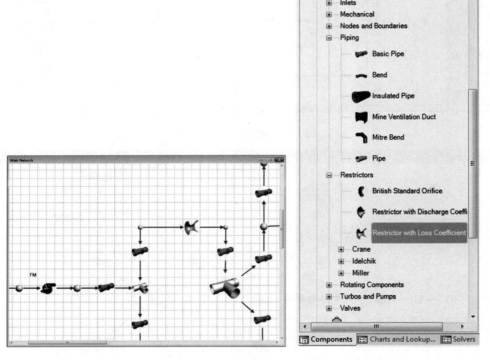

图 7-27　创建阀门（带损耗系数的节流器）和基本管道

注：在本例中，阀门将用具有损耗系数的限流器表示。

步骤 5：为基本管道指定属性（见图 7-28 和图 7-29）。

① 选择节流阀（Restrictor）上游的基本管道（Basic Pipe）；

② 打开属性窗口，输入长度（Length）为 7 m，直径（Diameter）为 0.075 m，粗糙度（Roughness）为 40 μm；

③ 选择节流阀（Restrictor）下游的基本管道（Basic Pipe）；

④ 打开属性（property）窗口，将长度（Length）从 13 m 更改为 6 m。

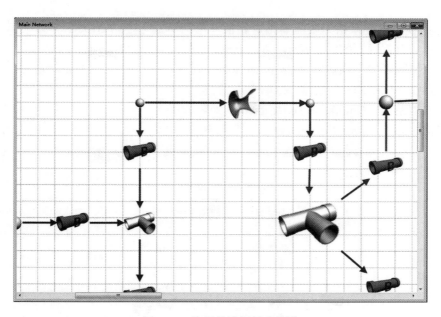

图 7-28　选择节流阀基本管道

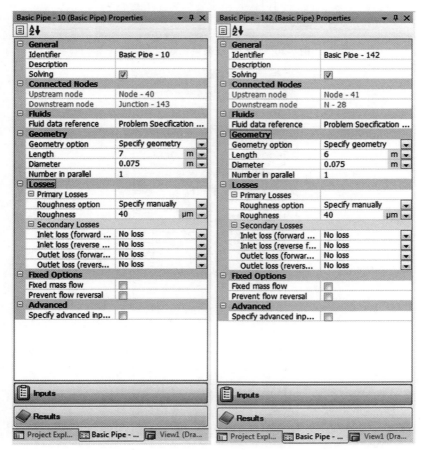

图 7-29　指定基本管道属性

步骤 6：使用损耗系数为限流器指定属性（见图 7-30 和图 7-31）。
① 选择具有损耗系数的限流器（Restrictor with Loss Coefficient）；
② 从下拉列表中将横截面（Cross sectional）选项更改为直径（Diameter）；
③ 在直径（Diameter）处输入 0.075 m；
④ 在收缩系数（Contraction coefficient）处输入 1；
⑤ 在损失系数（Loss Coefficient）处输入 50。

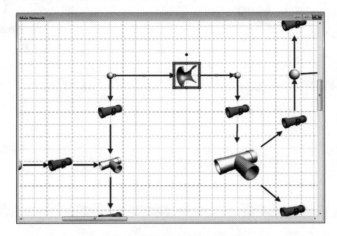

图 7-30　选择具有损耗系数的限流器

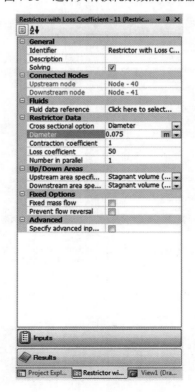

图 7-31　指定限流器属性

步骤 7：解决网络问题（见图 **7-32** 和图 **7-33**）。

① 选择"Save"；

② 选择"Solve Steady State"。

图 7-32　保存网络

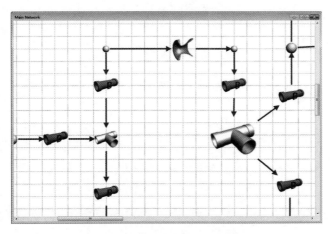

图 7-33　管道布局

立管流量示意如表 7-4 所示。

表 7-4　立管流量示意

PL2 流量上的立管（l/s）	PL4 流量上的立管（l/s）
5.03	4.79

注意：所需的泵头已增加，但流量尚未平衡。接下来，Flownex 将用于计算产生平衡流的限流器直径。

步骤 8：创建设计器集（见图 **7-34**～图 **7-36**）。

① 选择配置（Configuration）菜单项；

② 选择设计器设置（Designer Setup）图标；

③ 在设计器设置（Designer Setup）窗格中右击鼠标，然后选择添加（Add）选项；

④ 单击描述重命名为平衡流量的阀门开度（Valve Opening for Balanced Flow Rates）；

⑤ 在相等约束（Equality Constraints）窗格中右击鼠标，然后选择添加（Add）。

图 7-34　选择设置器配置

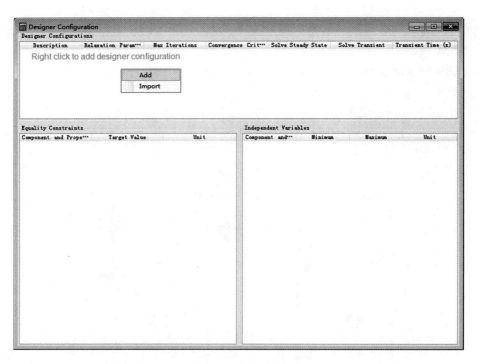

图 7-35　添加配置

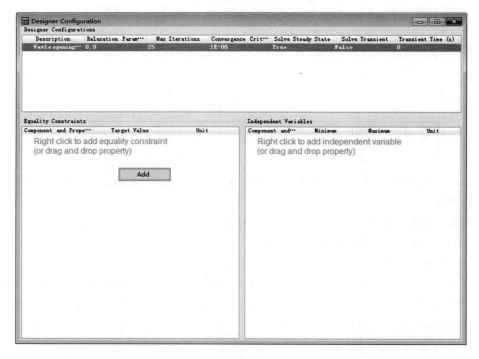

图 7-36　设置阀门开度

步骤 9：指定相等约束（见图 7-37 和图 7-38）。

① 选择浏览（browse）图标以打开特定属性选择对话框（Specific Property Selection）；

② 选择损耗系数为元件的限流器（Restrictor with Loss Coefficient）；

③ 选择结果（Results）选项以查看结果属性；

④ 选择总质量流量（Total mass flow）作为特性；

⑤ 单击确定（OK）按钮。

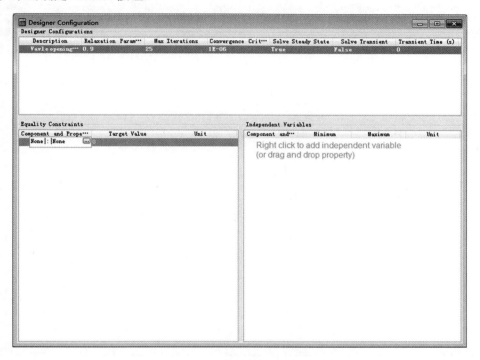

图 7-37　打开特定属性选择对话框

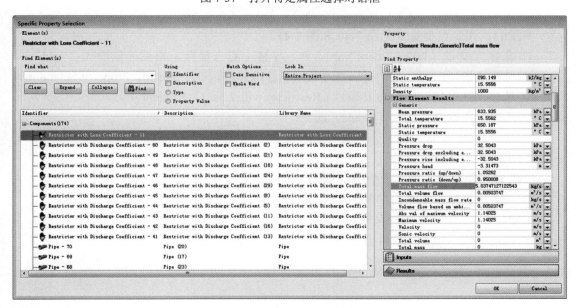

图 7-38　指定相等约束

步骤 10：输入相等约束（见图 7-39）。

将目标值（Target Value）设置为 4.91587 kg/s，这将确保网络的每个分支接收相同的流量。

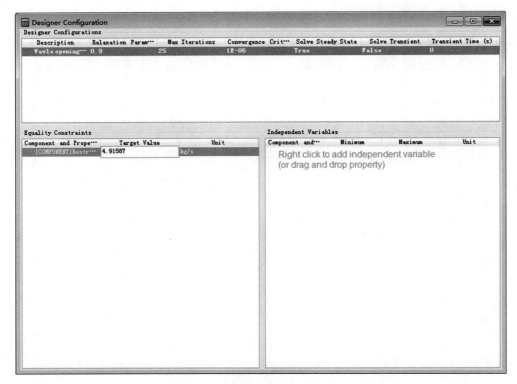

图 7-39　输入相等约束

步骤 11：指定自变量（见图 7-40 和图 7-41）。

① 在独立变量（Independent Variables）窗格中右击鼠标，然后选择添加"Add"；

② 选择浏览（Browse）图标以打开特定属性选择对话框（Specific Property Selection）；

③ 选择损耗系数为元件的限流器（Restrictor with Loss Coefficient）；

④ 选择输入以查看输入（Inputs）属性；

⑤ 选择直径（Diameter）作为特性；

⑥ 单击确定（OK）按钮。

步骤 12：指定最大值和最小值（见图 7-42）。

① 最小值（Minimum）设置为 0.005；

② 最大值（Maximum）设置 0.075；

③ 指定单位（Unit）为 m。

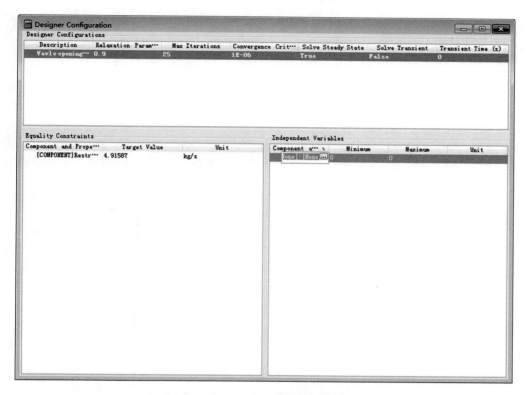

图 7-40　添加独立变量并打开特定属性窗口

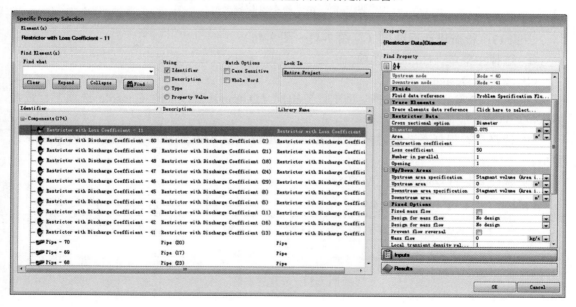

图 7-41　指定自变量

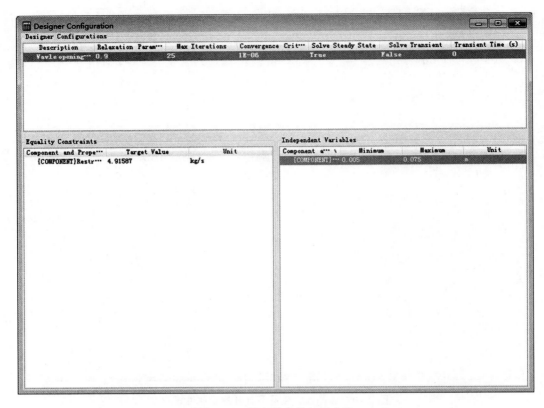

图 7-42　指定最小值与最大值

步骤 13：检查设计器结果（见图 7-43～图 7-46）。

① 选择主菜单（Home）选项；

② 按 Run Designer 图标；

③ 等待 Flownex 完成计算，浏览任务输出（Output）窗口中的 Console 选项卡，查看 Flownex 何时完成计算；

④ 选择具有损耗系数的限流器（Restrictor with Loss Coefficient）并打开属性（Properties）窗口；

⑤ 优化直径（Diameter）为 0.058m。

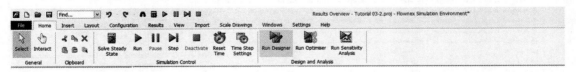

图 7-43　运行设计器

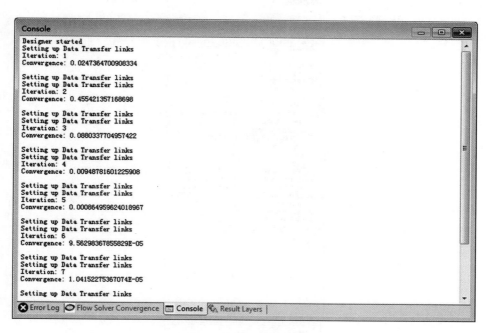

图 7-44　等待计算完成

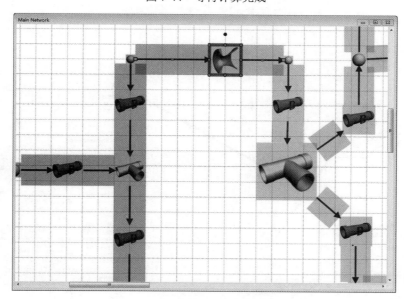

图 7-45　选择具有损耗系数的限流器

步骤 14：查看结果（见图 7-47）。

① 查看每个管道（Pipes）的计算结果；

② 查看泵（Pump）的计算结果。

图 7-46 设定直径

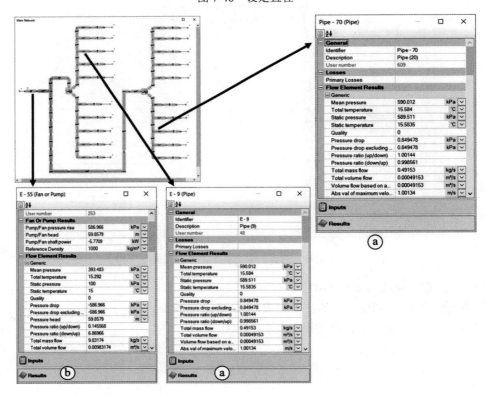

图 7-47 查看每个管道与泵的计算结果

压力上升为 586.966 kPa，因此所需泵头约为 59.9 m。所有管道中的总质量流量恒定值约为 0.491 kg/s。

7.5　案例 7-2：水力网络的流量控制建模与仿真

7.5.1　问题描述

流量网络由一条 200 m 长的管道组成，管道中间有一个流量控制阀。测量控制阀上游的流量，并将其用作控制阀的测量变量，以控制网络中的流量。这里通过管道的流量是使用 PI 来控制的。当下游压力在指定的范围内变化时，上游压力是固定的，如图 7-48 所示。

本案例的目的是添加 DCS 组件以创建变化的下游压力，并添加组件以控制管道内的流量。

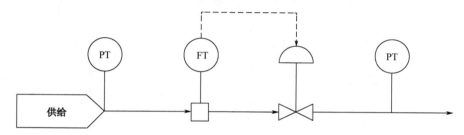

图 7-48　有流量控制阀的管道

7.5.2　建模步骤

步骤 1：打开项目模板（见图 7-49）。

① 选择打开（Open）图标；

② 选择安装 Flownex 的目录，然后打开教程（Tutorials）；

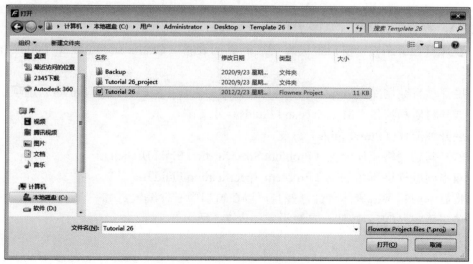

图 7-49　打开项目模板

③ 选择所有文件（*.*）［All files（*.*）］作为选定的文件类型（不同的模板文件夹是压缩（压缩）文件夹，需要通过右击所选模板并选择"提取"选项才能将其打开）来提取；

④ 选择 Tutorial 26 并单击打开（Open）。

步骤 2：保存项目（见图 7-50）。

① 选择"File"→"Save"→"Save As"；

② 为文件指定适当的名称，如"Tutorial 26"；

③ 保存（Save）在首选位置。

图 7-50　保存项目

步骤 3：查看流体特性（见图 7-51 和图 7-52）。

① 在库（Libraries）窗口中选择图表和查阅表格（Charts and Lookup Tables Tab）选项卡；

② 展开项目数据库（Project Database）树中的流体求解器（Flow Solver）选项；

③ 展开材质和流体（Materials and Fluids）分支；

④ 展开纯流体（Pure Fluids）分支；

⑤ 展开问题规格流体分支（Problem Specification Fluid Branch）；

⑥ 双击问题规格流体图表（Problem Specification Fluid）；

⑦ 将显示问题规格流体特性，并且可以在窗口中进行编辑；

⑧ 单击确定（OK）按钮，参数设定如表 7-5 所示。

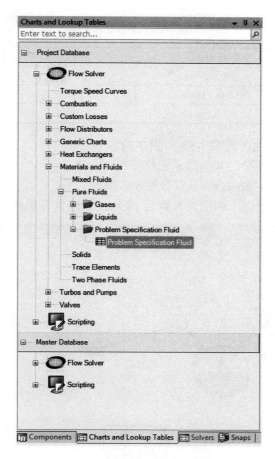

图 7-51　选择图表和查阅表格

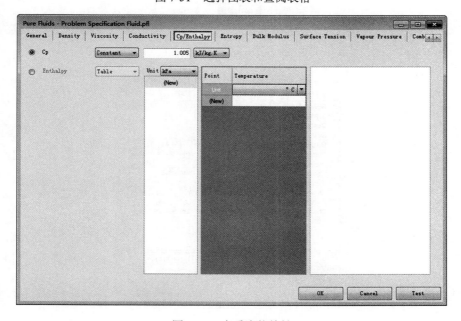

图 7-52　查看流体特性

表 7-5　　参数设定

密度（kg/m³）	850
黏度（kg/ms）	1.85e-05
电导率（W/mK）	0.026
C_p（kJ/kg K）	1.005

步骤 4：查看组件属性（见图 7-53 和图 7-54）。

① 选择 P1 元件，然后按 F4 键显示元件特性；

② 选择输入选项卡（Inputs tab）以查看输入属性；

③ 对 P2、管道 0、管道 1 和损失系数为 17 的控制阀重复步骤①和②。

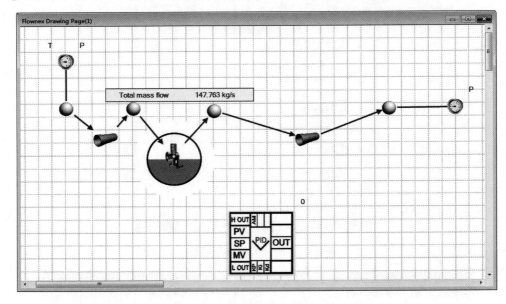

图 7-53　查看组件属性

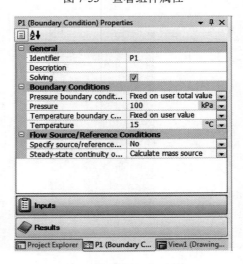

图 7-54　查看输入属性

步骤 5：保存并运行网络（见图 7-55 和图 7-56）。

① 按保存（Save）按钮；

② 按下求解稳态按钮（Solve Steady State）；

③ 按下运行（Run）按钮，让其运行约 10 s，然后按停用（Deactivate）按钮；

④ 该图描绘了通过阀门的质量流量（kg/s）和 P2 处的压力（kPa）；

⑤ 注意，规定的压力为 75 kPa，流量为 147.76 kg/s。

图 7-55　求解稳态

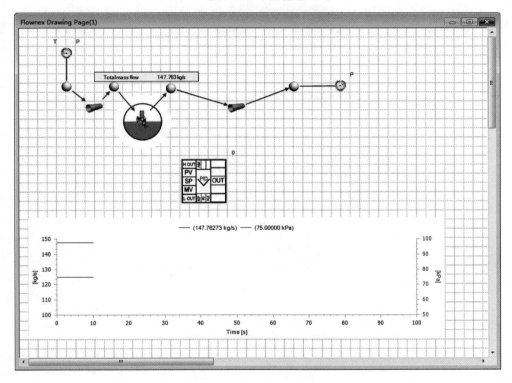

图 7-56　保存并运行网络

步骤 6：观察对流量和压力的影响（见图 7-57 和图 7-58）。

① 选择 P2 并按 F4 键以显示零部件特性；

② 将压力（Pressure）改为 80 kPa；

③ 按运行（Run），注意由于下游压力的变化，质量流量开始变化并以 132.15 kg/s 的速度稳定下来，大约 50 s 后按停止；

④ 选择控制阀（Control Valve）并按 F4 键以显示零部件特性；

⑤ 将气门升程/分数开度（Valve lift/Fraction opening）更改为 0.48；

⑥ 按下运行（Run）按钮，注意由于阀门开度减小，质量流量开始变化并以 119.26 kg/s 的速度逐渐稳定下来。

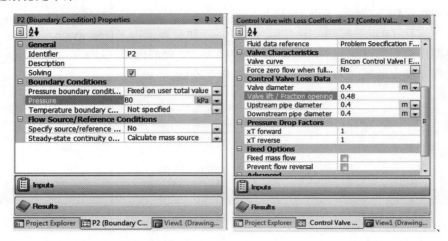

图 7-57　设置控制阀部件特性

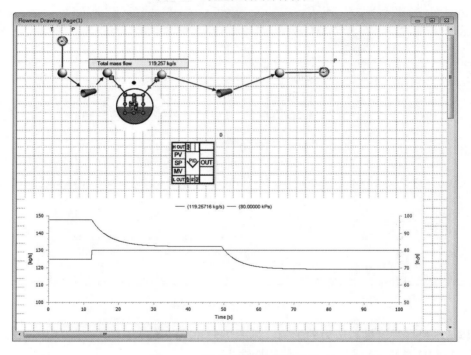

图 7-58　显示并设置零部件特性

步骤 7：增加不同的下游压力（见图 7-59 和图 7-60）。

① 在库（Libraries）窗口的组件（Components）选项卡中，展开分布式控制系统（Distributed Control System）分支；

② 展开模拟组件（Analog Components）分支，然后展开过滤器（Filters）分支；

③ 选择速率限流器（Rate Limiter）并将其拖到绘图画布上。

④ 展开 IO 分支；

⑤ 选择 DCS AO 并将其拖到绘图画布上；

⑥ 展开数学（Math）分支并选择波形生成器（Waveform Generator）并将其拖到绘图画布上；

⑦ 在嵌入（Insert）选项卡下，选择链接工具（Link Tool）并连接三个构件；

⑧ 选择数据传输工具（Data Transfer Tool）按钮，将 DCS AO 组件连接至 P2；

⑨ 打开设置数据传输链接（Setup Data Transfer Link）窗口，左边是 DCS AO 属性，右边是 P2 属性；

⑩ 在左侧选择输出（Output）特性，并将其拖动到右侧的压力（Pressure）特性；

⑪ 按确定（OK）按钮；

⑫ 保存（Save）网络。

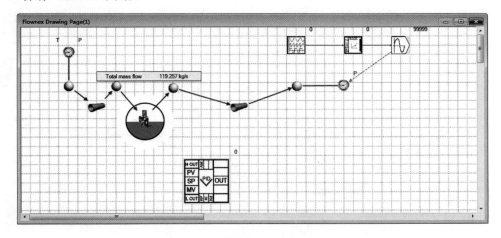

图 7-59　添加部件并拖曳到画布

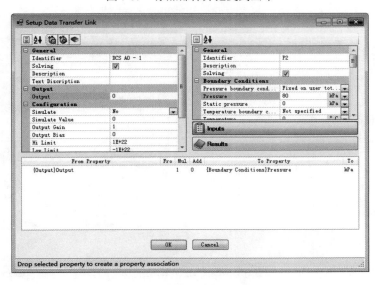

图 7-60　增加不同的下游压力

步骤 8：定义波形发生器和速率限流器属性（见图 7-61 和图 7-62）。

① 选择波形发生器（Waveform Generator）并按 F4 键显示组件属性；

② 将信号类型（Signal Type）属性更改为噪声（Noise）；

③ 将振幅（Amplitude）特性更改为 2；

④ 将补偿（Offset）属性更改为 80；

⑤ 这将产生一个在 78~82 变化的随机信号，用于模拟下游边界处的变化压力；

⑥ 选择速率限流器（Rate Limiter）并按 F4 键显示组件属性；

⑦ 将增加速率（Increase Rate）属性更改为 1；

⑧ 将降低速率（Decrease Rate）属性更改为 1；

⑨ 将执行编号（Execution Number）更改为 1；

⑩ 这限制了波形发生器（Waveform Generator）值的增加，并减小了速率；

⑪ 保存（Save）并运行（Run）网络。

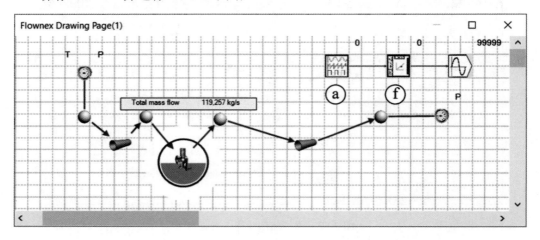

图 7-61　选择波形发生器

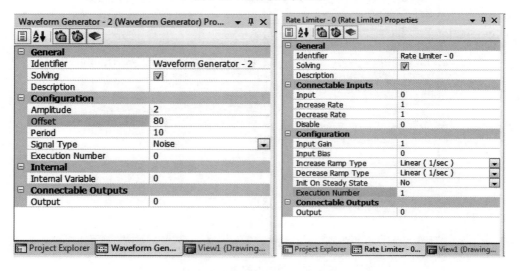

图 7-62　定义波形发生器和速率限流器属性

步骤 9：观察流量限流器对压力和流量的影响（见图 7-63 和图 7-64）。

① 选择波形发生器（Waveform Generator）并按 F4 键显示组件属性；

② 将补偿（Offset）属性更改为 85，保存并再次运行几秒；

③ 压力不会立即变为 85 kPa，而是根据速率限流器（Rate Limiter）中设置的限值而逐渐增加，也不是带宽为 4 kPa（振幅为 2 kPa）的随机值；

④ 控制阀开度设定为 0.48。

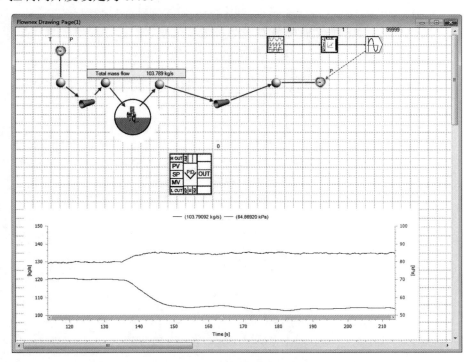

图 7-63　观察流量限流器对压力和流量的影响

图 7-64　更改波形发生器补偿属性

步骤 10（A）：添加流量控制回路（见图 7-65～图 7-67）。

① 在库（Libraries）窗口的组件（Components）选项卡中，展开 DCS 树；

② 展开模拟组件（Analog Components）分支，然后展开 IO 分支；

③ 选择 DCS AI 并将其中两个拖到绘图画布上；

④ 选择 DCS AO 并将其拖到绘图画布上；

⑤ 选择链接工具（Link Tool）并连接新组件。

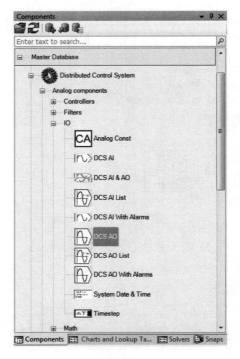

图 7-65　展开组件选项卡

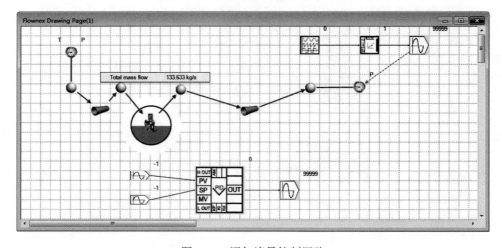

图 7-66　添加流量控制回路

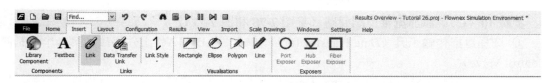

图 7-67 选择链接工具并连接新组件

步骤 10（B）：添加流量控制回路（见图 7-68 和图 7-69）。

① 选择数据传输链接（Data Transfer Link）按钮，将管道 0（Pipe‐0）连接到第一个 DCS AI 组件；

② 打开设置数据传输链接（Setup Data Transfer Link）窗口，左侧是管道 0（Pipe‐0）属性，右侧是 DCS AI 属性；

③ 在管道 0 属性（Pipe-0 properties）向下滚动，选择总质量流量（Total mass flow）属性并将其拖动到 DCS AI 的输入（Input）属性。

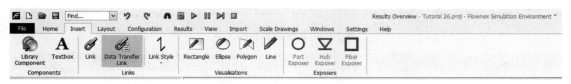

图 7-68 设置数据传输链接

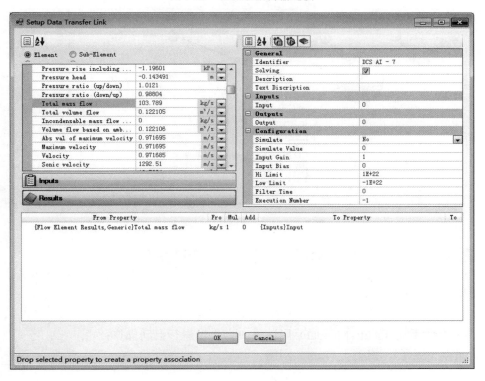

图 7-69 设置总质量流量

步骤 10（C）：添加流量控制回路（见图 7-70 和图 7-71）。

① 选择数据传输工具（Data Transfer Tool）按钮，将 DCS AO 组件连接到第一个控制阀（Control Valve）；

② 打开设置数据传输链接（Setup Data Transfer Link）窗口，DCS AO 属性在左侧，控制阀（Control Valve）属性在右侧；

③ 在 DCS AO 属性中，选择输出（Output）属性并将其拖动到控制阀的气门升程/分数打开（Valve lift/Fraction opening）属性；

④ 将倍增因子（Multiply Factor）更改为 0.01；

⑤ 按确定（OK）按钮。

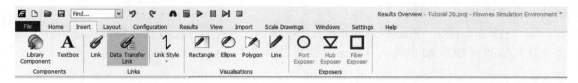

图 7-70　连接数据传输工具

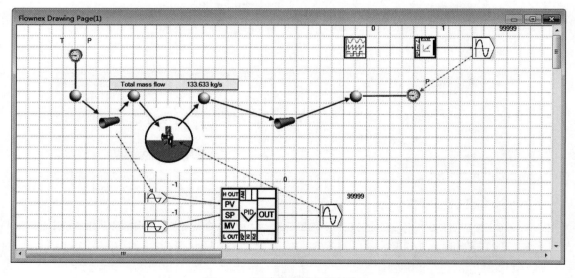

图 7-71　设置数据传输链接窗口

步骤 11：定义简单的 PID 属性和设定值（见图 7-72 和图 7-73）。

① 选择连接到 Simple PID 设定点（SP）的 DCS AI，然后按 F4 键显示组件属性；

② 将输入（Input）值更改为 105；

③ 选择 Simple PID 组件，然后按 F4 键显示组件属性；

④ 将自动/手动（Auto/Manual）属性更改为 1 以进行自动操作；

⑤ 保存（Save）并运行（Run）网络。

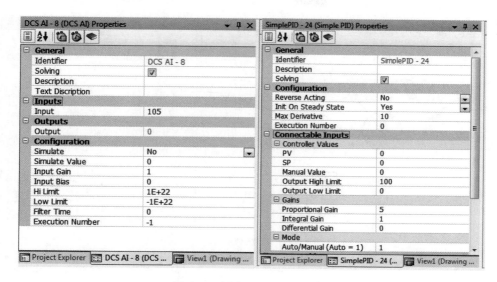

图 7-72　设定 Simple PID 组件

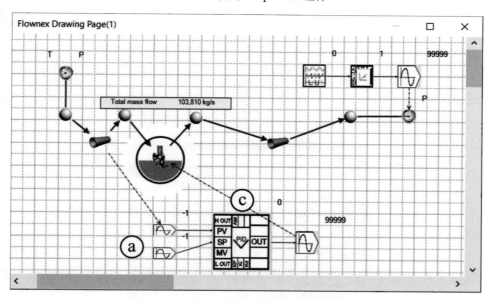

图 7-73　定义简单的 PID 属性

步骤 12：测试下游压力变化的控制回路（见图 7-74 和图 7-75）。

① 选择波形发生器（Waveform Generator）并按 F4 键显示组件属性；

② 将补偿（Offset）值更改为 75；

③ 观察通过控制阀以 105 kg/s 的速度控制系统的流量；

④ 对 90、95 和 70 的值重复步骤②，然后再次观察通过网络的流量。控制阀试图将流量控制在尽可能接近其设定值 105 kg/s 的范围内。

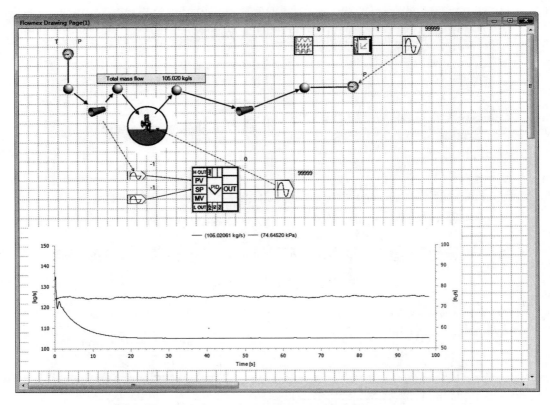

图 7-74　测试下游压力变化的控制回路

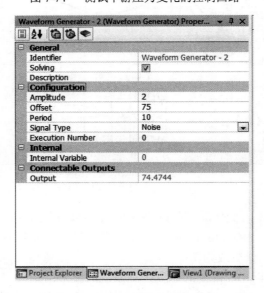

图 7-75　更改波形发生器设定

步骤 13：用不同的设定值测试控制回路（见图 7-76 和图 7-77）。

① 选择 Simple PID 设定点的 DCS AI 并按 F4 键显示组件属性；

② 将输入值（Input）更改为 115；

③ 控制分馏阀开度，观察控制器从 105 kg/s 变为 115 kg/s 时通过系统的流量；
④ 对 130、140、110 和 125 的值重复步骤②，然后再次观察通过网络的流量。

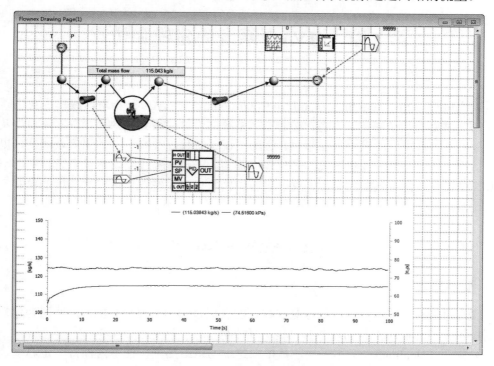

图 7-76　用不同的设定值测试控制回路

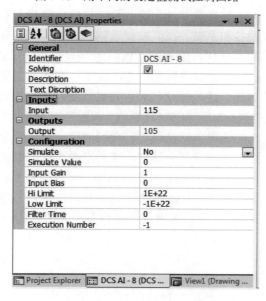

图 7-77　设置设定值

第 8 章　HVAC 系统的建模和仿真

暖通空调（Heating，Ventilation and Air Conditioning，HVAC）是指室内或车内负责暖气、通风及空气调节的系统或相关设备。暖通空调系统的设计应用到的热力学、流体力学及流体机械，是机械工程领域的重要分支学科。暖通空调系统可以控制空气的温度及湿度，提高室内的舒适度，是中大型工业建筑或办公建筑中重要的一环。暖通空调系统夏天将室内空气温度降低，冬天将室内空气温度升高，这一过程中同时伴有对空气湿度、洁净度的控制，以及风速的调节。

8.1　系统基本构成

8.1.1　基本概念

供暖、通风和空气调节这三部分是在长期的发展过程中自然形成的。虽然同为建筑环境的控制技术，但它们所控制的对象和功能有所不同。

（1）供暖（Heating）：又称采暖，是指向建筑物供给热量，使室内保持一定温度，是人类最早发展起来的建筑环境控制技术。人类懂得利用火以来，为抵御寒冷对生存的威胁，发明了火炕、火炉、火墙、火地等供暖工具，这些是最早的供暖设备和系统，有的至今还在被应用。发展到今天，供暖设备和系统，在人的舒适感，卫生、设备的美观和灵巧，系统和设备的自动控制，系统形式的多样化，能量的有效利用等方面都有了长足的进步。

（2）通风（Ventilating）：用自然或机械的方法向某一房间或空间送入室外空气，和由某一房间或空间排出空气的过程，送入的空气可以是经过处理的，也可以是不经过处理的。换句话说，通风是利用室外空气（如新鲜空气或新风）来置换建筑物内的空气（简称室内空气）以改善室内空气质量。狭义的通风包括空调，广义的通风可以理解为没有冷热交换的室内外空气交换。当室外空气的温度和洁净度合适时，仅采用通风也能够将室内环境调节到可以接受的程度，这样比采暖和使用空调节省了大量的能源。通风的功能：①提供人呼吸所需要的氧气；②稀释室内污染物或气味；③排除室内工艺过程产生的污染物；④除去室内多余的热量（称余热）或湿量（称余湿）；⑤提供室内燃烧设备燃烧所需的空气。

（3）空气调节（Air Conditioning）：对某一房间或空间内的温度、湿度、洁净度和空气流动速度等进行调节和控制，并提供足够的新鲜空气。空气调节简称空调，空调可以实现对建筑热湿环境、空气质量和气流环境的全面控制，或是说它包含了供暖和通风的部分功能。但实际应用中并不是任何场合都需要用空调对所有的环境参数进行调节和控制，如寒冷地区，有些建筑只需供暖；又如有些生产场所，只需要通风对污染物进行控制，而对温、湿度并无严格要求。尤其是利用自然通风来消除室内余热、余湿，可以大大减少能量消耗和设备费用，应尽量优先采用。

作为建筑环境控制技术的供暖、通风和空气调节，既有不同点，又有共同点。它们经常被联系在一起，称为"暖通空调"。

8.1.2　系统分类

按对建筑环境控制功能可以分两大类：①以建筑热湿环境为主要控制对象的系统。②以建筑内污染物为主要控制对象的系统。主要控制建筑室内空气质量，如通风系统、建筑防烟排烟系统等。上述两大类的控制对象和功能互有交叉。

根据所采用的介质不同可分为五类系统：全水系统、蒸汽系统、全空气系统、空气-水系统、冷剂系统。按冷热源集中程度分有两类系统[14]：①集中式系统；②分散式系统。

建筑热湿环境为主要控制对象的空调系统，按其用途或服务对象不同可分为两类：

（1）舒适性空调系统。简称舒适空调，指为室内人员创造舒适健康环境的空调系统。舒适健康的环境令人精神愉快、精力充沛，工作学习效率提高，有益于身心健康。办公楼、旅馆、商店、影剧院、图书馆、餐厅、体育馆、娱乐场所、候机或候车大厅等建筑中所用的空调都属于舒适空调。由于人的舒适感在一定的空气参数范围内，所以这类空调对温度和湿度的要求并不严格。

（2）工艺性空调系统。又称工业空调，指为生产工艺过程和设备运行创造必要环境条件的空调系统，工作人员的舒适要求有条件时可兼顾。由于工业生产类型不同，各种高精度设备的运行条件也不同，因此工艺性空调的功能、系统形式等差别很大。例如，半导体元器件生产对空气中含尘浓度极为敏感，要求有很高的空气净化程度；棉纺织布车间对相对湿度要求很严格，一般控制在 70%~75%；计量室要求全年的基准温度为 20℃，波动为±1℃；高等级的长度计量室要求温度为 20±0.2℃；Ⅰ级坐标镗床要求环境温度为 20±1℃；抗菌素生产要求无菌条件；等等。

8.2　蒸汽压缩式制冷热力学原理

蒸汽压缩式循环空调是基于制冷工质的相变实现制冷或制热的。蒸汽压缩式循环空调主要由制冷压缩机、冷凝器、节流装置、蒸发器四大部件及制冷管路组成。蒸汽压缩式制冷循环可概括为四个过程：蒸发过程、压缩过程、冷凝过程、节流过程。

压缩机、蒸发器、冷凝器、膨胀阀俗称"四大件"，是组成空调的主要结构。蒸汽压缩式空调利用液体汽化法中的蒸汽压缩制冷技术，通过热量交换可以实现较高的制冷效率。

压缩机是制冷系统的关键部件，吸收来自蒸发器的低温低压制冷剂气体，为蒸汽压缩制冷循环提供动力，经过压缩机压缩后，将高温高压制冷剂气体输送给冷凝器，液态制冷剂经过膨胀阀节流降压后变成低温低压的制冷剂（气液混合，液体多），又经过蒸发器后失去热量汽化，继续循环。气体经过压缩、冷凝放热、节流降压、蒸发吸热的过程完成制冷循环。

1）蒸发过程

液体制冷剂经节流元件流入蒸发器后，由于压力的降低，开始沸腾汽化，其汽化（蒸发）温度与压力有关。液体汽化过程中，吸收周围介质——水、空气或物品的热量，这些介质由于吸收热量而实现温度降低，达到了制冷的目的。液体的汽化是一个逐渐的过程，最终所有的液体变为干饱和蒸汽，继而流入压缩机的吸气口。

2）压缩过程

为维持一定的蒸发温度，制冷剂蒸汽必须不断地从蒸发器中引出，从蒸发器出来的制冷剂蒸汽被压缩机吸入并被压缩成高压气体，且由于在压缩过程中，压缩机要消耗一定的机械能，机械能又在此过程中转换为热能，所以制冷剂蒸汽的温度有所升高，制冷剂蒸汽呈过热状态。

3）冷凝过程

从制冷压缩机排出的高压制冷剂蒸汽，在冷凝器放出热量，把热量传给它周围的介质——水或空气，从而使制冷剂蒸汽逐渐冷凝成液体。在冷凝器中，制冷剂蒸汽向介质散发热量有两个基本条件：一是制冷剂蒸汽冷凝时的温度一定要高于周围介质的温度，保持适当的温差；二是根据压缩机送入冷凝器的制冷剂蒸汽的多少，冷凝器要有适当的管长和面积，以保证制冷蒸汽能在冷凝器中充分冷凝。

4）节流过程

从冷凝器出来的制冷液体经过降压设备（如节水阀、膨胀阀等）减压到蒸发压力。节流后的制冷剂温度也下降到蒸发温度，并产生部分闪发蒸汽。节流后的气流混合物进入蒸发器进行蒸发过程。

按照制冷原理将压缩机、蒸发器、冷凝器、膨胀阀及其他必要的辅助装置连接而成的系统制冷（装置）系统体现在实际环节就是制冷装置。蒸汽压缩式制冷原理如图 8-1 所示。常见的辅助设备有油分离器、集油器、贮液器、气液分离器、过滤器和干燥器、不凝性气体分离器、安全装置等。

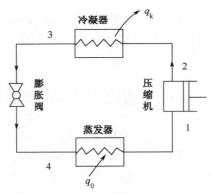

图 8-1　蒸汽压缩式制冷原理

在制冷工况下，低温低压的制冷剂气体被压缩机吸入，绝热压缩为高温高压的气体；高温高压的气体进入冷凝器与冷却介质进行热交换，被冷却、冷凝、再冷为高压过冷液体；高压过冷液体经节流装置绝热节流为低温低压的湿蒸汽；低温低压的湿蒸汽进入蒸发器，吸收冷却介质（空气或水）的热量，变为低温低压的过热蒸汽，重新被压缩机吸入，如此往复循环，实现连续制冷。

在制热工况下，室外换热器为蒸发器，室内换热器为冷凝器。经节流后的低温低压的制冷剂湿蒸汽进入室外蒸发器，吸收周围环境介质（空气、水或土壤）的热量变为低温低压的过热蒸汽，被压缩机吸入并绝热压缩为高压高温的气体；高压高温的气体进入室内换热器与空气或水进行热交换，放热冷凝为高压过冷液体，实现制热；高压过冷液体进入节流装置绝热节流为低压低温的湿蒸汽,重新进入室外蒸发器蒸发吸热,如此往复循环,实现连续制热。

空调是对建筑物或建筑物内部空气环境的温、湿度、流速进行调节的空气调节设备,使空气状态达到一定要求,以满足人们的需求。制冷装置是联合组件以制冷压缩机作为核心装置的两相流管网系统,它的性能由各个组成部分的工作性能联合决定,它的适用性受各个组成部分匹配度的综合影响。

8.3   案例 8-1:蒸汽压缩循环制冷系统的建模和仿真

8.3.1   问题描述

本算例使用 Flownex 软件,按照给定的设计标准对一个制冷循环系统进行建模和设计,确定冷凝和蒸发压力。

本算例的目的是演示使用 R22 作为制冷剂的制冷循环的建模过程。通过详细地操作演示过程,建立起蒸汽压缩制冷循环的 Flownex 模型,以执行稳态和瞬态的仿真。

该系统由容积式压缩机、冷凝器、冷凝器出口与膨胀阀之间的一段管路、膨胀阀、蒸发器及蒸发器出口与容积式压缩机进口之间的一段管路组成。制冷循环布局如图 8-2 所示。

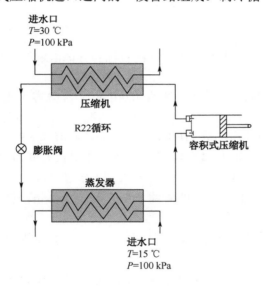

图 8-2   制冷循环布局

制冷剂(R22)以过热蒸汽的状态进入容积式压缩机,被压缩后的高温高压蒸汽排出压缩机,随后被冷却至饱和状态,并持续冷凝直至最终的过冷状态(冷却至低于饱和温度)。液态制冷剂通过一段管路流向膨胀阀的进口,膨胀阀本质上是一个节流阀,它会引起很大的压降和绝热温降。随后液体制冷剂在蒸发器中蒸发,温度上升使制冷剂进入过热蒸汽状态,过热蒸汽再通过一段管路流向压缩机进口,完成循环。

在建立 Flownex 模型之前,先对制冷循环进行温熵(T-S)图分析。该制冷循环的典型 T-S 图如图 8-3 所示。过程 1—2 代表容积式压缩机的工作过程。在过程 2—3 中,制冷剂被冷却到冷凝温度以下,通过冷凝和进一步的过冷到达状态 3。过程 3—4 和过程 4—5 分别代表管路段和膨胀阀。在过程 5—6 中，制冷剂蒸发，直至达到过热蒸汽状态。过程 6—1 代表管路段，制冷剂恢复到初始状态，完成整个热力循环的闭合。

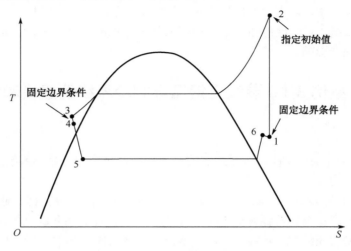

图 8-3   制冷循环的典型 T-S 图

8.3.2   设计标准和数据

在进行设计之前，必须清楚地知道设计的目标和具体需求是什么，以及设计时需要考虑哪些条件。

（1）容积式压缩机参数：工作腔容积为 0.001 m³；无效容积比例为 0.05；转速为 2000 rpm；级数为 1；等熵效率为 90%（注意：两相流情况下只能设置等熵效率）。

（2）冷凝器参数：设计换热量 116 kW；制冷循环侧流体（Primary）输入 R22；另一侧流体（Secondary）输入水；冷凝温度为 50 ℃；冷却水进口温度为 30℃；冷却水设计温差为 10 ℃；冷却水进口压力为 100 kPa；冷凝器出口制冷剂过冷度-0.03。

（3）冷凝器出口到膨胀阀之间的管路参数：长度为 1 m、直径为 0.05 m、粗糙度为 30 μm。

（4）膨胀阀参数：直径需要通过设计计算得到（初始假设值为 0.007 m）；流量系数 0.6（较好的一阶近似取值）。

（5）蒸发器参数：设计换热量为 90 kW；制冷循环侧流体（Primary）输入 R22；另一侧流体（Secondary）输入水；水进口温度为 15 ℃；水设计温差为 8 ℃；水进口压力为 100 kPa；蒸发器出口制冷剂过热度为 1.03。

（6）蒸发器出口到容积式压缩机之间的管路参数：长度为 2 m、直径为 0.2 m、粗糙度为 30 μm。

8.3.3   建模步骤

步骤 1：创建新项目（见图 8-4）。

① 启动 Flownex，在菜单中选择文件（File）→新建（New），创建新项目；

② 切换到合适的文件夹路径，在文件名称（File Name）中输入项目名称；

③ 点击保存（Save）保存项目。

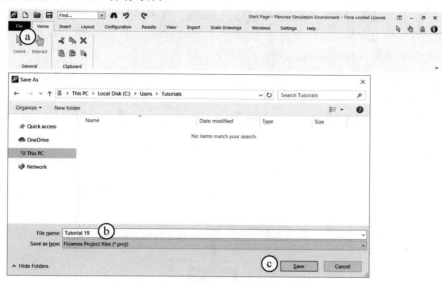

图 8-4　创建新项目

步骤 2：创建容积式压缩机（见图 8-5）。

① 选择组件（Components）标签页；

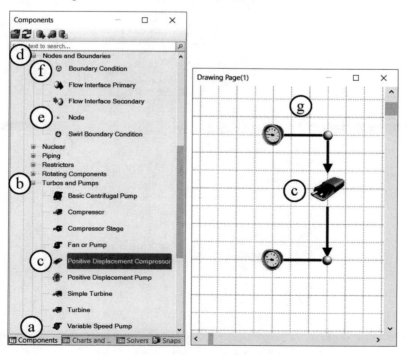

图 8-5　创建容积式压缩机

② 展开轮机与泵（Turbos and Pumps）选项；

③ 拖曳一个容积式压缩机（Positive Displacement Compressor）到画布中；

④ 展开节点与边界条件（Nodes and Boundaries）选项；

⑤ 拖曳两个节点（Nodes）到画布中；

⑥ 拖曳两个边界（Boundaries）到画布中；

⑦ 完成创建。

步骤 3：指定流体工质（见图 8-6）。

① 右击容积式压缩机（Positive Displacement Compressor）选择分配流体（Assign Fluids）选项；

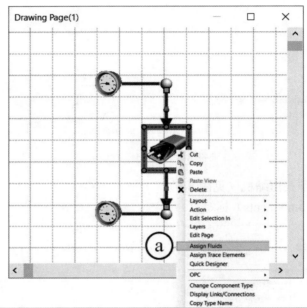

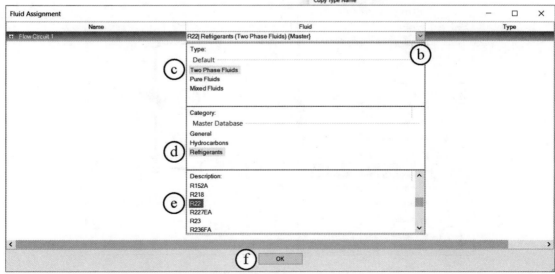

图 8-6　指定流体工质

② 点击流体（Fluid）栏的下拉菜单；

③ 在类型（Type）下选择两相流（Two Phase Fluids）；

④ 在目录（Category）下选择制冷剂（Refrigerant）；

⑤ 在描述（Description）选项下选择 R22（R22 是常用于制冷循环的制冷剂）；

⑥ 点击确定（OK）。

步骤 4：指定容积式压缩机的输入（见图 8-7）。

① 在画布中选择容积式压缩机（Positive Displacement Compressor）并按下 F4 键，在屏幕左侧显示其属性窗口；

② 在描述（Description）中输入压缩机（Compressor）；

③ 在转速（Speed）中输入 2000 rpm；

④ 在容积排量（Swept volume）中输入 0.001 m³；

⑤ 在容积率（Dead/swept volume ratio）中输入 0.05；

⑥ 在级数（Number of stages）中输入 1；

⑦ 在效率选择（Efficiency option）中选择等熵效率（Isentropic efficiency），在值（Value）中输入 0.9。

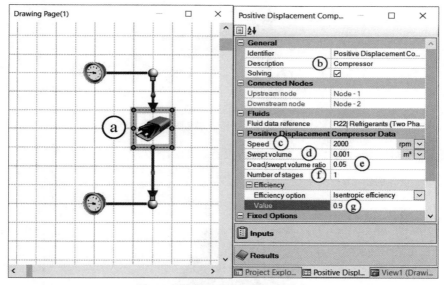

图 8-7　指定容积式压缩机的输入

步骤 5：容积式压缩机入口和出口条件的讨论。

从前述制冷循环温熵（T-S）图的分析可知，容积式压缩机入口在 T-S 图中位于过热区。蒸发器内 R22 的蒸发温度设定为 0 ℃，对应的蒸发压力约为 505 kPa，这是使用 Flownex 的材料物性库数据得到的近似值，下面详细描述如何使用 Flownex 获得这个近似值。

① 在窗口右下方选择图表和查询表（Charts and Lookup Tables）标签页。

② 展开主数据库（Master Database）中的流求解器（Flow Solver）选项。

③ 展开材料和液体（Materials and Fluids）选项。

④ 展开两相流（Two Phase Fluids）选项。

⑤ 展开制冷剂（Refrigerant）选项。

⑥ 双击 R22，选择显示温熵图（Show Temperature vs Entropy），显示 $T\text{-}S$ 图。不同颜色所代表的含义在 $T\text{-}S$ 图的右上角有相应描述，所设定的 R22 蒸发温度为 0 ℃，即 273.15 K，但所对应的压力难以在当前全局显示的 $T\text{-}S$ 图中读取出来，因此需要将 $T\text{-}S$ 图进行局部放大，以精确读取数据，如图 8-8 所示。

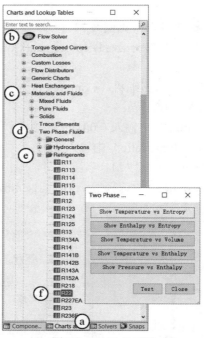

图 8-8　显示 $T\text{-}S$ 图

⑦ 将鼠标指针放在 $T\text{-}S$ 图中"g"点的位置，如图 8-9 所示。

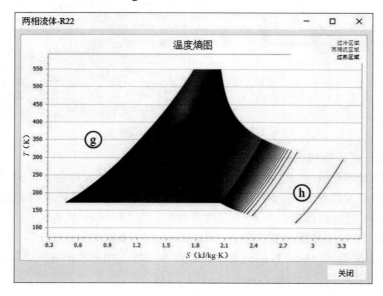

图 8-9　$T\text{-}S$ 图

⑧ 按住 Shift 键，按鼠标左键拖曳移动到"h"点。

⑨ 松开鼠标左键，T-S 图中框选的局部被放大显示。

⑩ 重复以上局部放大的步骤，直到 273.15 K 附近的温度线清晰可见。

⑪ 将鼠标悬停在所需要的温度上，确保压力读数准确。如图 8-10 所示，鼠标悬停位置的温度和压力分别为 273 K 和 495.56 kPa，而所需要的温度为 273.15 K，蒸发器出口的制冷剂过热度为 1.03，假设此状态所对应的压力为 505 kPa。

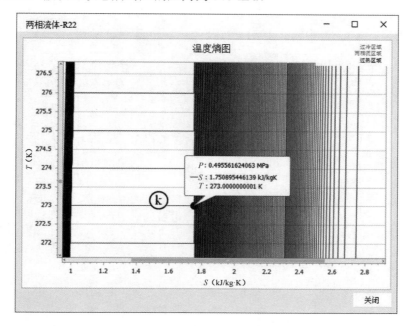

图 8-10　悬停显示温度和压力

冷凝器内 R22 的冷凝温度设定为 50 ℃，使用类似方法将 T-S 图在过冷区（蓝色线一侧）内局部放大，估算出过冷度为-0.03 时所对应的冷凝压力约为 1951 kPa。

容积式压缩机入口的制冷剂过热度应该和蒸发器出口的一致，均为 1.03，因此也假设容积式压缩机入口的压力为 505 kPa，以满足制冷剂过热度的要求，再据此条件多次使用迭代法反推所对应的温度值。具体是先假设一个容积式压缩机的入口温度，再给定入口压力和出口压力分别为 505 kPa 和 1951 kPa，然后求解，计算完成后查看容积式压缩机入口相连节点的过热度结果，如果不等于 1.03 则调整入口温度再次计算。经过数轮次计算后，发现当入口温度为 8.7 ℃时，所对应的过热度为 1.0297，这个温度值作为初始假设值已经足够精确了，因此在后续的条件设置中使用此温度值。

步骤 6：指定边界条件输入（见图 8-11 和图 8-12）。

① 在画布中选择容积式压缩机入口的边界条件并按下 F4 键，在屏幕左侧显示其属性窗口；

② 在压力边界条件（Pressure boundary condition）中选择固定用户总值（Fixed on user total value）；

③ 在压力（Pressure）中输入 505 kPa；

④ 在温度边界条件（Temperature boundary condition）中选择固定用户值（Fixed on user value）；

⑤ 在温度（Temperature）中输入 8.7 ℃；

⑥ 在画布中选择容积式压缩机出口的边界条件并按下 F4 键，在屏幕左侧显示其属性窗口；

⑦ 在压力边界条件（Pressure boundary condition）中选择固定用户总值（Fixed on user total value）；

⑧ 在压力（Pressure）中输入 1951 kPa。

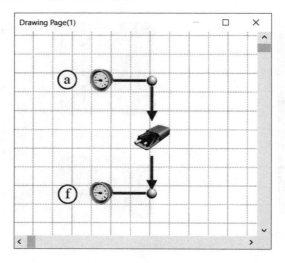

图 8-11　打开属性窗口

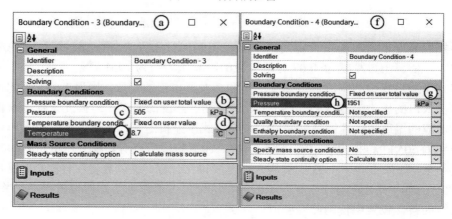

图 8-12　指定边界条件

步骤 7：求解网络（见图 8-13）。

① 点击保存（Save）保存项目；

② 点击稳态求解（Solve Steady State）；

③ 在流动求解收敛（Flow Solver Convergence）中查看求解的收敛情况；

④ 将鼠标悬停在容积式压缩机出口的节点（Node）上，在出现的提示条中查看结果；

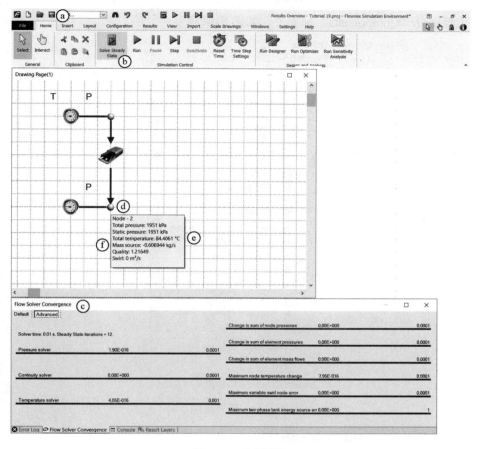

图 8-13　求解网络

⑤ 注意总温度（Total Temperature）为 84.4061 ℃，这个数值将在后续计算中作为温度假设值（Temperature guess value）使用；

⑥ 注意质量源（Mass source）为 -0.606944 kg/s，负号表示有 0.606944 kg/s 的质量流量离开此节点。

步骤 8：创建冷凝器

在制冷系统的设计中，已知冷凝器的相关设计参数如下：流向选择"逆流式"；沿流向的段数为 20；热容为 100 kJ/K；壁面的导热率为 14 W/m · K；壁面厚度为 1 mm；总换热面积为 5.28 m²；两侧面积比值为 1；流道长度为 0.4 m；两侧水力直径为 3 mm；制冷剂侧前部入口和出口总面积为 0.0009 m²；水侧前部入口和出口总面积为 0.0017 m²；层流摩擦系数倍数（两侧）为 1；湍流摩擦系数倍数（两侧）为 1；层流努塞尔数（两侧）为 3.66；湍流努塞尔数（两侧）为 1；粗糙度（两侧）为 30 μm；水侧的质量流量为 1.7 kg/s。

这里选用的是逆流式换热器，实际的换热器类型选择取决于各制冷系统的具体设计。在换热器的设计中，通常的设计目标是使液相（Secondary）的流动速度保持在 1 m/s 或以下，气相（Primary）的流动速度保持在 10 m/s 或以下，通过改变流道长度和换热面积，直到制冷剂完全冷凝，此时的总传热量约为 116 kW，这是一个通过迭代完成的设计。

① 删除容积式压缩机出口的边界条件（Boundary Condition）；

② 选择组件（Components）标签页，如图 8-14 所示；

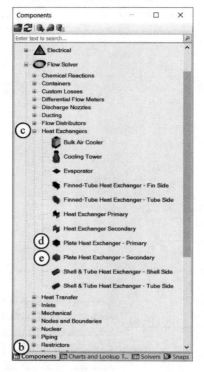

图 8-14　选择组件

③ 展开热交换器（Heat Exchangers）；
④ 拖曳一个板式热交换器—初级（Plate Heat Exchanger-Primary）到画布中；
⑤ 拖曳一个板式热交换器—二级（Plate Heat Exchanger-Secondary）到画布中；
⑥ 使用节点和边界（Nodes and Boundaries）补全网络的其他部分；
⑦ 如图 8-15 所示连接冷凝器部件。

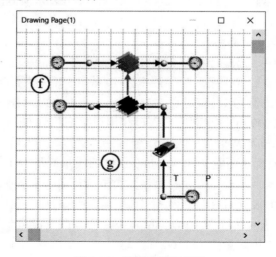

图 8-15　连接冷凝器部件

步骤 9：指定冷凝器中的流体工质（见图 **8-16** 和图 **8-17**）。

① 右击冷凝器水侧板式热交换器—二级（Plate Heat Exchanger-Secondary）选择分配流体（Assign Fluids）;

② 点击流体（Fluid）栏的下拉菜单;

③ 在类型（Type）下选择纯液体（Pure Fluids）;

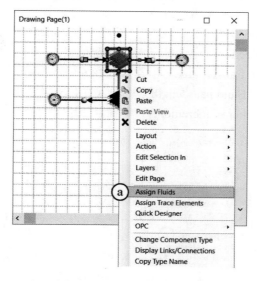

图 8-16　分配冷凝器工作液

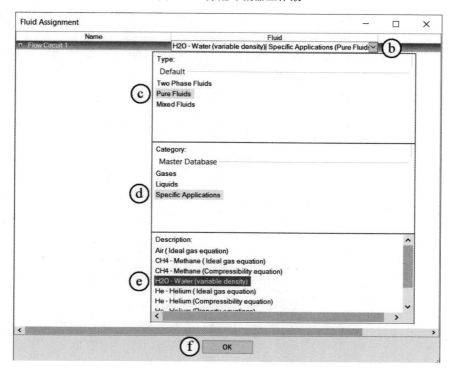

图 8-17　设定流体工质

④ 在目录（Category）下选择特殊应用（Specific Applications）；

⑤ 在描述（Description）下选择水［H2O - Water（variable density）］；

⑥ 点击确定（OK）。

步骤 10：指定冷凝器制冷剂侧（Primary）的输入（见图 8-18）。

① 在画布中选择冷凝器制冷剂侧板式热交换器—初级（Plate Heat Exchanger-Primary）并按下 F4 键，在屏幕左侧显示其属性窗口；

② 在描述（Description）中输入冷凝器（初级）［Condenser（Primary）］；

③ 在流向（Flow Direction）中选择反向（Counter）；

④ 在传热面积（Heat transfer area）中输入 5.28 m^2；

⑤ 在流动路径长度（Fluid path length）中输入 0.4 m；

⑥ 在增加数量（Number of increments）中输入 20；

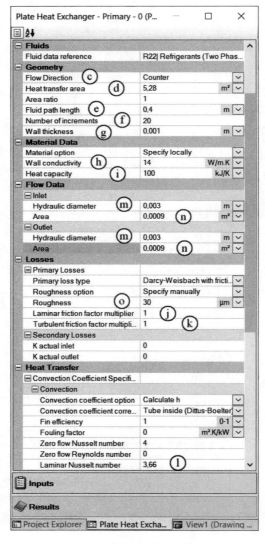

图 8-18　指定冷凝器制冷剂侧的输入

⑦ 在壁面厚度（Wall thickness）中输入 0.001 m；

⑧ 在壁面导热率（Wall conductivity）中输入 14 W/ $m^2 \cdot K$；

⑨ 在热容（Heat capacity）中输入 100 kJ/K；

⑩ 在层流摩擦系数倍数（Laminar friction factor multiplier）中输入 1；

⑪ 在紊流摩擦系数倍数（Turbulent friction factor multiplier）中输入 1；

⑫ 在层流努塞尔数（Laminar Nusselt number）中输入 3.66；

⑬ 在入口（Inlet）和出口水力直径（Outlet Hydraulic diameter）中输入 0.003 m；

⑭ 在入口（Inlet）和出口面积（Outlet Area）中输入 0.0009 m^2，在粗糙度（Roughness）中输入 30 μm。

步骤 11： 指定冷凝器水侧（**Secondary**）的输入（见图 **8-19**）。

① 在画布中选择冷凝器水侧板式换热器（Plate Heat Exchanger -Secondary）并按下 F4 键，在屏幕左侧显示其属性窗口；

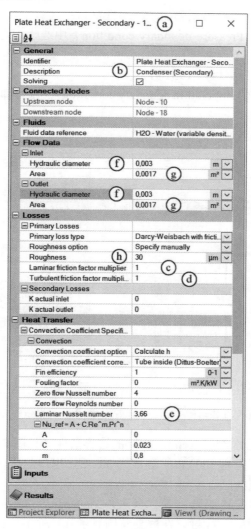

图 8-19　指定冷凝器水侧的输入

② 在描述（Description）中输入冷凝器（初级）[Condenser（Primary）]；

③ 在层流摩擦系数倍数（Laminar friction factor multiplier）中输入 1；

④ 在紊流摩擦系数倍数（Turbulent friction factor multiplier）中输入 1；

⑤ 在层流努塞尔数（Laminar Nusselt number）中输入 3.66；

⑥ 在入口（Inlet）和出口水力直径（Outlet Hydraulic diameter）中输入 0.003 m；

⑦ 在入口（Inlet）和出口面积（Outlet Area）中输入 0.0017 m²；

⑧ 在粗糙度（Roughness）中输入 30 μm。

步骤 12：指定冷凝器制冷剂侧（Primary）出口的边界条件（见图 8-20 和图 8-21）。

为确保冷凝器出口的过冷度为-0.03，需要指定温度和压力边界条件。压力在之前已经做出了估算，约为 1951 kPa。使用之前类似迭代法反推容积式压缩机入口温度的方法，可以反推出温度约为 46.8 ℃。

① 在画布中选择连接冷凝器（初级）[Condenser（Primary）]出口的边界条件（Boundary Condition）并按下 F4 键，在屏幕左侧显示其属性窗口；

② 在压力边界条件（Pressure boundary condition）中选择固定用户总值（Fixed on user total value）；

③ 在压力（Pressure）中输入 1951 kPa；

④ 在温度边界条件（Temperature boundary condition）中选择固定用户值（Fixed on user value）；

⑤ 在温度（Temperature）中输入 46.8 ℃。

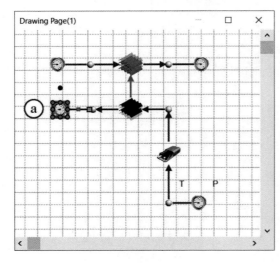

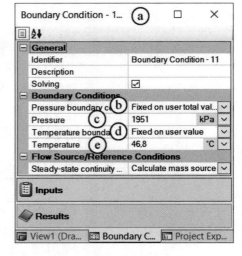

图 8-20　选择组件　　　　　　　图 8-21　指定冷凝器制冷剂侧出口的边界条件

步骤 13：指定冷凝器水侧（Secondary）的边界条件（见图 8-22 和图 8-23）。

冷凝器水侧的入口压力为 100 kPa，温度为 30 ℃。出口的质量流量为-1.7 kg/s，负号代表流体是从这里离开系统的。

① 在画布中选择连接冷凝器（第二级）[Condenser（Secondary）]入口的边界条件（Boundary Condition）并按下 F4 键，在屏幕左侧显示其属性窗口；

② 在压力边界条件（Pressure boundary condition）中选择固定用户总值（Fixed on user total value）；

③ 在压力（Pressure）中输入 100 kPa；

④ 在温度边界条件（Temperature boundary condition）中选择固定用户值（Fixed on user value）；

⑤ 在温度（Temperature）中输入 30 ℃；

⑥ 在画布中选择连接冷凝器（第二级）［Condenser（Secondary）］出口的边界条件（Boundary Condition）并按下 F4 键，在屏幕左侧显示其属性窗口；

⑦ 在质量源边界条件（Mass source boundary condition）中选择固定用户值（Fixed on user value）；

⑧ 在质量源（Mass source）中输入 -1.7 kg/s。

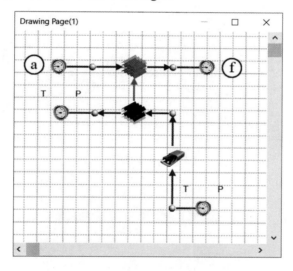

图 8-22　选择组件

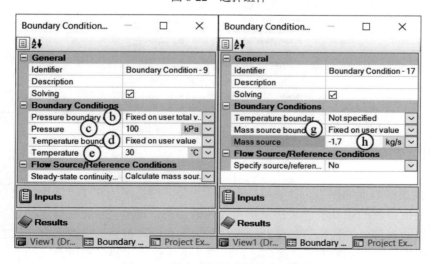

图 8-23　指定冷凝器水侧的边界条件

步骤 14：指定猜测值（见图 8-24 和图 8-25）。

在创建冷凝器时，将原本和容积式压缩机出口相连的边界条件移除并将相同的压力值赋予冷凝器出口（*T-S* 图中的状态 3）的边界条件，对应过冷度为-0.03 的压力和温度分别为 1951 kPa 和 46.8 ℃。

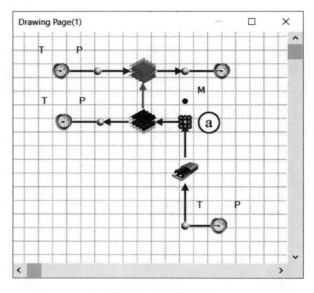

图 8-24　选择组件

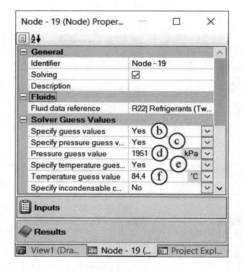

图 8-25　指定猜测值

如果直接求解当前的网络，计算可能会无法收敛。这是因为在 *T-S* 图中，仅指定了状态 1 和状态 3 对应位置的边界条件，在求解器开始迭代前，Flownex 会在指定的边界条件之间进行插值，以获得各处的初始值从而开始迭代。因此在制冷剂侧，求解器会在状态 1 和状态 3 之间进行插值，从 *T-S* 图来看，状态 1 和状态 3 分别处于过热区和过冷区，二者之间的插值点可能会落在两相区，使用这样的插值数据作为网络中各处初始值的话，很可能导致求解器的迭代计算无法收敛。所以通过在状态 2 对应的位置即容积式压缩机出口节点处指定合理的假设值作为初始值，能够帮助求解器正确收敛。

在容积式压缩机出口节点处指定猜测值作为迭代的初始值：压力为 1951 kPa，温度为 84.4 ℃。这两个数值是在之前求解未添加冷凝器的网络时获得的。

① 在画布中选择容积式压缩机出口的节点（Node）并按 F4 键，在屏幕左侧显示其属性窗口；

② 在指定假设值（Specify guess values）中选择"Yes"；

③ 在指定压力假设值（Specify pressure guess value）中选择"Yes"；

④ 在压力假设值（pressure guess value）中输入 1951 kPa；

⑤ 在指定温度假设值（Specify temperature guess value）中选择"Yes"；

⑥ 在温度假设值（Temperature guess value）中输入 84.4 ℃。

步骤 15：求解网络（见图 8-26）。

① 点击保存（Save）保存项目；

② 点击稳态求解（Solve Steady State）；

③ 在流动求解收敛（Flow Solver Convergence）中查看求解的收敛情况；

④ 将鼠标悬停在容积式压缩机出口的节点（Nodes）上，在出现的提示条中查看结果；

⑤ 计算得到的总压力（Total pressure）为 1958.37 kPa；

⑥ 计算得到的总温度（Total temperature）为 84.6394 ℃。

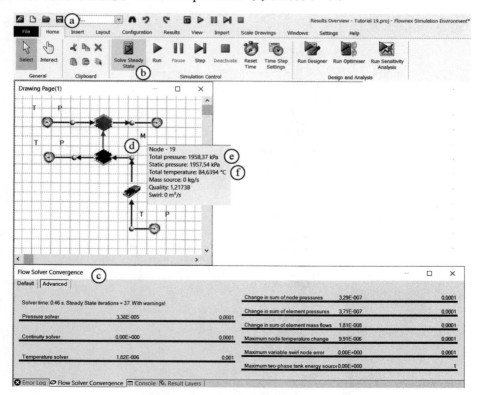

图 8-26　求解网络

步骤 16：添加一个管路组件。

① 删除冷凝器（初级）[Condenser（Primary）]出口的边界条件（Boundary Condition）；

② 选择组件（Components）标签页，如图 8-27 所示；

③ 展开管道（Piping）选项；

④ 拖曳一个管道（Piping）到画布中；

⑤ 如图 8-28 所示，使用节点（Nodes）和边界（Boundaries）补全网络的其他部分。

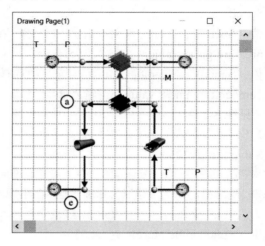

图 8-27　选择组件

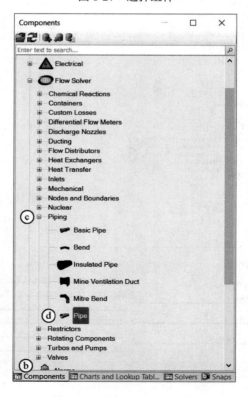

图 8-28　添加一个管路组件

步骤 17：指定管路输入（见图 8-29 和图 8-30）。

① 在画布中选择管道（Pipe）组件并按 F4 键，在屏幕左侧显示其属性窗口；

② 在长度（Length）中输入 1 m；

③ 在入口直径（Inlet Diameter）中输入 0.05 m；

④ 在粗糙度（Roughness）中输入 30 μm。

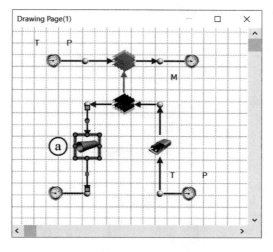

图 8-29　选择组件

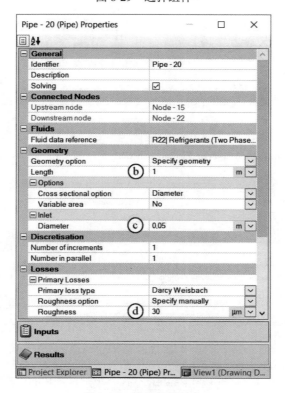

图 8-30　指定管路输入

步骤 18：指定管路出口边界条件（见图 **8-31** 和图 **8-32**）。

① 在画布中选择管道（Pipe）出口的边界条件（Boundary Condition）并按 F4 键，在屏幕左侧显示其属性窗口；

② 在压力边界条件（Pressure boundary condition）中选择固定用户总值（Fixed on user total value）；

③ 在压力（Pressure）中输入 1951 kPa；

④ 在温度边界条件（Temperature boundary condition）中选择固定用户值（Fixed on user value）；

⑤ 在温度（Temperature）中输入 46.8 ℃。

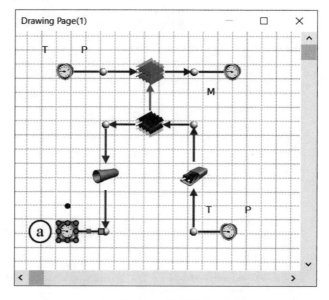

图 8-31　选择组件

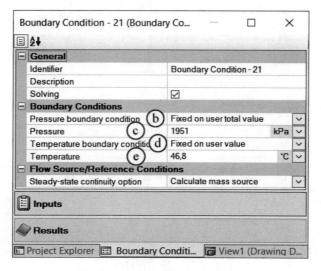

图 8-32　指定管路出口边界条件

步骤 19：指定猜测值（见图 8-33 和图 8-34）。

① 在画布中选择管道（Pipe）组件入口的节点（Node）并按 F4 键，在屏幕左侧显示其属性窗口；

② 在指定假设值（Specify guess values）中选择"Yes"；

③ 在指定压力假设值（Specify pressure guess value）中选择"Yes"；

④ 在压力假设值（pressure guess value）中输入 1951 kPa；

⑤ 在指定温度假设值（Specify temperature guess value）中选择"Yes"；

⑥ 在温度假设值（Temperature guess value）中输入 46.8 ℃。

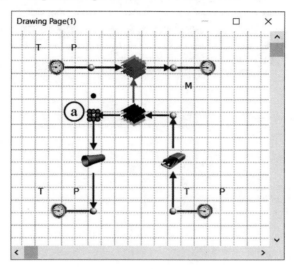

图 8-33　选择组件

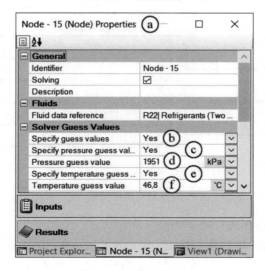

图 8-34　指定猜测值

步骤 20：求解网络（见图 8-35 和图 8-36）。

① 点击保存（Save）保存项目；

② 点击稳态求解（Solve Steady State）；

③ 在流动求解收敛（Flow Solver Convergence）中查看求解的收敛情况；

④ 将鼠标悬停在管道（Pipe）组件入口的节点（Node）上，在出现的提示条中查看结果；

⑤ 计算得到的总压力（Total pressure）为 1951.03 kPa；

⑥ 计算得到的总温度（Total temperature）为 50.1869 ℃；

⑦ 将鼠标悬停在管道（Pipe）组件上，在出现的提示条中查看结果。通过管路的质量流量约为 0.607 kg/s。

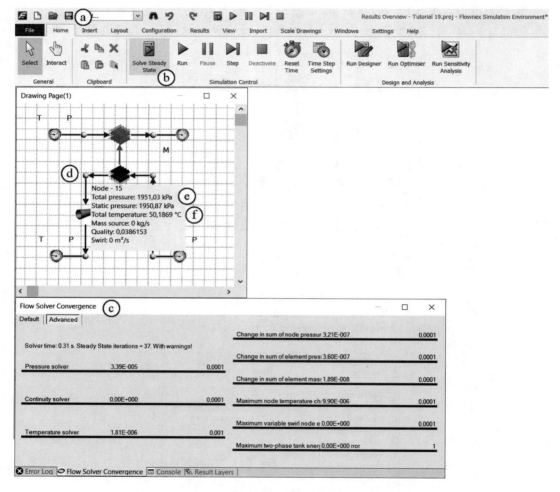

图 8-35　求解网络

步骤 21：创建一个膨胀阀（减压阀）。

使用"具有流量系数的限流器（Restrictor with Discharge Coefficient）"组件创建膨胀阀。由于通过膨胀阀的质量流量对入口条件（接近饱和线）非常敏感，因此先保留膨胀阀入口处所指定的边界条件数值不变，以帮助求解器正确收敛。通过使用 Flownex 的 Designer（设计器）功能，不断改变限流器的限流孔直径，直到膨胀阀两侧的质量流量相等。

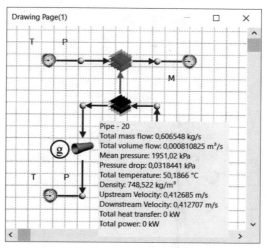

图 8-36　求解网络结果

① 选择组件（Components）标签页；

② 展开限流器（Restrictors）选项，如图 8-37 所示；

③ 拖曳一个具有流量系数的限流器（Restrictor with Discharge Coefficient）到画布中；

④ 如图 8-38 所示，使用节点和边界（Nodes and Boundaries）补全网络的其他部分。

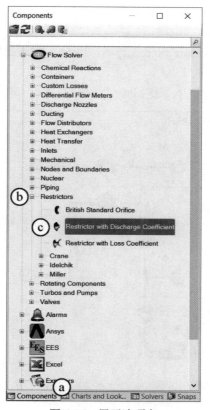

图 8-37　展开选项卡

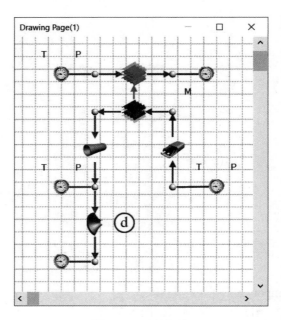

图 8-38　选择组件

步骤 22：指定膨胀阀出口边界条件（见图 **8-39** 和图 **8-40**）。

① 在画布中选择限流器（Restrictor）出口的边界条件（Boundary Condition）并按 F4 键，在屏幕左侧显示其属性窗口；

② 在压力边界条件（Pressure boundary condition）中选择固定用户总值（Fixed on user total value）；

③ 在压力（Pressure）中输入 505 kPa。

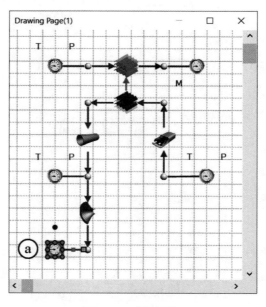

图 8-39　选择组件

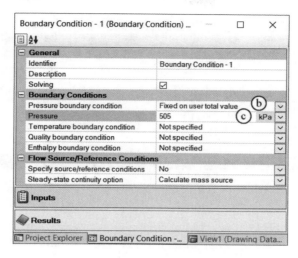

图 8-40　指定膨胀阀出口边界条件

步骤 23：指定膨胀阀输入

通过膨胀阀的质量流量在很大程度上取决于膨胀阀的直径。当直径为 0.007 m 时，计算得到的质量流量为 0.457 kg/s，而网络其他部分的质量流量为 0.607 kg/s。这是由于限流器的直径开口产生了过大的阻力，因此系统为满足质量守恒，会在膨胀阀入口保留的边界条件处将多余的 R22 制冷剂排出整个系统。要纠正此问题，必须匹配限流器的限流孔直径，以确保通过限流孔的质量流量与通过网络其余部分的质量流量相同。接下来将详细介绍通过使用 Flownex 的 Designer（设计器）功能计算获得限流孔直径的步骤。

① 在菜单栏中切换到配置（Configurations）功能区，点击设计器设置（Designer Setup）。

② 在设计器配置（Designer Configuration）窗口中的空白处右击鼠标并选择增加（Add），如图 8-41 所示。

③ 选中新创建的设计器配置 1（Designer Config1），将其重命名为压缩喷嘴孔径（Orifice Diameter）。

④ 在左下方等式限定条件（Equality Constraints）窗口中的空白处右击鼠标并选择增加（Add）。

⑤ 在右下方独立变量（Independent Variables）窗口中的空白处右击鼠标并选择增加（Add）。

如果想让通过限流孔的质量流量与通过网络其余部分的质量流量相同，只需让膨胀阀入口处节点（Nodes）的质量源（mass source）为 0 kg/s 即可。如果不为 0，则代表有 R22 制冷剂通过此节点进入或离开整个系统，这与制冷剂是封闭的循环系统不相符。

⑥ 在等式限制条件（Equality Constraints）左下方窗口的组件和属性（Component and Property）窗格中，点击"…"浏览符号。

⑦ 在弹出的窗口中选择具有流量系数的节流器（Restrictor with Discharge Coefficient）组件入口处的节点（Nodes）。（实际的 Node 名称可能和图中不同，具体可以在画布中点击 Node 组件查看）。

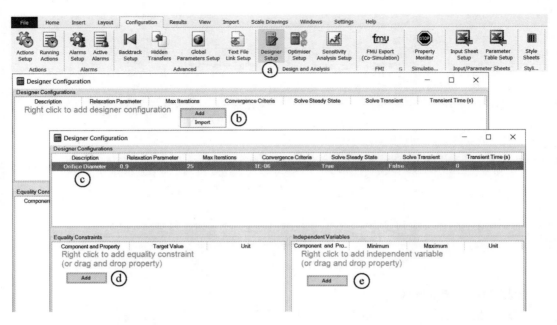

图 8-41　指定膨胀阀输入

⑧　在右侧属性（Property）窗格中切换到结果（Results）标签页，选择质量源（Mass Source），如图 8-42 所示。

⑨　点击确定（OK）按钮。

图 8-42　弹出窗口设置

⑩ 在左下方等式限制条件（Equality Constraints）窗口的目标值（Target value）中输入 0，单位（Units）保留默认的 kg/s。

⑪ 在右下方独立变量（Independent Variables）窗口的组件和属性（Component and Property）窗格中，点击 "…" 浏览符号。

⑫ 在弹出的窗口中选择具有流量系数的节流器（Restrictor with Discharge Coefficient）。

⑬ 在右侧属性（Property）窗格中切换到输入（Inputs）标签页，选择直径（Diameter）。

⑭ 点击确定（OK）按钮。

⑮ 在右下方独立变量（Independent Variables）窗口的最小值（Minimum）中输入 0.001，最大值（Maximum）中输入 0.01，单位（Units）保留默认的 m。

⑯ 关闭设计器配置（Designer Configuration）窗口，如图 8-43 所示。

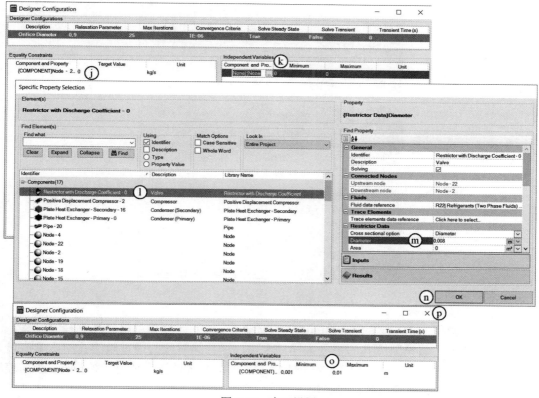

图 8-43　窗口设置

⑰ 在菜单栏中切换到主页（Home）功能区，点击运行设计器（Run Designer），开始设计迭代，如图 8-44 所示。

图 8-44　运行设计器

⑱ 在画布中选择具有流量系数的节流器（Restrictor with Discharge Coefficient）并按 F4 键，在屏幕左侧显示其属性窗口。可以在输入（Inputs）标签页中看到，使用设计器（Designer）设计出来的限流孔直径为 0.00819289 m。同样也可以在结果（Results）标签页中看到，此时通过限流孔的质量流量为 0.607 kg/s，如图 8-45 所示。

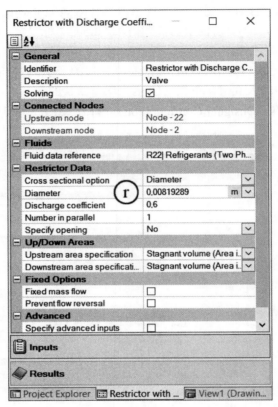

图 8-45　结果显示

以上就是使用 Flownex 的"Designer（设计器）"功能计算获得限流孔直径的步骤。但在当前的模型中，假设限流孔的直径为 0.008 m，尽管其对应的通过限流孔的质量流量为 0.597 kg/s，但考虑后续在网络中还需要增加其他组件，直径值还需要再次被设计，当前使用该假设值计算出来的质量流量已经足够了。

⑲ 在画布中选择具有流量系数的节流器（Restrictor with Discharge Coefficient）组件并按 F4 键，在屏幕左侧显示其属性窗口，如图 8-46 所示。

⑳ 在描述（Description）中输入阀门（Valve）。

㉑ 在横截面选项（Cross sectional option）中选择直径（Diameter）。

㉒ 在直径（Diameter）中输入 0.008 m。

㉓ 在流量系数（Discharge coefficient）中输入 0.6，如图 8-47 所示。

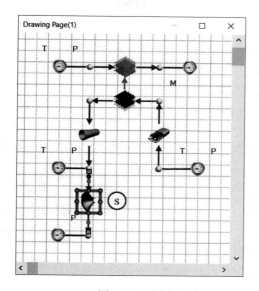

图 8-46　选择组件

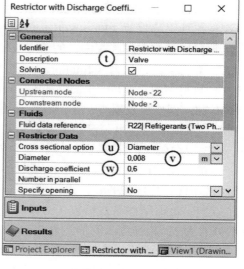

图 8-47　参数设定

步骤 24：求解网格（见图 8-48）。

① 点击保存（Save）保存项目；

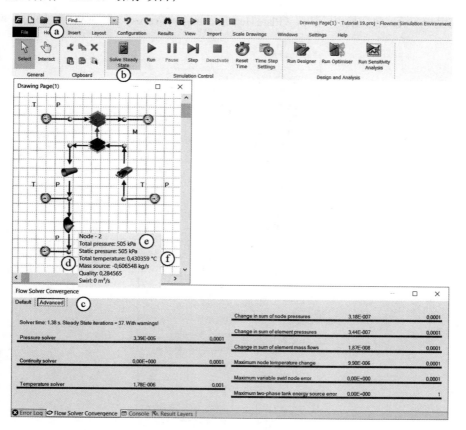

图 8-48　求解网络

② 点击稳态求解（Solve Steady State）；

③ 在流动求解收敛（Flow Solver Convergence）中查看求解的收敛情况；

④ 将鼠标悬停在膨胀阀出口的节点（Nodes）上，在出现的提示条中查看结果；

⑤ 计算得到的总压力（Total pressure）为 505 kPa；

⑥ 计算得到的总温度（Total temperature）为 0.430359 ℃。

步骤 25：创建蒸发器

在制冷系统的设计中，已知蒸发的相关设计参数：流向选择"逆流式"；沿流向的段数为 20；热容为 100 kJ/K；壁面的导热率为 14 W/m · K；壁面厚度为 1 mm；总换热面积为 14 m²；两侧的面积比值为 1；流道长度为 0.4 m；两侧的水力直径为 3 mm；制冷剂侧前部入口和出口总面积为 0.0029 m²；水侧前部入口和出口总面积为 0.003 m²；层流摩擦系数倍数（两侧）为 1；湍流摩擦系数倍数（两侧）为 1；层流努塞尔数（两侧）为 3.66；湍流努塞尔数（两侧）为 1；粗糙度（两侧）为 30 μm；水侧的质量流量为 2.691 kg/s。

这里选用的是逆流式换热器，实际的换热器类型选择取决于各制冷系统的具体设计。蒸发器的设计典型换热量约为 90 kW，水侧的进出口温差约为 8 ℃。

① 删除限流器（Restrictor）出口的边界条件（Boundary Condition）；

② 选择组件（Components）标签页；

③ 展开热交换器（Heat Exchangers）；

④ 拖曳一个板式热交换器—初级（Plate Heat Exchanger - Primary）到画布中，如图 8-49 所示；

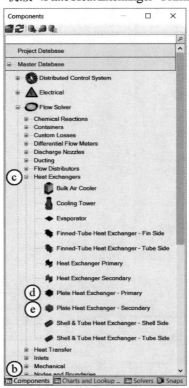

图 8-49　选择组件

⑤ 拖曳一个板式热交换器—二级（Plate Heat Exchanger-Secondary）到画布中；

⑥ 如图 8-50 所示，使用节点（Nodes）和边界（Boundaries）补全网络的其他部分，并连接各组件。

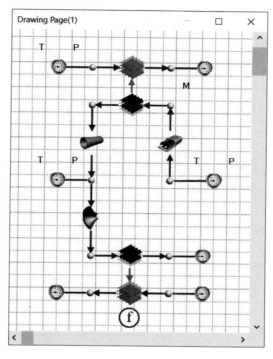

图 8-50　创建蒸发器

步骤 26：指定蒸发器中的流体工质（见图 8-51 和图 8-52）。

① 右击蒸发器水侧板式热交换器—二级（Plate Heat Exchanger -Secondary）选择分配流体（Assign Fluids）；

② 点击流体（Fluid）栏的下拉菜单；

③ 在类型（Type）下选择纯液体（Pure Fluids）；

④ 在目录（Category）下选择特殊应用（Specific Applications）；

⑤ 在描述（Description）下选择水 [H2O -Water（variable density）]；

⑥ 点击确定（OK）按钮。

步骤 27：指定蒸发器制冷剂侧（Primary）的输入（见图 8-53）。

① 在画布中选择蒸发器制冷剂侧板式热交换器—初级（Plate Heat Exchanger-Primary）并按 F4 键，在屏幕左侧显示其属性窗口；

② 在描述（Description）中输入蒸发器（初级）[Evaporator（Primary）]；

③ 在流向（Flow Direction）中选择反向（Counter）；

④ 在传热面积（Heat transfer area）中输入 14 m²；

⑤ 在流动路径长度（Fluid path length）中输入 0.4 m；

⑥ 在增加数量（Number of increments）中输入 20；

⑦ 在壁面厚度（Wall thickness）中输入 0.001 m；

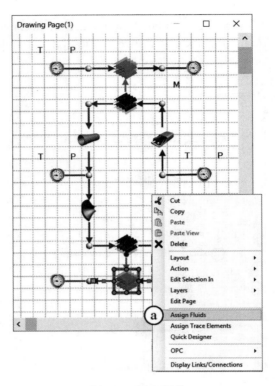

图 8-51　选择组件

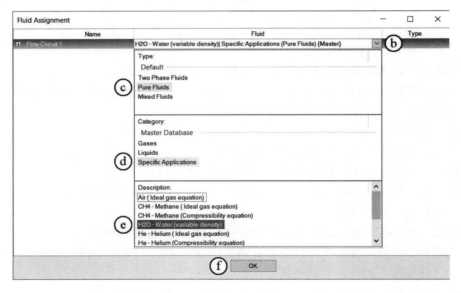

图 8-52　指定流体工质

⑧ 在壁面导热率（Wall conductivity）中输入 14 W/ m² · K；

⑨ 在热容（Heat capacity）中输入 100 kJ/K；

⑩ 在层流摩擦系数倍数（Laminar friction factor multiplier）中输入 1；

⑪ 在紊流摩擦系数倍数（Turbulent friction factor multiplier）中输入 1；

⑫ 在层流努塞尔数（Laminar Nusselt number）中输入 3.66；

⑬ 在入口（Inlet），出口水力直径（Outlet Hydraulic diameter）中输入 0.003 m；

⑭ 在入口（Inlet），出口面积（Outlet Area）中输入 0.0029 m²；

⑮ 在粗糙度（Roughness）中输入 30 μm。

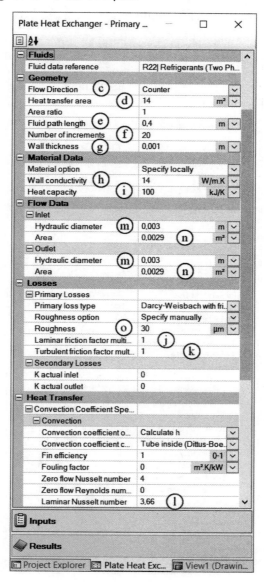

图 8-53　指定蒸发器制冷剂侧的输入

步骤 28：指定蒸发器水侧（Secondary）的输入（见图 8-54）。

① 在画布中选择蒸发器水侧 Plate Heat Exchanger-Secondary 并按 F4 键，在屏幕左侧显示其属性窗口；

② 在描述（Description）中输入蒸发器（第二级）[Evaporator（Secondary）]；

③ 在层流摩擦系数倍数（Laminar friction factor multiplier）中输入 1；

④ 在紊流摩擦系数倍数（Turbulent friction factor multiplier）中输入 1；

⑤ 在层流努塞尔数（Laminar Nusselt number）中输入 3.66；

⑥ 在入口（Inlet）和出口水力直径（Outlet Hydraulic diameter）中输入 0.003 m；

⑦ 在入口（Inlet）和出口面积（Outlet Area）中输入 0.003 m²；

⑧ 在粗糙度（Roughness）中输入 30 μm。

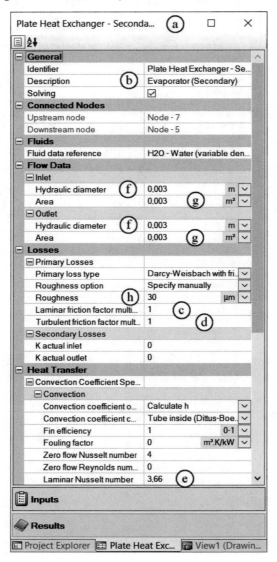

图 8-54　指定蒸发器水侧的输入

步骤 29：指定蒸发器制冷剂侧（Primary）出口的边界条件（见图 8-55 和图 8-56）。

蒸发器制冷剂侧的出口与容积式压缩机的入口通过一段管路相连，假设通过这段管路时温度和压力保持不变，则蒸发器制冷剂侧出口的边界条件可以设置为与前述容积式压缩机入口的边界条件相同的参数，即压力约为 505 kPa，温度约为 8.7 ℃。

　　① 在画布中选择连接蒸发器（初级）［Evaporator（Primary）］出口的边界条件（Boundary Condition）并按 F4 键，在屏幕左侧显示其属性窗口；

　　② 在压力边界条件（Pressure boundary condition）中选择固定用户总值（Fixed on user total value）；

　　③ 在压力（Pressure）中输入 505 kPa；

　　④ 在温度边界条件（Temperature boundary condition）中选择固定用户值（Fixed on user value）；

　　⑤ 在温度（Temperature）中输入 8.7 ℃。

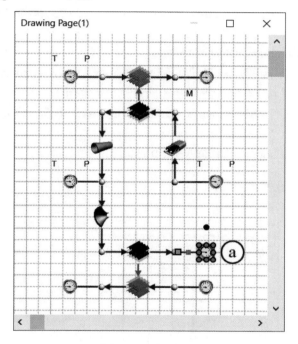

图 8-55　选择组件

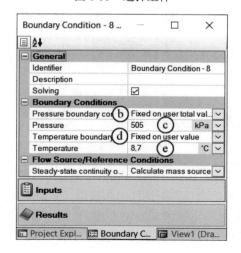

图 8-56　指定蒸发器制冷剂侧出口的边界条件

步骤 30：指定蒸发器水侧（Secondary）的边界条件（见图 8-57 和图 8-58）。

蒸发器水侧的入口压力为 100 kPa，温度为 15 ℃。出口的质量流量为-2.691 kg/s，负号代表流体是从这里离开系统的。

① 在画布中选择连接蒸发器（第二级）[Evaporator（Secondary）] 入口的边界条件（Boundary Condition）并按 F4 键，在屏幕左侧显示其属性窗口；

② 在压力边界条件（Pressure boundary condition）中选择固定用户总值（Fixed on user total value）；

③ 在压力（Pressure）中输入 100 kPa；

④ 在温度边界条件（Temperature boundary condition）中选择固定用户值（Fixed on user value）；

⑤ 在温度（Temperature）中输入 15 ℃；

⑥ 在画布中选择连接蒸发器（第二级）[Evaporator（Secondary）] 出口的边界条件（Boundary Condition）并按 F4 键，在屏幕左侧显示其属性窗口；

⑦ 在质量源边界条件（Mass source boundary condition）中选择固定用户值（Fixed on user value）；

⑧ 在质量源（Mass source）中输入-2.691 kg/s。

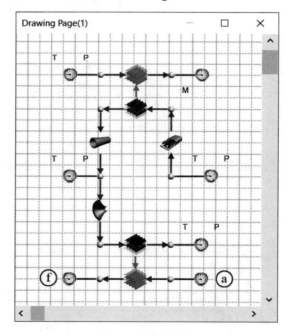

图 8-57　部件连接

步骤 31：指定猜测值（见图 8-59 和图 8-60）。

在膨胀阀出口节点处指定猜测值作为迭代的初始值，分别是压力 505 kPa，温度 0.4 ℃。这两个数值是在之前求解未添加蒸发器的网络时获得的。

① 在画布中选择容积式压缩机出口的 Node，并按 F4 键，在屏幕左侧显示其属性窗口；

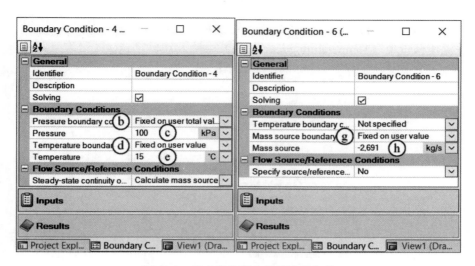

图 8-58　指定蒸发器水侧的边界条件

② 在指定假设值（Specify guess values）中选择"Yes"；

③ 在指定压力假设值（Specify pressure guess value）中选择"Yes"；

④ 在 Pressure guess value 中输入 505 kPa；

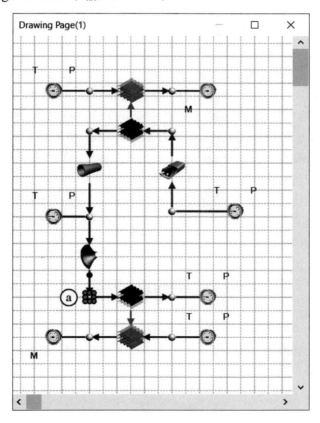

图 8-59　选择组件

⑤ 在压力假设值（pressure guess value）中选择"Yes"；

⑥ 在温度假设值（Temperature guess value）中输入 0.4 ℃。

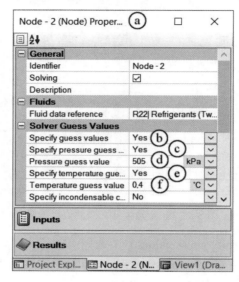

图 8-60　指定猜测值

步骤 32：求解网络（见图 8-61）。

① 点击保存（Save）保存项目。

② 点击稳态求解（Solve Steady State）。

③ 在流动求解收敛（Flow Solver Convergence）中查看求解的收敛情况。

④ 将鼠标悬停在容积式压缩机出口的节点（Nodes）上，在出现的提示条中查看结果。

⑤ 计算得到的总压力（Total pressure）为 510.06 kPa。

⑥ 计算得到的总温度（Total temperature）为 0.738453 ℃。

⑦ 再次点击运行设计器（Run A446）运行设计迭代，完成后再点击稳态求解（Solve Steady State）。对比设计器运行前后的结果，用户可以看到在设计器运行之前蒸发器的换热量为 87.5 kW，在设计器运行之后蒸发器的换热量为 90 kW，符合设计值，由此可见设计器在系统精确设计中的重要性。

步骤 33：添加一个管路组件。

① 删除蒸发器（初级）[Evaporator（Primary）] 出口的边界条件（Boundary Condition），如图 8-62 所示；

② 选择组件（Components）标签页；

③ 展开管道（Piping）；

④ 拖曳一个管道（Pipe）到画布中；

⑤ 如图 8-63 所示，使用节点（Nodes）和边界（Boundaries）补全网络的其他部分。

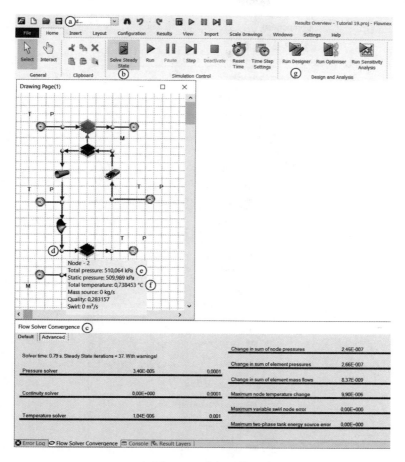

图 8-61　求解网络

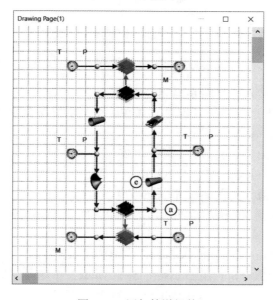

图 8-62　添加管道组件

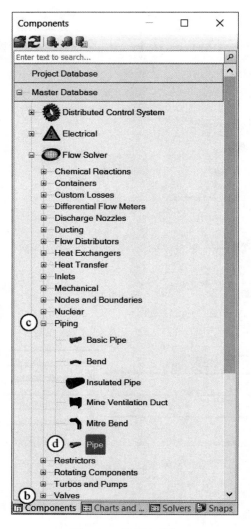

图 8-63　展开选项卡

步骤 34：指定管路输入（见图 8-64 和图 8-65）。

① 在画布中选择管道（Pipe）组件并按 F4 键，在屏幕左侧显示其属性窗口；

② 在长度（Length）中输入 2 m；

③ 在入口直径（Inlet Diameter）中输入 0.2 m；

④ 在粗糙度（Roughness）中输入 30 μm。

步骤 35：指定假设值（见图 8-66 和图 8-67）。

① 在画布中选择管道（Pipe）组件入口的节点（Node）并按 F4 键，在屏幕左侧显示其属性窗口；

② 在指定假设值（Specify guess values）中选择 "Yes"；

③ 在指定压力假设值（Specify pressure guess value）中选择 "Yes"；

④ 在压力假设值（Pressure guess value）中输入 505 kPa；

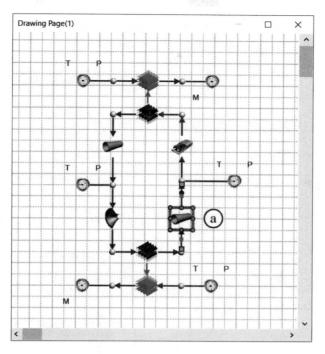

图 8-64　选择组件

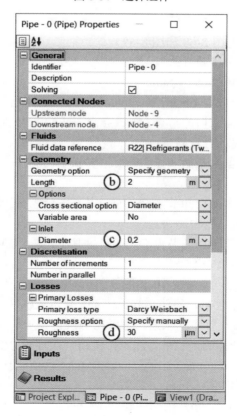

图 8-65　指定管路输入

⑤ 在指定温度假设值（Specify temperature guess value）中选择"Yes"；

⑥ 在温度假设值（Temperature guess value）中输入 8.7 ℃。

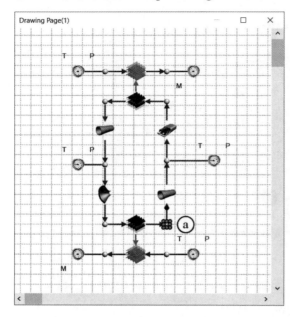

图 8-66　选择组件

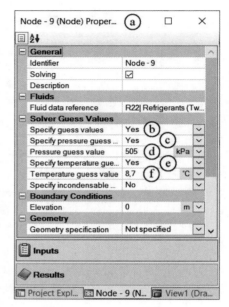

图 8-67　指定猜测值

步骤 36：求解网络（见图 8-68 和图 8-69）。

① 点击保存（Save）保存项目；

② 点击稳态求解（Solve Steady State）；

③ 在流动求解收敛（Flow Solver Convergence）中查看求解的收敛情况；

④ 在画布中选择冷凝器入口的节点（Nodes）并按 F4 键，在屏幕左侧显示其属性窗口，切换到结果（Results）标签页查看结果；

⑤ 在画布中选择冷凝器出口的节点（Nodes）并按 F4 键，在屏幕左侧显示其属性窗口，切换到结果（Results）标签页查看结果；

⑥ 在画布中选择蒸发器入口的节点（Nodes）并按 F4 键，在屏幕左侧显示其属性窗口，切换到结果（Results）标签页查看结果；

⑦ 在画布中选择蒸发器出口的节点（Nodes）并按 F4 键，在屏幕左侧显示其属性窗口，切换到结果（Results）标签页查看结果。

步骤 37：创建一个快照（见图 8-70 和图 8-71）。

用户可以使用快照来加载初始条件。当 Flownex 开始求解网络后，初始条件会随着迭代的进行而改变，如果用户要进行多次求解，可以在每次运行求解前通过加载之前保存的快照来加载初始条件，以保证计算的一致性。注意，在第一次打开"快照"窗口时，会自动生成快照，可以点击"Delete all automatically generated snap files"图标删除自动创建的快照。

① 在窗口右下方选择快照（Snaps）标签页；

② 点击新的快照（New Snap）图标创建一个快照；

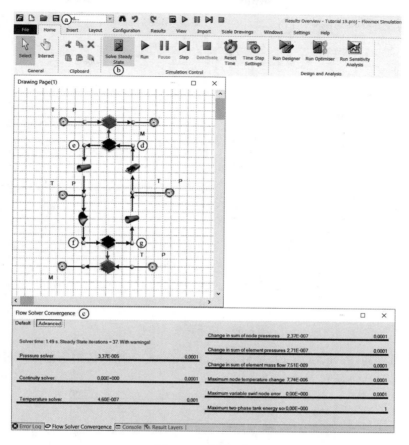

图 8-68　求解网络

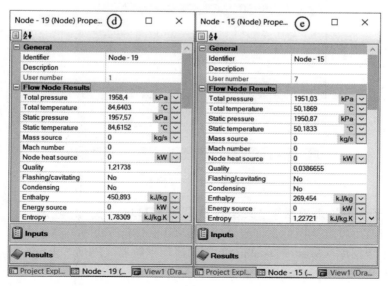

（a）

图 8-69　结果查看

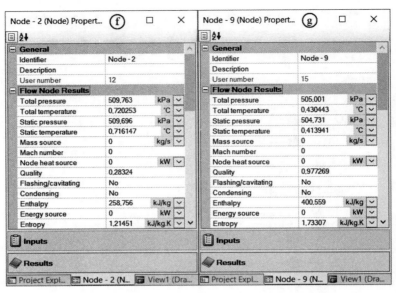

（b）

图 8-69 结果查看（续）

③ 弹出另存为（Save As）窗口，文件名称（File name）中输入初始条件（Initial Conditions）；

④ 点击保存（Save）。

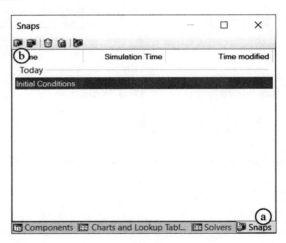

图 8-70 创建快照

步骤 38：查看制冷剂数据库（见图 8-72 和图 8-73）。

① 在窗口右下方选择图标查询表（Charts and Lookup Tables）标签页；

② 展开主数据库（Master Database）中的流动求解器（Flow Solver）；

③ 展开材料和流动（Materials and Fluids）；

④ 展开两相流（Two Phase Fluids）；

⑤ 展开制冷剂（Refrigerant）；

⑥ 双击 R22；

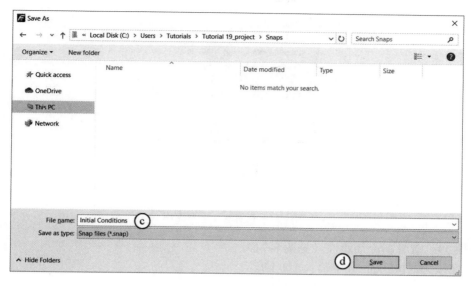

图 8-71　保存快照

⑦ 点击测试（Test），查看在指定温度（Temperature）和压力（Pressure）下的流体属性。

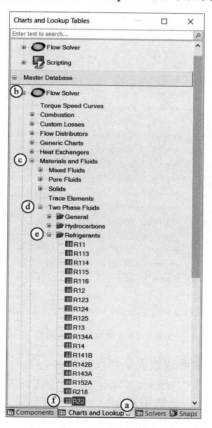

图 8-72　展开选项卡

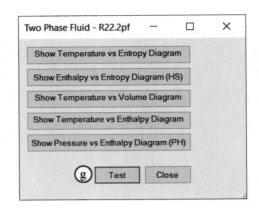

图 8-73　查看制冷剂数据库

步骤 39：查看制冷剂属性（见图 8-74）。

① 在压力（Pressure）中输入 100 kPa；

② 在温度（Temperature）中输入 15 ℃；

③ 点击测试（Test）；

④ 在右侧的窗格中查看结果（Results）；

⑤ 查看完制冷剂属性后，连续点击关闭（Close）按钮，回到 Flownex 的画布窗口。

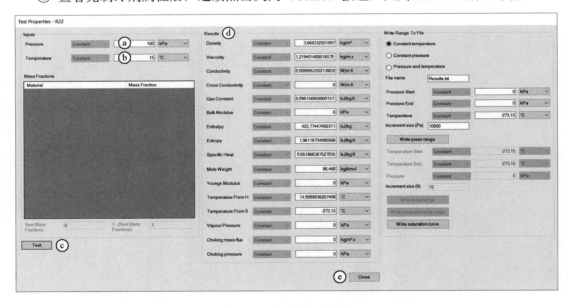

图 8-74　查看制冷剂属性

步骤 40：设置一个动作来释放边界条件（见图 8-75）。

在瞬态求解时，可以使用"Actions（动作）"功能在计算开始以后的某个时刻释放某些边界条件，使 Flownex 的计算结果趋于稳态。

① 在菜单栏中切换到配置（Configurations）功能区，点击操作设置（Actions Setup）；

② 在场景（Scenario）窗格中的空白处右击鼠标并选择新建场景（New Scenario）；

③ 选中新创建的场景（Scenario），将其重命名为释放边界条件（Release Boundary Conditions）；

④ 在操作（Action）窗格中的空白处右击鼠标并选择新建操作（New Action）。

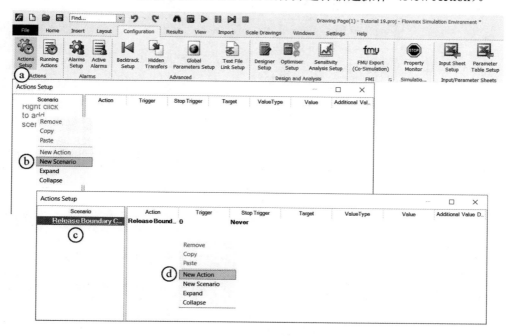

图 8-75　设置一个动作来释放边界条件

步骤 41：指定边界条件动作。

这里指定瞬态求解开始后，在 0.1 s 时释放压力和温度边界条件，当边界条件消失后，该系统成为一个闭环，会逐渐地达到自平衡状态，原本施加了边界条件的节点上的质量和能量源项也会随着迭代的进行而逐渐消失，最终收敛后达到真正的稳态。

① 选中新创建的动作（Action），将其重命名为温度调节入口（Temperature -Comp Inlet）。

② 在启动（Trigger）窗格中，点击"…"浏览符号。

③ 在弹出的窗口中，开始时间（Start Time）输入 0.1 s，如图 8-76 所示。

④ 点击确定（OK）按钮。

⑤ 在目标（Target）窗格中，点击"…"浏览符号。

⑥ 选择容积式压缩机入口节点相连的边界条件（Boundary Condition）。（这里是 Boundary Condition－3，实际的名称可能和图中不同，具体可以在画布中点击此处的 Boundary Condition 查看名称）

⑦ 右侧属性窗格中选择输入（Inputs）标签页中的温度边界条件（Temperature boundary condition），如图 8-77 所示。

⑧ 点击确定（OK）按钮。

⑨ 在值（Value）中选择未规定（Not specified），如图 8-78 所示。

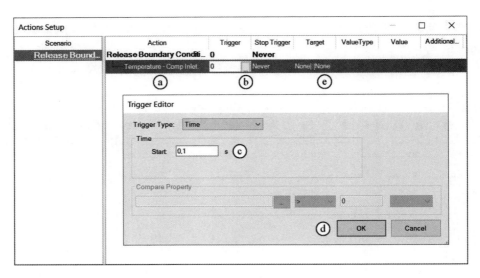

图 8-76　设置开始时间

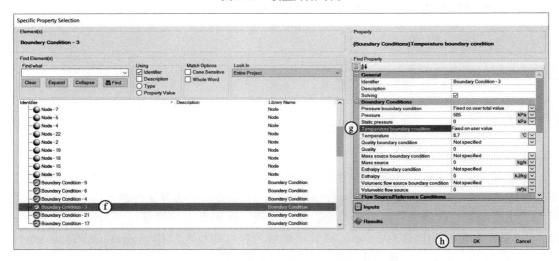

图 8-77　参数设置

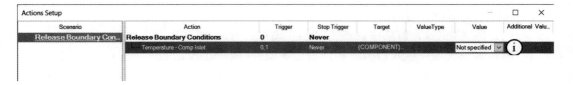

图 8-78　选择 Not specified

⑩ 重复以上步骤，为膨胀阀入口节点相连的边界条件（Boundary Condition）设置释放压力和温度边界条件。

⑪ 关闭操作设置（Actions Setup）窗口。

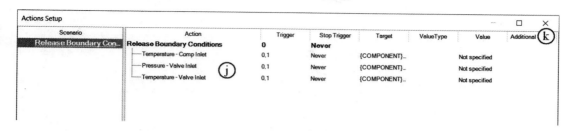

图 8-79 重复操作

步骤 42：创建折线图（见图 8-80 和图 8-81）。

使用折线图来可视化求解进程，并显示变量随着求解的变化。

① 选择组件（Components）标签页；
② 展开可视化（Visualisation）；
③ 展开图形（Graphs）；
④ 拖曳 4 个曲线图（Line Graphs）到画布中。

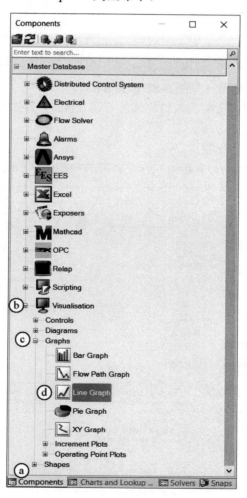

图 8-80 展开选项卡

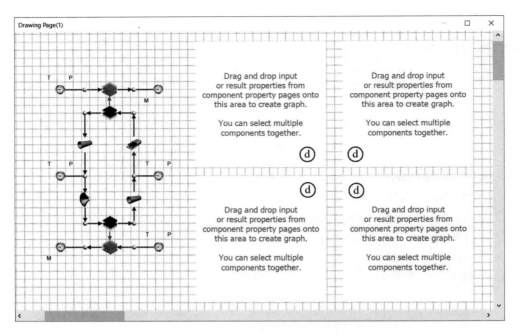

图 8-81　拖曳 4 个 Line Graphs 到画布

步骤 43：指定质量流量图（见图 8-82 和图 8-83）。

① 在画布中选择容积式压缩机入口相连的管道（Pipe）并按 F4 键，在屏幕左侧显示其属性窗口；

② 选择结果（Results）标签页；

③ 拖曳总质量流（Total mass flow）到左上方的曲线图（Line Graph）中。

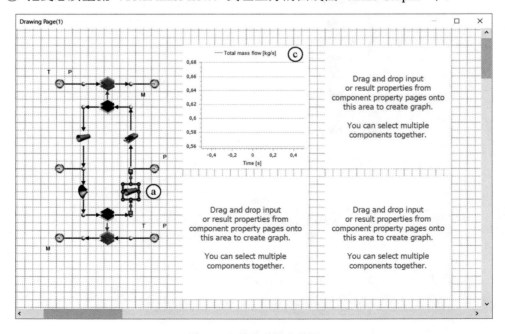

图 8-82　创建质量流量图

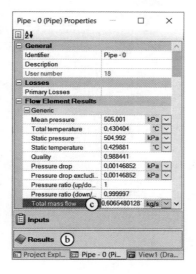

图 8-83　指定质量流量

步骤 44：指定干度图（见图 8-84 和图 8-85）。

① 在画布中选择冷凝器出口节点（Node）并按 F4 键，在屏幕左侧显示其属性窗口；

② 选择结果（Results）标签页；

③ 拖曳质量（Quality）到右上方的曲线图（Line Graph）中；

④ 重复以上步骤，将蒸发器出口节点（Node）的质量（Quality）也拖曳到右上方的曲线图（Line Graph）中。

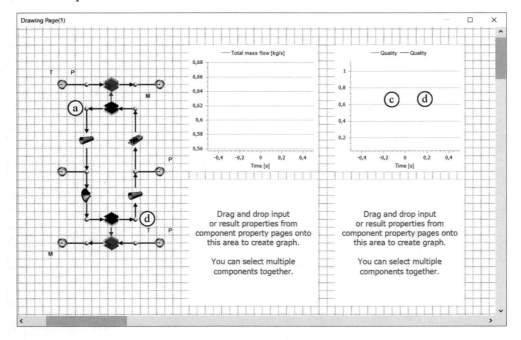

图 8-84　创建干度图

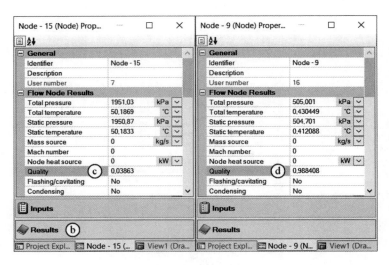

图 8-85　指定干度

步骤 45：指定温度图（见图 8-86 和图 8-87）。

① 在画布中选择容积式压缩机入口节点（Node）并按 F4 键，在屏幕左侧显示其属性窗口；

② 选择结果（Results）标签页；

③ 拖曳总温度（Total temperature）到左下方的曲线图（Line Graph）中；

④ 重复以上步骤，膨胀阀入口节点（Node）的总温度（Total temperature）也拖曳到左下方的 Line Graph 中。

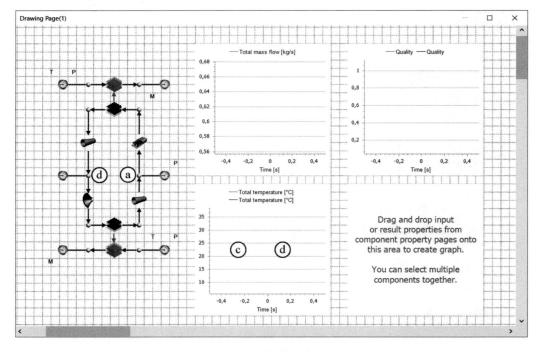

图 8-86　创建温度图

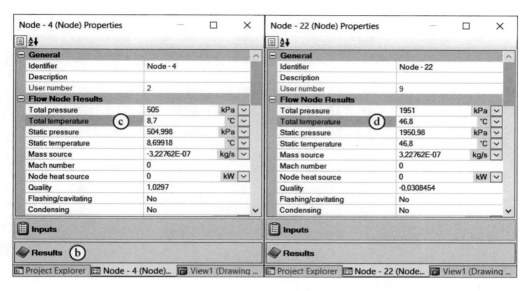

图 8-97　指定温度

步骤 46：指定压力图（见图 8-88 和图 8-89）。

① 在画布中选择膨胀阀入口节点（Node）并按 F4 键，在屏幕左侧显示其属性窗口；

② 选择结果（Results）标签页；

③ 拖曳总压力（Total pressure）到右下方的曲线图（Line Graph）中。

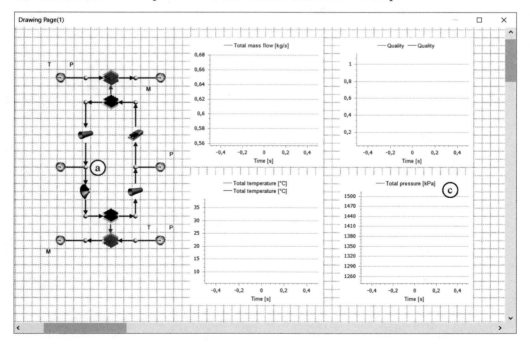

图 8-88　创建压力图

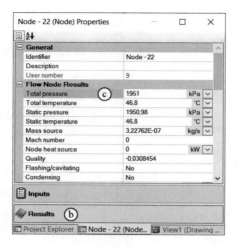

图 8-89　指定压力

步骤 47：编辑折线图文本。

① 选择右上方的干度折线图，如图 8-90 所示；

② 按 F4 键，显示其属性窗口；

③ 如图 8-91 所示，分别重命名两条折线的名称（Name）为冷凝器出口质量（Condenser Outlet Quality）和蒸发器出口质量（Evaporator Outlet Quality）；

④ 重复以上步骤，为温度折线图中的两条折线重命名为计算进口总温度（Comp Inlet Total Temperature）和阀门进口总温度（Valve Inlet Total Temperature）。

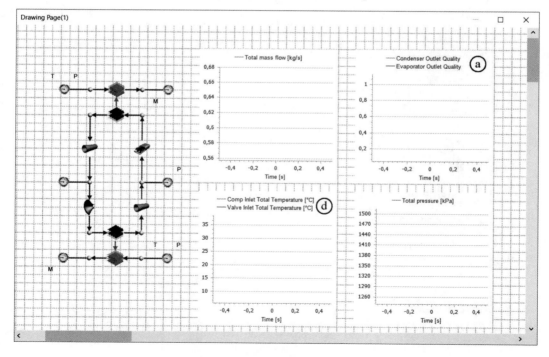

图 8-90　编辑折线图文本

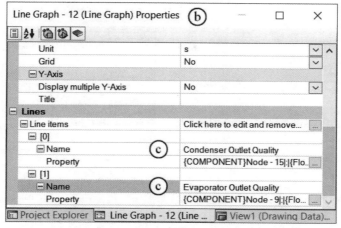

（a）折线 1

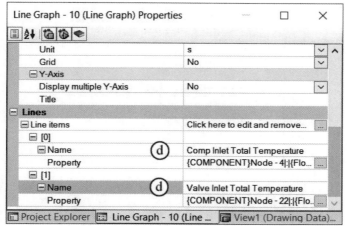

（b）折线 2

图 8-91　重命名

步骤 48：设置调度器（见图 8-92）。

调度器（Scheduler）能够控制 Flownex 的求解进程，用户可以指定时间步长（迭代之间的时间）、速度因子等。

① 在窗口右下方选择求解器（Solvers）标签页；

② 双击时间表（Scheduler）；

③ 在时间步长（Time Step Size）中输入 100 ms；

④ 在速度因数中输入 100%；

⑤ 在模拟结束时间（Simulation End Time）中选择无限期运行（Run indefinite）。

步骤 49：加载初始条件（见图 8-93）。

通过读取之前保存的快照来加载初始条件。

① 在窗口右下方选择快照（Snaps）标签页；

② 右击之前保存的快照初始参数（Initial Conditions）；

③ 选择负荷（Load）。

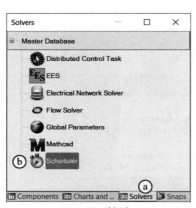

（a）时间表

（b）时间表设置

图 8-92　设置调度器

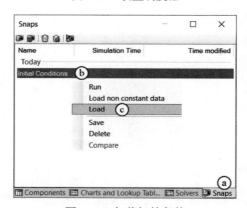

图 8-93　加载初始条件

步骤 50：创建一个快照（见图 8-94 和图 8-95）。

① 在窗口右下方选择快照（Snaps）标签页；

图 8-94　创建快照

② 点击新建快照（New Snap）图标创建一个快照；

③ 弹出另存为（Save As）窗口，文件名称（File name）中输入稳态（Steady State）；

④ 点击保存（Save）按钮。

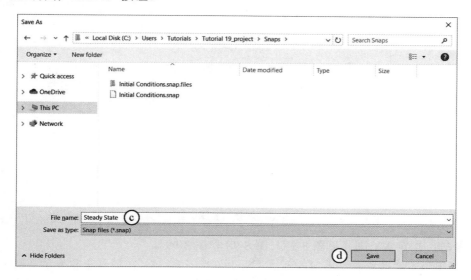

图 8-95　保存快照

步骤 51：创建 XY 图（见图 8-96）。

① 在左侧窗口中选择项目管理器（Project Explorer）标签页；

② 点击图形（Graphs）栏；

③ 右击图形（Graphs）文件夹；

④ 选择增加图形页面（Add Graphs Page）；

⑤ 选择直角坐标图（XY Graphs），新创建一个 XY 图。

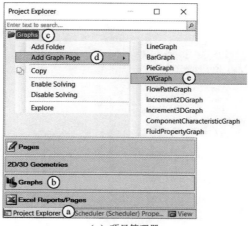

（a）项目管理器

图 8-96　创建 XY 图

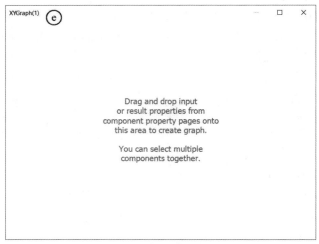

（b）直角坐标图

图 8-96　创建 XY 图（续）

步骤 52：指定 XY 图（见图 8-97、图 8-98 和图 8-99）。

① 在画布中选择蒸发器出口的节点（Node）并按 F4 键，在屏幕左侧显示其属性窗口。

② 拖曳输入（Inputs）标签页中的流体数据参考（Fluid Data Reference）到新建的直角坐标图（XY Graphs）中，选择 *T-S* 创建温熵图。

③ 重复以上步骤，拖曳压缩机出口节点（Node）的流体数据参考（Fluid Data Reference）到新建的直角坐标图（XY Graphs）中。

④ 重复以上步骤，拖曳冷凝器出口节点（Node）的流体数据参考（Fluid Data Reference）到新建的直角坐标图（XY Graphs）中。

图 8-97　打开属性窗口

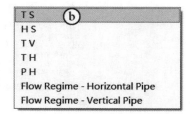

图 8-98　选择 *T-S* 创建温熵图

⑤ 重复以上步骤，拖曳膨胀阀出口节点（Node）的流体数据参考（Fluid Data Reference）到新建的直角坐标图（XY Graphs）中。注意要严格按照以上顺序拖曳 4 个节点（Node）的属性。

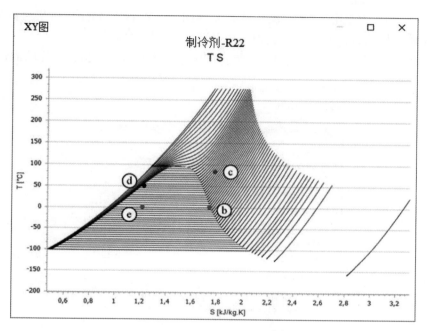

图 8-99　指定 XY 图

步骤 53：编辑 XY 图（见图 8-100 和图 8-101）。

① 选择 XY 图并按 F4 键，显示其属性窗口；

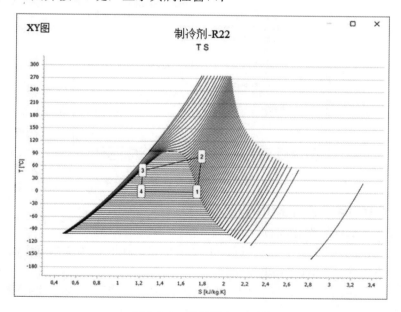

图 8-100　继续指定 XY 图

② 在高级格式（Advanced Formatting）中勾选图形格式（Graph formatting）和曲线格式（Line formatting）；

③ 在连接点（Connect Points）中选择"Yes"；

④ 在序号为[0]的线组（Line sets）中，X 轴的值（X Axis Value）和 Y 轴的值（Y Axis Value）下面的图例（Legend）中的可视（Visible）都选择"No"；

⑤ 重复以上步骤，为序号为[1]、[2]和[3]的线组（Line sets）执行同样的操作。

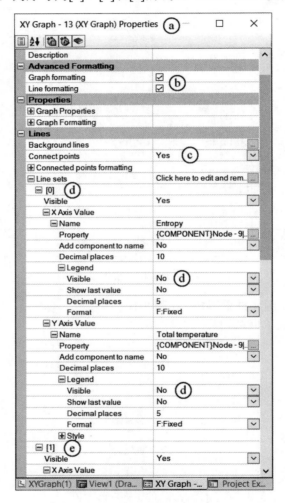

图 8-101　参数设置

步骤 54：求解网络（见图 8-102 和图 8-103）。

① 点击保存（Save）保存项目；

② 在快照（Snaps）标签页中，负荷（Load）之前保存的快照初始参数（Initial Conditions）；

③ 点击稳态求解（Solve Steady State）；

④ 可以使用鼠标滚轮放大/缩小 XY 图，或按住 Shift 键按下鼠标左键拖曳画框对 XY 图进行局部放大。

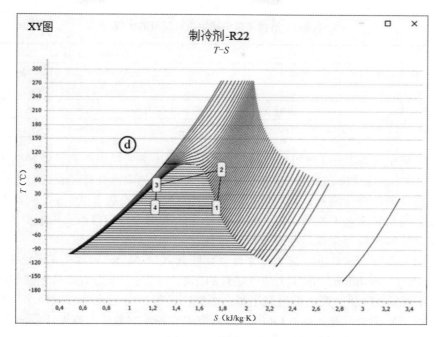

图 8-102　求解网络

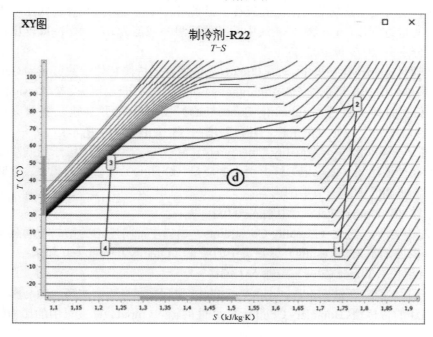

图 8-103　放大的 XY 图

步骤 55：计算结果的讨论。

稳态计算完成后，检查计算结果是否满足设计预期。计算结果与初始设计规范的比较如表 8-1 所示。

表 8-1　所得结果与初始设计规范的比较

项　　目	设计标准	Flownex 计算结果
系统中的质量流量	0.607 kg/s	通过冷凝器的质量流量是 0.60657 kg/s 通过蒸发器的质量流量是 0.5788 kg/s
冷凝器出口的干度	−0.03	0.029
蒸发器出口的干度	1.03	1.024

从计算结果中可以看出，使用当前的设计参数计算出来的结果距离设计预期还有较大的偏差。根据之前指定膨胀阀的输入一节中的内容，限流器的限流孔直径设计会直接影响到通过冷凝器和蒸发器的质量流量。目前使用的限流孔直径是假设的 0.008 m，因此导致通过冷凝器和蒸发器的质量流量不相等，Flownex 自动在膨胀阀入口和容积式压缩机入口的 Node 上施加了质量汇和质量源来满足质量守恒的条件。

而冷凝器和蒸发器出口的干度则分别受到膨胀阀入口 Node 和容积式压缩机入口 Node 相连的 Boundary Condition 中的压力边界条件的影响，这两个压力数值是之前通过 *T-S* 图估算出来的，不够精确。尽管在之前设置了瞬态求解时，在 0.1 s 后会释放这两个边界条件，但是在稳态求解或瞬态求解开始的 0.1 s 内，这两个边界条件的数值准确性还是十分重要的。

步骤 56：使用设计器功能以满足设计预期。

接下来，使用设计器功能对限流孔直径、膨胀阀入口的压力值和容积式压缩机入口的压力值这三个变量进行设计，以确保系统中额外的质量源或汇为 0，确保冷凝器出口和蒸发器出口的干度分别为-0.03 和 1.03。

① 在快照（Snaps）标签页中，负荷（Load）之前保存的快照初始参数（Initial Conditions）；

② 在菜单栏中切换到配置（Configurations）功能区，点击设计器设置（Designer Setup）；

③ 在左下方等式约束（Equality Constraints）窗口和右下方独立变量（Independent Variables）窗口中的空白处右击鼠标，各自新增两项，如图 8-104 所示；

④ 在左下方等式约束（Equality Constraints）窗口中，将新增的第一项同冷凝器出口节点（Node）属性的结果（Results）标签页中的质量（Quality）变量关联起来。关联方法请参考之前指定膨胀阀的输入一节中的内容；

⑤ 在目标值（Target Value）中输入-0.03；

⑥ 在左下方等式约束（Equality Constraints）窗口中，将新增的第二项同蒸发器出口节点（Node）属性的结果（Results）标签页中的质量（Quality）变量关联起来；

⑦ 在目标值（Target Value）中输入 1.03；

⑧ 在右下方独立变量（Independent Variables）窗口中，将新增的第一项与膨胀阀入口节点（Node）相连的目标值（Boundary Condition）属性的输入（Inputs）标签页中的压力（Pressure）变量关联起来；

⑨ 在最小值（Minimum）中输入 1800，最大值（Maximum）中输入 2200，单位（Units）保留默认的 kPa；

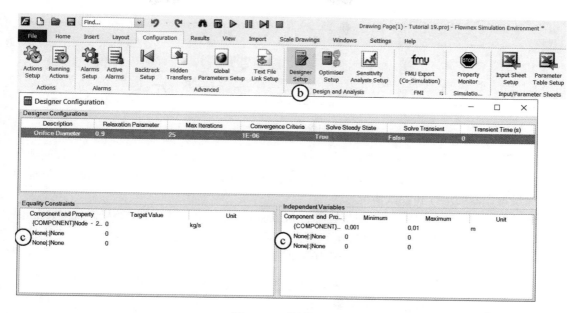

图 8-104　设置设计器

⑩　在右下方独立变量（Independent Variables）窗口中，将新增的第二项与容积式压缩机入口节点（Node）相连的边界条件（Boundary Condition）属性的输入（Inputs）标签页中的压力（Pressure）变量关联起来；

⑪　在最小值（Minimum）中输入 400，最大值（Maximum）中输入 600，单位（Units）保留默认的 kPa，如图 8-105 所示；

⑫　关闭设计器配置（Designer Configuration）窗口。

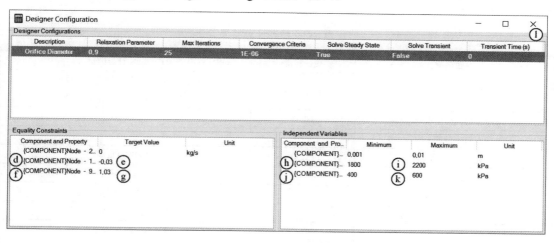

图 8-105　选项设置

步骤 57：运行设计器（见图 8-106 和图 8-107）。

①　点击保存（Save）保存项目。

②　在菜单栏中切换到主页（Home）功能区，点击运行设计器（Run Designer），开始设计迭代。

图 8-106　运行设计器

③ 设计器会运行多轮次的迭代，寻找满足设计目标的设计变量值。在设计器运行期间，可以在输出窗口中切换流动收敛求解（Flow Solver Convergence）和控制台（Console）标签页，观察设计器的运行和收敛情况。

④ 设计器运行结束后，注意观察控制台（Console）标签页中的内容，如果出现 "Designer found solution!"（设计器发现解决方案）字样，即代表设计迭代找到了收敛解。如果出现发散的提示，需要去模型或求解器的设置中查错后重新运行。

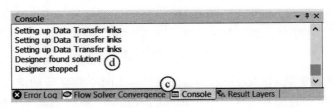

图 8-107　结果显示

步骤 58：设计结果的讨论。

设计器运行结束后，检查当前设计结果所采用的参数是否满足设计预期。按照当前设计参数的稳态计算结果如表 8-2 所示。

表 8-2　稳态计算结果

参数名称	设计标准	Flownex 计算结果
系统中的质量流量	0.607 kg/s	通过冷凝器的质量流量是 0.5937 kg/s 通过蒸发器的质量流量是 0.5937 kg/s
冷凝器出口的干度	−0.03	−0.03
蒸发器出口的干度	1.03	1.03
膨胀阀入口压力	1951 kPa	1987.73 kPa
容积式压缩机入口压力	505 kPa	461.57 kPa
膨胀阀入口节点能量源项	0	−0.779679 kW
压缩机入口节点能量源项	0	0.174741 kW
通过系统的质量流量	0.607 kg/s	通过冷凝器 0.5937 kg/s 通过蒸发器 0.5937 kg/s
冷凝器出口质量	−0.03	−0.03
蒸发器出口质量	1.03	1.03
节流阀进口边界压力	1951 kPa	1987.73 kPa

续表

参数名称	设计标准	Flownex 计算结果
压缩机进口边界压力	505 kPa	461.57 kPa
节流阀进口节点处的能源	0	−0.779679 kW
压缩机入口节点处的能源	0	0.174741 kW

从计算结果中可以看出，开始时给出的假设和边界条件并不精确，通过使用设计器功能，Flownex 能够寻找到合适的边界条件值，以满足所需的设计标准。

此外，还能发现在膨胀阀入口节点和容积式压缩机入口节点处，Flownex 自动施加了能量源项，这是求解器为满足能量守恒而做的数值补偿，也反映出当前的计算结果并没有达到真正的"稳态"。

接下来将进行瞬态求解，通过使用之前设置好的 Actions（动作）功能在计算开始后 0.1 s 释放边界条件，Flownex 会自动计算出与系统匹配的趋于稳态的结果。

步骤 59：求解网络（见图 8-108）。

① 点击稳态求解（Solve Steady State）；

② 点击运行（Run）开始进行瞬态求解；

③ 观察计算结果，当结果趋于稳态后，点击使无效（Deactivate）图标停止瞬态求解。

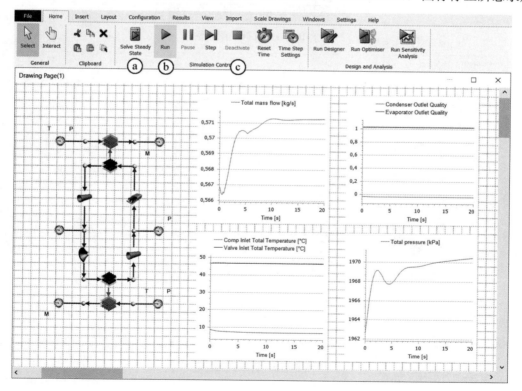

图 8-108　求解网络

步骤 60：更改折线图属性（见图 8-109 和图 8-110）。

　　干度图和温度图上都显示了两个变量，两个变量的数值范围不同，折线图的自动缩放导致 Y 轴的标尺范围过大，而变量本身的数值波动范围较小，所以绘制出的折线图看起来几乎是一条直线，无法反应出各变量的细微变化。因此有必要为这两张折线图中的不同变量使用不同的 Y 轴标尺来显示。

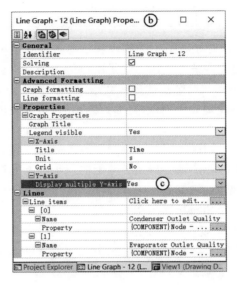

图 8-109　更改折线图属性

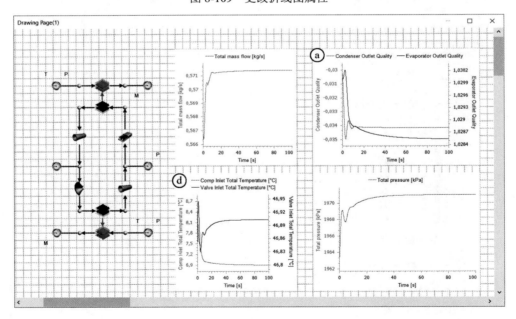

图 8-110　折线图显示

① 选择右上方的干度折线图；
② 按 F4 键，显示其属性窗口；
③ 在显示多个 Y 轴（Display multiple Y-Axis）中选择"Yes"；

④ 重复以上步骤，为温度折线图执行类似的操作。

本算例详细演示了如何使用 Flownex 创建制冷循环系统的仿真模型。用户通过本算例的学习，能够了解初始条件、边界条件及设计参数的精确性对计算结果产生的影响，掌握如何给出这些参数预估值的方法，以及如何使用设计器功能来寻找满足设计预期的合理参数，同时也锻炼了使用 Flownex 解决复杂系统网络问题的能力。

8.4　飞机座舱环境控制系统的建模仿真

飞行器飞行过程中会遇到多种多样的外界环境条件，在从地面到大气层的过程中，外界大气压变化剧烈，此外飞行器还常常会遇到极端温度、湿度变化的情况；相较于地面上的器械，外界环境对飞行器的影响显得尤为重要。环境控制系统的主要参数有外界压力、温度、湿度。设计时外界大气压力按照标准大气压力随高度的变化规律选取，标准大气可以作为校准飞机航行仪表的依据。国际标准大气以中纬度地区的平均气象条件为依据。在高度 20 km 以下，对流层（$0<h<11$ km）的温度、压力、密度计算公式如下：

$$T_h = T_0 + \alpha h \tag{8-1}$$

$$P_h = P_0 \left(1 - \frac{h}{44330} \right)^{\frac{g}{\alpha R}} \tag{8-2}$$

$$\rho_h = \rho_0 \left(1 - \frac{h}{44330} \right)^{\frac{g}{\alpha R} - 1} \tag{8-3}$$

平流层（11 km$<h<20$ km）的温度、压力、密度计算公式如下：

$$t_h = -56.5 \ ℃, \ \ T_h = 216.65 \ \text{K} \tag{8-4}$$

$$P_h = 22631.8 \exp\left(-\frac{h - 11000}{6340} \right) \tag{8-5}$$

$$\rho_h = 0.3639 \left(-\frac{h - 11000}{6340} \right) \tag{8-6}$$

其中，h 代表海拔高度，单位为 m；T_h 代表在高度 h 上的热力学温度，单位为 K；α 代表年平均温度直减率，取 0.0065 ℃/m；P_h 代表高度 h 上的压力，单位为 Pa；ρ_h 代表高度 h 上的密度，单位为 kg/m³；R 代表气体常数，在高度上不变，取 R=287 J/kg·K；g 代表重力加速度，取 9.81 m/s²。

8.4.1　座舱空气压强管理系统

1）气密座舱压力要求

气密座舱压力要求包括对座舱高度、压差、压力变化速率和压力制度等方面的要求。其中，座舱压力制度是座舱内绝对压力和余压随高度的变化规律，也称为座舱调压规律。旅客机压力制度如图 8-111 所示。

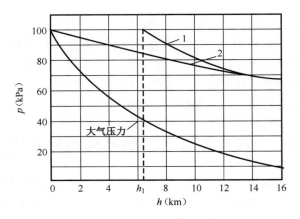

图 8-111　旅客机压力制表

　　图 8-111 中有两种类型。第一种类型显示座舱压力先以相当于海平面的绝对压力保持到某高度，接着与外接大气保持等压差变化至飞机设计高度，座舱压力随高度变化比较均匀。第二种类型中座舱压力从最初起按照如下规律变化：

$$P_c = P_h + \frac{1}{m}\left(P_{h0} - P_h\right) \tag{8-7}$$

其中，P_h 代表海拔高度为 h 时的大气压力，单位为 kPa；P_{h0} 代表地面的大气压力，单位为 kPa；m（$m>0$）代表增压率。

　　2）座舱增压供气系统

　　现代客机增压气源有三个：发动机压气机引气、辅助动力装置引气和在地面可以使用的地面气源。增压控制系统由座舱增压控制器控制。当飞机离地开始爬升时，增压控制器处于爬升程序，在爬升过程中飞机座舱高度随飞行高度的增加而增加；当飞机下降时，增压控制器进入下降程序，座舱高度下降，直至停机着陆。为更好地研究座舱的环境控制，使气密座舱内产生余压，进行通风换气和温湿度的调节，需要利用气源系统向座舱进行增压供气。在大气通风式座舱中，带涡轮喷气发动机的飞机座舱增压直接利用发动机压气机更为简便，如图 8-112 所示。外壳有气流的进口和出口，气体在叶轮中获得的动能尽可能多地转化为压力。进口流道略微收缩以减小进气阻力，出口流道逐渐扩张，使高速气流可继续扩压。

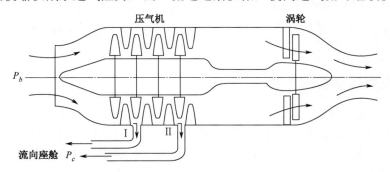

图 8-112　涡轮喷气发动机压气机引气示意图

　　发动机压气机可以提供较大的供气压力，并节省传动附件，现代客机利用发动机压气机引气，都具有中压引气口和高压引气口两个引气口。在低、中空高速飞行时，由中压引气口引气；在高空低速飞行时，由高压引起口引气。除了发动机压气机，还有容积式增压器、离心式增压器等设备。在飞行高度大于 25 km 的飞机上，因无外界大气可以利用，需使用再生式座舱。

座舱温度控制和测量是自动控制的，并配有手动控制装置。温度控制原理如图 8-113 所示[15]，温度传感器的反馈信号与目标温度的偏差输送给温度控制器，经过冷却制冷后达到目标温度值，从而使座舱适宜温度。

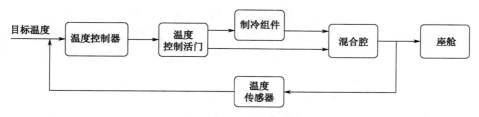

图 8-113　温度控制原理

温度控制的主要附件有温度传感器、温度控制器和执行机构。温度传感器感受控制对象温度，将温度信号转换为电信号，常用的温度传感器有电传感器、双金属传感器、充气感压箱等。温度控制器有电子式、电气式、气动式。最常用的是电子控制器。控制器的输出信号传递给执行机构，执行机构的动作是把控制对象恢复到稳定工作状态。执行机构包括控制或门和传动器。

高空飞行的环境主要是低湿度环境，在长距离、长时间的飞行中，飞行时间超过 4 h 的飞机必须具有附加湿度装置，以维持座舱相对湿度在 30%～60%，以避免乘客或工作人员出现鼻干、喉干等不适症状。实际中，冷凝现象的出现，使得湿度增加。相对湿度在 35% 左右时，靠近主要构件的舱内设备表面上可能出现冷凝现象。在实际设计驾驶系统时，旅客机满员时应维持相对湿度在 20% 左右。

类似地，湿度控制系统由湿度传感器、湿度控制器和执行机构组成。湿度传感器测量座舱内相对湿度，并转换为输出信号传递给湿度控制器。常用的湿度传感器有电阻式、电解式、变形式和电容式。

图 8-114 所示为连续式湿度控制系统原理图。

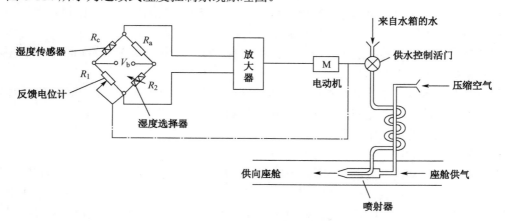

图 8-114　连续式湿度控制系统原理图

控制对象是座舱，湿度传感器接入电桥，输出的电压增量正比于座舱空气相对湿度的变化量，经过放大器放大后输入电动机组件。机组转动控制活门开启变化，起到控制相对湿度的作用。

8.4.2 座舱环境控制原理

飞行器座舱和设备舱的环境控制是指对舱内温度、压力、湿度、供气量的控制，是这些量的绝对值及其波动值的控制。进行控制的最终目的是要在舱内建立人能正常生活和设备能可靠工作的环境和条件。机种不同（如旅客机、战斗机、轰炸机、直升机）、使用条件不同（如远航程和近距离、热带和寒带、高空和中空），对环境控制系统所提出的要求是不同的。

环境控制系统的基本组成如下：

（1）增压和供气设备——提供座舱增压、通风用的供气源。

（2）加温和制冷设备——提供为调节座舱温度所需的高温热源和低温冷源。

（3）调节和控制设备——能实现对座舱和系统中各种压力、温度、湿度、流量的调节和控制。

（4）安全和应急设备——为防止环境控制系统产生故障，或当产生故障后，仍能保证座舱中必要的压力和对温度的控制。包括各种单向活门、安全活门、手操纵的应急活门等。

（5）指示和信号设备——包括各种压力、温度、湿度和流量的指示仪表和表示系统所处热力状态的信号设备。

在有些要求较高的系统中还包含过滤空气和消声设备。系统中还有各种类型的导管作为输送空气、进行空气分配及连接附件的工具。

环境控制系统的方案和布局，就是对上述各设备部分进行合理的布置和安排，使其能满足不同机种的座舱和设备舱所提出的技术要求。从调查和统计各种类型飞行器的结果来看，最本质的影响因素是温度控制，座舱的压力控制、湿度控制则是次要因素。座舱压力的控制由座舱压力调节器及安全活门和真空活门等来保证，最后基本上把问题归结到这些调节附件本身的设计上。压力调节器与各类活门的形式（如直接式和间接式、气动和电动）及所建立的压力制度，对环境控制系统方案的确定起决定性的作用。湿度控制只是在系统管路内部增加一个喷水或除水的附加环节，一般也不会对系统方案产生本质的影响。但当水分的存在影响到系统性能进一步提高时，这个次要因素也可能转变为主要因素。流量控制本身就包含在温度控制中，从某种意义上来说，没有流量控制就不能实现温度控制。现在飞行器变化繁多的环境控制系统方案，其差别主要表现在温度控制方面，尤其是所采用的制冷系统类型，对环境控制系统有着重大的影响。

现以旅客机各种典型的环境控制系统为例加以说明。图 8-115 是波音 767 旅客机环境控制系统原理图。波音 767 是双发半宽机身中远程商业运输机[16]。

环境控制系统的主要组成如下。

1）增压供气系统

系统所需供气从两台发动机引出。当地面发动机不工作时，可以使用辅助动力装置供气，也可以利用地面气源接头由地面气源供气。使用发动机引气时，从每台发动机的中压压气机或高压压气机引出空气。中压引气经单向活门到预冷器，高压引气由高压引气关断活门控制。当中压压气机压力不能满足系统要求时，高压引气关断活门自动打开，高压引气也到预冷器。

从发动机压气机引出的高温高压空气经预冷器冷却，冷却空气是从发动机风扇引来的空气。预冷器冷却空气进口管道上装有风扇空气调节活门，用来控制预冷器引气出口温度。在正常工作情况下，预冷器可使引气温度降到 232 ℃。在故障和瞬态条件下，预冷器引气口温度可达到 257 ℃。经过预冷器冷却的引气再经过压力调节器或关断活门调节引气压力，然后供给环控组件。每台发动机的引气控制系统都有自检测装置，可以快速隔离故障部件。两台发动机引气预调后，通过连通管会合在一起。在正常工作情况下，一台发动机引气供给一套环控组件。在失去一台发动机引气的情况下，另一台发动机可以向两套环控组件供气。连通管还可用于发动机交叉启动。在连通管上装有两个隔离活门，以便隔离供气系统。辅助动力装置供气由该装置供气关断活门控制，通过单向活门和隔离活门进入连通管两个隔离活门中间的管道上。

　　2）加温和制冷系统及空气的输送和分配

　　机上有两套相同的高压水分离式空气循环制冷系统。经过供气系统预调温度和压力的发动机引气，通过流量控制活门后分成冷热两路。冷路空气进入制冷系统的制冷组件。制冷组件是由三轮式空气循环装置、各种功能不同的热交换器、温度控制活门、保护装置、连接管道及其他附件组成的一个整体组件。供气首先到初级热交换器，在初级热交换器里，由冲压空气冷却，然后，进入空气循环装置的压气机，被压缩到较高的压力和温度，再进入次级热交换器，再次由冲压空气冷却，并且在通过高压水分离器回路后，进入空气循环装置的涡轮。空气通过涡轮时膨胀降温，在膨胀时发出功率驱动压气机和风扇叶轮转动。空气膨胀做功，热能转换成机械能，使涡轮出口的温度降得很低。经过制冷装置的空气变成冷空气，完成了制冷功能。冷却初级和次级热交换器的冲压空气，通过可变面积冲压进气口进入，再通过两个串联的热交换器。它首先经过次级热交换器，再经过初级热交换器。在大多数飞行情况下，冷却空气在冲压压力作用下，借助空气循环装置的风扇强迫流过热交换器。另外，风扇旁路有一外侧扩压器，可利用风扇空气的引射作用，增加冷却空气的流量。在地面没有冲压空气时，通过热交换器的全部冷却空气都由风扇供给。冷却空气通过一个可变面积排气风门排到机外。冲压空气进口风门和排气风门由组件温度调节器控制，并按预定程序工作。供气经过初级热交换器、压气机、次级热交换器以后，先经过回热器的热边、冷凝器、水分离器和回热器的冷边，再流入涡轮。冷凝器的作用是利用涡轮出口的冷空气准备流入涡轮，但尚未膨胀降温的高压空气，使其温度降到露点以下，所含水分冷凝成小水滴，再从水分离器中排出。回热器的作用是尽量减少涡轮出口冷空气流过冷凝器时的温升，使热量在进入冷凝器前，先排除一部分，而不是全部传给涡轮出口的冷空气，这样就提高了系统的制冷能力。从水分离器除掉的水，由喷嘴喷到冲压空气进口，通过蒸发冷却冲压空气，用以提高热交换器的效率。在一定条件下，因为次级热交换器的供气也有部分水冷凝，所以在次级热交换器下游管道上也装有一个管道水分离器，将分离出来的水收集起来喷到冲压空气进口。如果喷水管路或喷嘴堵塞，分离出的水可以排到机外。为防止残余湿气在涡轮出口冷凝后结冰，从空气循环装置的压气机出口引出部分热空气，加到冷凝器可能结冰的部位。

　　空气在混合室混合后，通过上升支管，沿侧壁到客舱顶部分配管道，再分成三路，分别供给前、中、后客舱。调节空气出口在顶部中间物品箱下方。空气向两侧喷出，形成两股内卷气流。循环后的空气，由两侧壁下方的开口排到地板下。驾驶舱调节空气管道由混合室一直向前通到驾驶舱。调节空气由顶部出口、风挡玻璃下缘喷管和脚部喷口流入驾驶舱。两个座舱空气再循环风扇使部分座舱空气再循环。再循环空气通过过滤器、单向活门、再循环风扇和环控组件出口单向活门下游进入混合室。前后货舱利用客舱排到地板下的空气加热。另外，从供气系统引出的热空气也流到前后货舱地板下，进行加热。

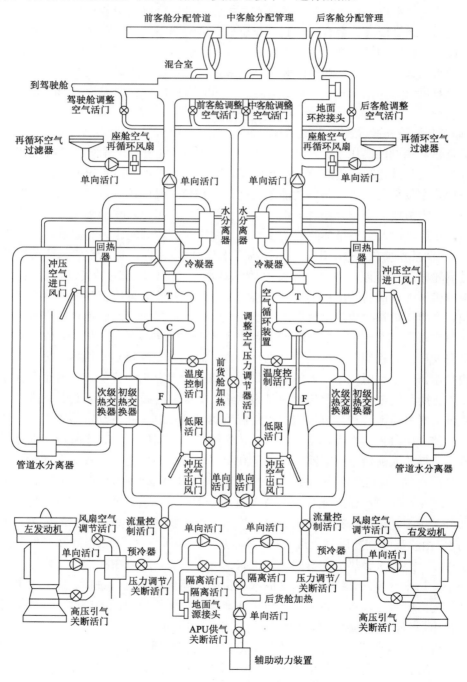

图 8-115　波音 767 旅客机环境控制系统原理图

　　3）座舱温度和压力控制系统

　　座舱划分为驾驶舱、前客舱、中客舱和后客舱 4 个舱区。座舱温度控制系统自动控制驾驶舱和客舱共 4 个舱区的温度。该系统包括两种控制系统，在正常工作的情况下，温度由自动控制系统控制，在出现故障时，可转由备份控制系统控制。座舱温度自动控制系统的控制，包括组件温度控制和座舱区域温度控制两级控制。

　　组件温度控制逻辑：首先根据区域温度控制指令信号，机组人员通过调节冲压空气进口风门和冲压空气出口风门及温度控制活门来控制组件排气温度，随后，限制空气循环装置压气机排气温度，防止过热，再限制环控混合总管最低出口温度，如果座舱区域温度控制失灵，转入备份控制状态，通过组件温度调节器使座舱的温度大约保持为 23.9 ℃；最后通过自动检测组件温度来防止部件发生故障。

　　座舱区域温度控制逻辑：首先控制 4 个舱区温度，使其保持为选择的温度，然后，输出指令信号给制冷组件温度控制装置，以修正组件排气温度，再输出指令信号给辅助动力装置，以控制辅助动力装置工作状态，如果区域温度控制失灵，则提供控制信号，使组件调节器转入自动备份状态，座舱温度保持 23.9 ℃，最后，通过自检测装置检测区域温度控制部件的故障。

　　两套组件的工作由两个组件温度调节器分别控制。在自动温度控制时，组件排气的控制温度由座舱温度调节器确定。在座舱温度调节器里有一个鉴别器，其作用是接收 4 个区域温度选择器上预先调定的要求温度信号，并鉴别其中最低温度信号，将最低温度指令信号传给两个组件调节器，作为组件出口温度的控制值，以满足座舱区域的最大制冷要求。

　　座舱压力是通过调节排气活门的排气流量来控制的。排气活门上装有 3 个电机，利用任何一个电机都可操纵排气活门。两个电机用于自动控制，另一个则用于手动控制。采取任何一种方式都可以调节座舱压力。控制方式由状态选择开关控制。在自动控制时，在整个飞行过程中，座舱压力完全由座舱压力调节器自动控制。

8.4.3　座舱 ECS 的热流系统建模与仿真结果

　　飞行器是在大气层或太空飞行的器械，在大气层内飞行的器械称为航空器，在太空内飞行的器械称为航天器。飞行器环境控制涉及人、机和环境三者，环境控制系统的功能使飞行器在飞行时保证人员正常生活和设备安全可靠工作，在各种飞行条件下，保持舱内空气压力、温度、湿度、流速和洁净度在允许范围内。

　　图 8-116 是模拟系统示意图。图中显示出了关键部件的位置，包括热交换器、压缩机、涡轮机、流量阀、管道等的位置，它们共同参与执行环境控制系统的基本功能。引气 1 是进入 ECS 前来自飞机发动机的高温高压压缩空气，大多数空气 2 到达一次热交换器，并由外部的冲压空气 r_2 预冷 3。随后，压缩机进一步对预冷后的空气 3 加压，并提高其温度 4。然后，热空气 4 在主热交换器中被冲压空气 r_1 冷却。涡轮进一步冷却空气以提供冷却能力，同时涡轮出口 6 处的空气压力也变低。然后将冷空气 6 与部分排出空气 11 混合到适当的温度，以便与空气混合管中的循环空气 10 混合。来自管路的空气 8 最终通过供给管道输送到空气舱 9。图 8-117 是飞机环控系统部件各节点温熵图。

　　为建立 ECS 与舱室热环境相互作用的模型，利用 Fluent 进行耦合研究。研究人员通过与 Fluent 的耦合，建立了 ECS 各部件的模型，该耦合模型模拟了一次完整的飞行，将 PID 控制方法应用于飞机 ECS 中，研究了 ECS 运行与客舱热环境之间的相互作用。图 8-118 为飞行器 ECS 系统与座舱环境的联合模拟示意图。

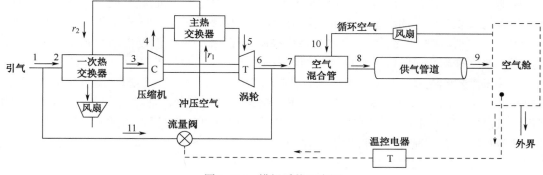

图 8-116　模拟系统示意图

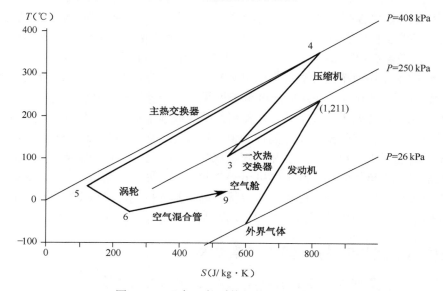

图 8-117　飞机环控系统部件各节点温熵图

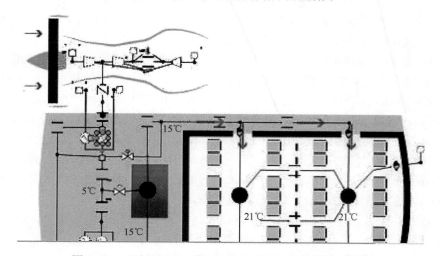

图 8-118　飞行器 ECS 系统与座舱环境的联合模拟示意图

在飞行过程中，ECS 利用流量阀调节送风温度，从而通过空气温度控制客舱的热环境。客舱内的温度设定点基于乘客和机组人员的热舒适性要求。ECS 中各处理过程的质量流量和空气温度计算模型所采用的计算方式如表 8-3 所示。

表 8-3　ECS 中各处理过程的质量流量和空气温度计算模型所采用的计算方式

ECS 组件或管路	质量流率（kg/s）	温度（K）
ECS 进口	$Q_1 = N_Q$	$T_1 = 473$
引气管道	$Q_2 = Q_1 - Q_{11}$	$T_2 = T_1$
预热交换器	$Q_3 = Q_2$	$T_3 = (1 - \eta_{PHE})T_2 + \eta_{PHE}T_{r2}$
压缩机	$Q_4 = Q_3$	$T_4 = T_3[1 + (\pi_c^{1-1/k} - 1)/\eta_c]$
主热交换器	$Q_5 = Q_4$	$T_5 = (1 - \eta_{MHE})T_4 + \eta_{MHE}T_{r1}$
涡轮	$Q_6 = Q_5$	$T_6 = T_5[1 - \eta_t(1 - \pi^{1/k-1})]$
空气混合管路进口	$Q_7 = Q_1 = Q_6 + Q_{11}$	$T_7 = (Q_6T_6 + Q_{11}T_{11})/Q_7$
空气混合管出口	$Q_8 = Q_7 + Q_{10}$	$T_8 = (Q_7T_7 + Q_{10}T_{10})/(Q_7 + Q_{10})$
送风管道出口	$Q_9 = Q_8$	$T_9 = T_8 + \Delta T$
循环空气管	$Q_{10} = Q_1$	$T_{10} = T_{cabin}$

注：Q 为质量流率；T 为温度；N 为座舱内乘客人数；q 为每位乘客所需新鲜空气量（0.0067 kg/s）；π_c 为压缩机压缩比（2.5）；π_t 为涡轮膨胀比（4）；η_{PHE} 为预换热器效率（0.8）；η_{MHE}：主换热器效率（0.85）；η_c 为压缩机效率（0.75）；η_t 为涡轮效率（0.65）；K 为空气比热比（1.4）；ΔT 为温升（正值）或温降（负值）。

图 8-119 和图 8-120 分别给出了座舱几何模型图及座舱空气流场三维网格划分图。研究基于 MD-82 舱展开，选择头等舱进行模拟研究。通过与 Fluent 的耦合，将 PID 控制方法应用到飞机 ECS 模拟中，实现对机舱送风温度的动态控制，并以此作为 Fluent 的输入。计算得到的送风温度与地面 MD-82 飞机相应的实验数据相吻合。

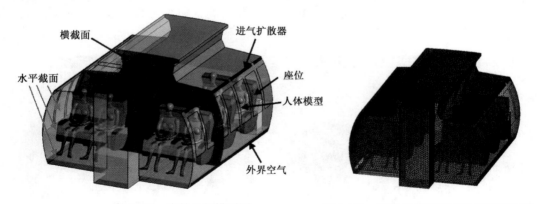

图 8-119　座舱几何模型图　　　　　图 8-120　座舱空气流场三维网格划分图

在整个飞行过程中，对飞机 ECS 进行调节，以保持机舱内稳定的热环境。图 8-121（a）将飞行期间反馈点处的客舱空气温度与设定点温度进行比较。上升过程中反馈点的温度低于设定值，下降过程中反馈点的温度高于设定值。这种差异是由于环境温度在上升过程中逐渐降低，在下降过程中逐渐升高所引起的。当使用 PID 控制器后，在整个飞行过程中反馈点的

温度稳定在一个范围内。反馈点和设定点之间的温差小于±0.6 K，满足在 ASHRAE 标准
（ASHRAE 2013）要求的±1.1 K 范围内。

　　图 8-121（b）显示了 ECS 中座舱引气量和整个飞行过程中给客舱的供气温度。旁路流
量比由 PID 控制器通过流量阀直接控制。在模拟开始时，舱内气温略有变化，旁路流量比也
有小幅变化。在爬升阶段，由于舱内热负荷的增加，旁路流量比随之增大，下降阶段可观察
到逆流趋势。在巡航阶段，由于舱内热负荷最高，室外气温最低，因此在巡航阶段旁路流量
比达到最大。随着旁路流量比的增加，供气温度升高，巡航阶段的送风温度也随之升高。模
拟的温度和旁路流量比表明该系统具有良好的控制效果。

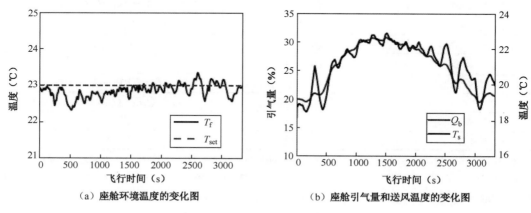

（a）座舱环境温度的变化图　　　　　　　　（b）座舱引气量和送风温度的变化图

图 8-121　起飞巡航降落过程

　　图 8-122 显示了客舱在飞行不同阶段（滑行、爬升、巡航、下降）的截面气温分布情
况。在爬升、巡航和下降阶段，当流动相对稳定且混合良好时，气温分布相对均匀。结果
表明，ECS 中采用的 PID 控制器能有效地将客舱空气温度维持在乘客和机组人员可接受的
热舒适水平，为飞机设计过程中进行的 ECS 性能数值测试和舱内热环境的评估提供了有用
的信息。

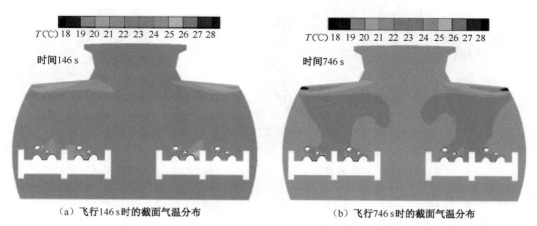

（a）飞行146 s时的截面气温分布　　　　　　　（b）飞行746 s时的截面气温分布

图 8-122　客舱在飞行不同阶段的截面气温分布情况

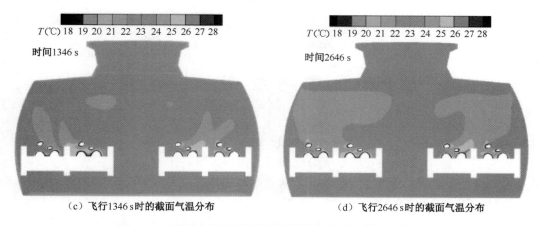

（c）飞行1346 s时的截面气温分布　　　　　　　（d）飞行2646 s时的截面气温分布

图 8-122　客舱在飞行不同阶段的截面气温分布情况（续）

参 考 文 献

[1]　吴健珍. 控制系统 CAD 与数字仿真[M]. 北京：清华大学出版社，2014.

[2]　钟文宇. 电动汽车电池管理系统[D]. 南昌：南昌大学，2009.

[3]　李军求，吴朴恩，张承宁. 电动汽车动力电池热管理技术的研究与实现[J]. 汽车工程，2016，38（01）：22-27，35.

[4]　聂磊，王敏弛，赵耀，等. 纯电动汽车冷媒直冷电池热管理系统的实验研究[J]. 制冷学报，2020（04）：1-8.

[5]　王章，高蒙蒙，朱增怀，等. 热管理研究综述[J]. 汽车实用技术，2018（24）：206-208.

[6]　盛健，张华，吴兆林，等. 飞机环境控制系统制冷空调技术现状[J]. 制冷学报，2020（2）：22-33.

[7]　潘毅群，等. 实用建筑能耗模拟手册[M]. 北京：中国建筑工业出版社，2013.

[8]　HUANG X, GARCA M H. A Herschel-Bulkley model for mud flow down a slope[J]. Journal of Fluid Mechanics, 1998(374):305-333.

[9]　陈安民，徐亦方. 交叉传热对换热网络面积及能量的影响[J]. 炼油设计，1994（02）：63-70，5.

[10]　杨世铭. 传热学基础[M]. 北京：高等教育出版社，2004.

[11]　王萌. 新型 LNG 汽化器传热性能分析及相关液膜传热实验研究[D]. 杭州：浙江大学，2014.

[12]　付详钊. 流体输配管网[M]. 北京：中国建筑工业出版社，2001.

[13]　蔡增基，等. 流体力学泵与风机[M]. 北京：中国建筑工业出版社，2009.

[14]　王浚，余建祖，庄达民，等. 新兴的人机与环境工程技术科学[J]. 北京航空航天大学学报，2002（05）：503-511.

[15]　马博文. 飞机座舱温度控制联合仿真方法研究[D]. 天津：中国民航大学，2019.

[16]　寿荣中，何慧姗. 飞行器环境控制[M]. 北京：北京航空航天大学出版社，2004.

[17]　YIN H, SHEN X, HUANG Y, et al. Modeling dynamic responses of aircraft environmental control systems by coupling with cabin thermal environment simulations[J]. Building Simulation, 2016, 9(4): 459-468.